高级大数据人才培养丛书

深度学习

丛书主编：刘 鹏 张 燕

主 编：刘 鹏

副 主 编：赵海峰

U0233209

电子工业出版社·

Publishing House of Electronics Industry

北京·BEIJING

内 容 简 介

本书从深度学习的发展历史入手，系统地介绍了深度学习的基本概念、数学基础和主流模型，以夯实读者的理论基础。同时，针对当前流行的主流框架，循序渐进，一步一步引导读者了解深度学习的使用过程，增强动手能力。在此基础上，通过具体例子介绍了深度学习在图像、语音、文本中的应用，还简要地介绍了增强学习、迁移学习、深度学习硬件实现等前沿知识，扩展了深度学习的内容。每章都附有相应的习题和参考文献，以便感兴趣的读者进一步深入思考。"让学习变得轻松"是本书的基本编写理念。

本书适合作为计算机、电子信息、大数据、人工智能相关专业本科生和研究生的教材，也适合作为深度学习研究与开发人员的入门书籍。

未经许可，不得以任何方式复制或抄袭本书之部分或全部内容。
版权所有，侵权必究。

图书在版编目（CIP）数据

深度学习/刘鹏主编. —北京：电子工业出版社，2018.3
（高级大数据人才培养丛书）
ISBN 978-7-121-33521-1

Ⅰ. ①深…　Ⅱ. ①刘…　Ⅲ. ①学习系统　Ⅳ.①TP273

中国版本图书馆 CIP 数据核字（2018）第 012641 号

策划编辑：董亚峰
责任编辑：董亚峰　　特约编辑：穆丽丽
印　　刷：北京七彩京通数码快印有限公司
装　　订：北京七彩京通数码快印有限公司
出版发行：电子工业出版社
　　　　　北京市海淀区万寿路 173 信箱　邮编：100036
开　　本：787×1 092　1/16　印张：16.75　字数：408 千字
版　　次：2018 年 3 月第 1 版
印　　次：2025 年 2 月第 13 次印刷
定　　价：45.00 元

凡所购买电子工业出版社图书有缺损问题，请向购买书店调换。若书店售缺，请与本社发行部联系，联系及邮购电话：（010）88254888，88258888。

质量投诉请发邮件至 zlts@phei.com.cn，盗版侵权举报请发邮件至 dbqq@phei.com.cn。

本书咨询联系方式：（010）88254694。

编 写 组

丛书主编： 刘 鹏　 张 燕

主　　编： 刘 鹏

副 主 编： 赵海峰

编　　者：（按姓氏首字母排序）

曹 骝　龚如宾　何光威　蒋 晔　李怀远　沈春泽

王小峰　吴彩云　武郑浩　张 籍　张金霞　朱 勇

基金支持：

金陵科技学院高层次人才科研启动基金（40610186）

国家自然科学基金（61401227）

江苏高校软件工程品牌专业建设工程（PPZY2015B140）

江苏省高校自然科学研究重大项目（16KJA520003）

总　序

短短几年间，大数据就以一日千里的发展速度，快速实现了从概念到落地，直接带动了相关产业井喷式发展。全球多家研究机构统计数据显示，大数据产业将迎来发展黄金期：IDC 预计，大数据和分析市场将从 2016 年的 1300 亿美元增长到 2020 年的 2030 亿美元以上；中国报告大厅发布的大数据行业报告数据也说明，自 2017 年起，我国大数据产业迎来发展黄金期，未来 2~3 年的市场规模增长率将保持在 35%左右。

数据采集、数据存储、数据挖掘、数据分析等大数据技术在越来越多的行业中得到应用，随之而来的就是大数据人才问题的凸显。麦肯锡预测，每年数据科学专业的应届毕业生将增加 7%，然而仅高质量项目对于专业数据科学家的需求每年就会增加 12%，完全供不应求。根据《人民日报》的报道，未来 3~5 年，中国需要 180 万数据人才，但目前只有约 30 万人，人才缺口达到 150 万之多。

以贵州大学为例，其首届大数据专业研究生就业率就达到 100%，可以说"一抢而空"。急切的人才需求直接催热了大数据专业，国家教育部正式设立"数据科学与大数据技术"本科新专业。目前已经有两批共计 35 所大学获批，包括北京大学、中南大学、对外经济贸易大学、中国人民大学、北京邮电大学、复旦大学等。估计 2018 年会有几百所高校获批。

不过，就目前而言，在大数据人才培养和大数据课程建设方面，大部分高校仍然处于起步阶段，需要探索的问题还有很多。首先，大数据是个新生事物，懂大数据的老师少之又少，院校缺"人"；其次，尚未形成完善的大数据人才培养和课程体系，院校缺"机制"；再次，大数据实验需要为每位学生提供集群计算机，院校缺"机器"；最后，院校没有海量数据，开展大数据教学科研工作缺少"原材料"。

其实，早在网格计算和云计算兴起时，我国科技工作者就曾遇到过类似的挑战，我有幸参与了这些问题的解决过程。为了解决网格计算问题，我在清华大学读博期间，于 2001 年创办了中国网格信息中转站网站，每天花几个小时收集和分享有价值的资料给学术界，此后我也多次筹办和主持全国性的网格计算学术会议，进行信息传递与知识分享。2002 年，我与其他专家合作的《网格计算》教材也正式面世。

2008 年，当云计算开始萌芽之时，我创办了中国云计算网站（chinacloud.cn）（在各大搜索引擎"云计算"关键词中排名第一），2010 年出版了《云计算（第 1 版）》、2011 年出版了《云计算（第 2 版）》、2015 年出版了《云计算（第 3 版）》，每一版都花费了大量成本制作并免费分享对应的几十个教学 PPT。目前，这些 PPT 的下载总量达到了几百万次之多。同时，《云计算》一书也成为国内高校的首选教材，在中国知网公布的高被引图书名单中，《云计算》在自动化和计算机领域排名全国第一。除了资料分享，在 2010 年，我也在南京组织了全国高校云计算师资培训班，培养了国内第一批云计算老师，并通过与华为、中兴、360 等知名企业合作，输出云计算技术，培养云计算研发人才。这些工作获得了大家的认可与好评，此后我接连担任了工信部云计算研究中心专家、中国云计算专家委员会云存储组组长等。

近几年，面对日益突出的大数据发展难题，我也正在尝试使用此前类似的办法去应对这些挑战。为了解决大数据技术资料缺乏和交流不够通透的问题，我于 2013 年创办了中国大数据网站（thebigdata.cn），投入大量的人力进行日常维护，该网站目前已经在各大搜索引擎的"大数据"关键词排名中位居第一；为了解决大数据师资匮乏的问题，我面向全国院校陆续举办多期大数据师资培训班。2016 年年末至今，在南京多次举办全国高校/高职/中职大数据免费培训班，基于《大数据》《大数据实验手册》以及云创大数据提供的大数据实验平台，帮助到场老师们跑通了 Hadoop、Spark 等多个大数据实验，使他们跨过了"从理论到实践，从知道到用过"的门槛。2017 年 5 月，还举办了全国千所高校大数据师资免费讲习班，盛况空前。

其中，为了解决大数据实验难的问题而开发的大数据实验平台，正在为越来越多高校的教学科研带去方便：我带领云创大数据（www.cstor.cn，股票代码：835305）的科研人员，应用 Docker 容器技术，成功开发了 BDRack 大数据实验一体机，它打破虚拟化技术的性能瓶颈，可以为每一位参加实验的人员虚拟出 Hadoop 集群、Spark 集群、Storm 集群等，自带实验所需数据，并准备了详细的实验手册（包含 85 个大数据实验）、PPT 和实验过程视频，可以开展大数据管理、大数据挖掘等各类实验，并可进行精确营销、信用分析等多种实战演练。目前，大数据实验平台已经在郑州大学、成都理工大学、金陵科技学院、天津农学院、西京学院、郑州升达经贸管理学院、信阳师范学院、镇江高等职业技术学校等多所院校成功应用，并广受校方好评。该平台也以云服务的方式在线提供（大数据实验平台，https://bd.cstor.cn），帮助师生通过自学，用一个月左右成为大数据实验动手的高手。此外，面对席卷而来的人工智能浪潮，我们团队推出的 AIRack 人工智能实验平台、DeepRack 深度学习一体机及 dServer 人工智能服务器等系列应用，一举解决了人工智能实验环境搭建困难、缺乏实验指导与实验数据等问题，目前已经在清华大学、南京大学、南京农业大学、西安科技大学等高校投入使用。

同时，为了解决缺乏权威大数据教材的问题，我所负责的南京大数据研究院，联合金陵科技学院、河南大学、云创大数据、中国地震局等多家单位，历时两年，编著出版了适合本科教学的《大数据》《大数据库》《大数据实验手册》等教材。另外，《数据挖掘》《大数据可视化》《深度学习》《虚拟化与容器》《Python 语言》等本科教材也将于近期出版。在大数据教学中，本科院校的实践教学应更加系统性，偏向新技术的应用，且对工程实践能力要求更高。而高职、高专院校则更偏向于技术性和技能训练，理论以够用为主，学生将主要从事数据清洗和运维方面的工作。基于此，我们还联合多家高职院校专家准备了《云计算导论》《大数据导论》《数据挖掘基础》《R 语言》《数据清洗》《大数据系统运维》《大数据实践》系列教材，目前也已经陆续进入定稿出版阶段。

此外，我们也将继续在中国大数据（thebigdata.cn）和中国云计算（chinacloud.cn）等网站免费提供配套 PPT 和其他资料。同时，持续开放大数据实验平台（https://bd.cstor.cn）、免费的物联网大数据托管平台万物云（wanwuyun.com）和环境大数据免费分享平台环境云（envicloud.cn），使资源与数据随手可得，让大数据学习变得更加轻松。

在此，特别感谢我的硕士导师谢希仁教授和博士导师李三立院士。谢希仁教授所著的《计算机网络》已经更新到第 7 版，与时俱进且日臻完美，时时提醒学生要以这样的标准来写书。李三立院士是留苏博士，为我国计算机事业做出了杰出贡献，曾任国家攀登计划项目首席科学家，他的严谨治学带出了一大批杰出的学生。

本丛书是集体智慧的结晶，在此谨向付出辛勤劳动的各位作者致敬！书中难免会有不当之处，请读者不吝赐教。我的邮箱：gloud@126.com，微信公众号：刘鹏看未来（lpoutlook）。

刘 鹏

于南京大数据研究院

前　言

自 2012 年以来，深度学习在图像识别上取得了重大突破，使深度学习技术得到了前所未有的关注。越来越多的科研人员与工程技术人员投入到深度学习的研究中，涌现出了大量的深度学习开源框架和成功应用，各种基于深度学习的技术和应用也层出不穷。有关深度学习的文章、评论、文档也非常多。然而尚缺乏针对本科生入门的系统性的深度学习教材，以使读者可以了解深度学习的来龙去脉，为以后进一步使用深度学习做相关应用或者深入研究深度学习技术奠定基础。

南京大数据研究院刘鹏教授顺势而为，周密思考，在高级大数据人才培养课程体系中，专门设立了深度学习课程，并邀请全国上百家高校中从事一线教学科研任务的教师一起，编撰高级大数据人才培养丛书。本书即该套丛书之一。

本书以"让学习变得轻松"为根本出发点，介绍深度学习的入门知识，通过浅显易懂的语言，将深度学习的发展过程说清楚，以便将来进一步深入研究或应用深度学习。本书特别注重动手能力，书中所有的例子和实验，都可以使用深度学习一体机进行练习。读者在读完本书之后，不仅仅了解了深度学习的原理，更重要的是，可以自己搭建深度学习的环境，训练自己的深度学习模型，甚至构建深度学习的原型系统。

本书以教育部"十三五"规划和有关学校的相关规划发展为依据，响应国家有关大力发展人工智能的号召，遵循本科教育的规律，顺应学生身心发展的特点，致力于构建开放而有力的教材体系，促进学生学习方式的改变，全面提高学生的知识素养，为他们的终身学习、生活和工作奠定坚实的理论和实践基础。作为深度学习的入门教材，本书分别从基本概念、基础与应用（包括深度学习在图像、语音、文本方面的应用），以及前沿发展等方面系统介绍了深度学习。本书分 3 个部分：第 1 部分介绍了深度学习的基础知识。第 2 部分介绍了深度学习模型与算法。第 3 部分介绍了深度学习的应用。最后附上人工智能和大数据实验环境的介绍供读者参考。

本书得到了南京大数据研究院院长刘鹏教授、金陵科技学院副校长张燕教授的大力支持。2015 年度江苏高校"大数据智能挖掘信息技术研究"优秀科技创新团队在书稿提纲和内容组织上提出了诸多建设性意见。同时，南京大学吴建鑫教授和南京信息工程大学袁晓彤教授评阅了本书的稿件，对本书给予了全面指导和帮助，在此一并致谢。

当前，深度学习技术处在高速发展的阶段，其概念内涵、技术方法、应用模式都在不断地深化。由于时间和水平所限，本书还存在缺点和不足，欢迎读者不吝赐教，批评指正。

赵海峰

于金陵科技学院

目　录

第 1 章 深度学习的来源与应用

在大数据时代，更复杂的模型才能充分发掘海量数据中蕴藏的有价值的信息。深度学习通过组合低层特征形成更加抽象的高层属性，以发现数据的分布式特征表示，这使得特征的自动学习得以实现（相对于传统的手工构造特征），极大地推进了人工智能的自动化。简而言之，深度学习提供了一个深度思考的大脑，使大数据得以充分利用。

1.1 人工智能的思想、流派与发展起落

刊印于明朝崇祯十年（1637 年）的《天工开物》，是我国明代科学家宋应星关于实用科学的一本著作。该书名可谓一语双关、寓意深远，用现代人的眼光来看，这涉及两种不同的视角："天工"，鬼斧神工、自然浑成的应用系统；"开物"，将人的智慧驾驭在自然物质上开发出来的应用系统。如果将后者更进一步，以现代科技诠释和模拟人类智能，以延伸人类智能的科学，就是"人工智能"（Artificial Intelligence，AI），如图 1-1 所示。

图 1-1　《天工开物》与"人工智能"

"开"一个类人/超人的智能系统？梦想还是要有的，万一成功了呢？

人工智能，也称为机器智能，最初于 1956 年的 Dartmouth 会议上被提出，是计算机科学、控制论、信息论、神经生理学、心理学、语言学等多种学科互相渗透而发展起来的一门综合性学科。人工智能作为探求、模拟人脑和心智原理的尖端科学和前沿性的研究，半个多世纪以来经历了艰难曲折的发展过程。随着 AlphaGo 击败李世石，无人驾驶技术的日趋成熟，IBM、微软、Facebook、科大讯飞等知名企业人工智能平台/应用的成功推出，2016 年已经被称为人工智能走向主流的元年。

1.1.1 人工智能的思潮流派和主要研究与应用领域

1．"图灵测试"和"中文房间"的悖论

机器能够思维吗？1950 年英国数学家阿兰·图灵在《心灵》（Mind）杂志上发表了一篇划时代的论文：《计算机器和智能》。在这篇论文中图灵提出：如果机器能通过他设计的"图灵测试"，就可以认为机器具有思维。如图 1-2 所示，图灵测试是指测试者在与被测试者（一个人和一台机器）隔开的情况下，通过一些装置（如键盘）向被测试者随意提问。进行多次测试后，如果有超过 30%的测试者不能确定被测试者是人还是机器，那么这台机器就通过了测试，并被认为具有人类智能。

图 1-2　图灵测试

而美国哲学家 John Searle 于 20 世纪 80 年代初提出的"中文房间"则对图灵测试提出了反驳：一个不懂中文的人被关在一间封闭的屋子里，屋里有一张完整的中英文对照表，你可以用中文将问题写在一张纸条上向这个人提问，而这个人只要查找对照表，找到对应的中文句子传出来，那么在你看来这个完全不懂中文的人，确实像一个精通中文的人一样回答一切中文问题，但是他丝毫不"知道"任何一句话的意思，如图 1-3 所示。也就是说，这个被测试者如果是机器，显然它能通过图灵测试，而并不能称它拥有智能！

图 1-3　"中文房间"问题

2. 人工智能领域的三大流派

半个世纪以来，人们对人类获得知识的方式总结为：逻辑演绎、归纳总结、生物进化，对应地发展出了人工智能的三大流派：符号主义、连接主义、行为主义。如图 1-4 所示，以四个象限同时将人类的知识、人类获取知识的方式、人工智能的三大流派进行对比。

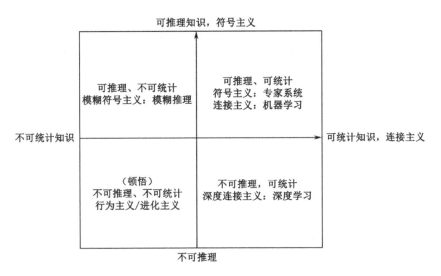

图 1-4　人类获取知识的方法和人工智能方法

（1）符号主义（symbolicism）源于数理逻辑，认为智能产生于大脑的抽象思维、主观意识过程，例如数学推导、概念化的知识表示、模型语义推理。它以物理符号系统（符号操作系统）假设和有限合理性原理为基础，通过对具有物理模式的符号实体的建立、修改、复制和删除等操作生成其他符号结构，从而实现智能行为。其主要典型技术为专家系统等。

（2）连接主义（connectionism）源于仿生学，认为智能产生于大脑神经元之间的相互作用及信息往来的学习与统计过程，例如，视觉听觉等基于大脑皮层神经网络的下意识的感知处理。它以人脑模型为基础，通过对大脑神经系统结构的模拟来建立人工神经元网络，并研究其中的连接机制与学习算法，从而实现智能行为。其主要典型技术为神经网络、机器学习、深度学习等。

（3）行为主义（actionism）源于心理学与控制论，认为智能是产生于主体与环境的交互过程。它基于可观测的具体的行为活动，以控制论及感知—动作型控制系统为基础，摒弃了内省的思维过程，而把智能的研究建立在可观测的具体行为活动基础上。其主要典型技术为进化学习、遗传算法等。这一学派的代表作首推布鲁克斯（Brooks）的六足行走机器人，它被看作新一代的"控制论动物"，是一个基于感知—动作模式的模拟昆虫行为的控制系统。

3. 人工智能的主要应用领域

随着 AI 技术的发展，人工智能现已经广泛应用到许多领域，其典型应用可概括为以下四大类。

（1）符号计算与逻辑推理：计算机最主要的用途就是科学计算，而科学计算可分为数值计算和符号计算，前者是比较简单的算术运算、函数求值，后者则是智能化的代数运算，处理的是符号或多项式，符号计算已经成为逻辑推理、定理证明、专家系统的重要实现技术。

（2）机器学习：让机器获取知识/智能的根本途径或实现算法。一个计算机系统如果不具备学习功能，就不能称其为智能系统。机器学习与认知科学、神经心理学、逻辑学等学科都有着密切的联系，主要研究如何让计算机模拟或实现人类的学习功能，对人工智能的其他应用分支，如专家系统、自然语言理解、自动推理、智能机器人、分布式人工智能、计算机视觉、计算机听觉等均起到重要的推动作用。

（3）模式识别：让计算机用数学技术方法研究模式（环境与客体）的自动、快速、精准处理和判读（分类、预测）。识别过程与人类的学习过程相似，多种模式（文字、声音、图像、人物、物体）的自动识别，是开发智能机器的一个关键的突破口，也为人类认识自身智能提供了线索。

（4）自动化工程控制：如果将大数据理解为人工智能的"广度"，机器学习/深度学习理解为"深度"，则自动化工程控制就是人工智能应用的"力度"。事实上，人工智能最早是为了解决自动化方面的问题而发展起来的，甚至可以算是自动化的一个分支。

1.1.2 人工智能的三起三落

1. 人工智能发展过程中的高峰与低谷

人工智能是模拟、延展人类智慧的科学，它涉及计算机科学、心理学、哲学和语言学等学科，可以说几乎是自然科学和社会科学等所有学科的体现。而事实上"人工智能"这一名词的诞生并不是很久，它由四位图灵奖得主和一位诺贝尔奖得主（见图 1-5）于1956 年在美国达特茅斯（Dartmouth）会议上共同定义和提出。20 世纪 40—50 年代中期，以控制论、信息论和系统论作为理论基础，以提出图灵测试、机器可以思维等问题为节点，成为了人工智能前期探索的开始，并直接推动了现代人工智能的发展。

图 1-5　（2006 年）达特茅斯会议五十年后再聚首

　　通过阅读《浪潮之巅》《沸腾十五年》等关于 IT 互联网的热销书籍，可以发现整个 IT 产业技术的发展是有周期性的，通常上一波技术的普遍应用，往往是引起新一轮技术发展的原因，这是一个不断从量变到质变的过程。人工智能（AI）产业在过去的几十年内也经历了起起伏伏的三个周期，经历了繁荣的"黄金年代"，也度过了理想破灭的"低谷"，当在低谷时，研究者又总是不断尝试新的技术与概念（如大数据、深度学习等）来发起新的 AI 发展高潮。总之，人类对 AI 最初的梦想一直没有改变，并终于随着 AlphaGo 战胜李世石（2016 年 3 月）、Master 在网上连胜多名顶尖棋手（2017 年 1 月）、AlphaGo 在浙江乌镇以 3:0 完败世界排名第一的九段棋手柯洁（2017 年 5 月）（见图 1-6）等热点事件而被再次唤醒，并且期待这一次它能为产业发展带来质的突破。

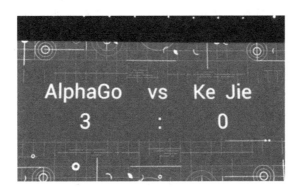

图 1-6　AlphaGo 以 3:0 完败九段棋手柯洁

　　自从 Dartmouth 会议以后，人们陆续发明了第一款感知神经网络软件和聊天软件，并证明了数学定理，当时大家都惊呼"人工智能来了，再过十年机器要超越人类了"。然而研究者发现这些理论和模型，随着问题的规模和复杂度的提升会很快遇到困难，每次遇到这种瓶颈人工智能研究便进入一次寒冬。在人工智能发展的这 60 年中，已经经历了三起两落的发展浪潮。

　　第一次潮起与潮落：20 世纪 50 年代中期到 80 年代末期，被称为经典符号时期。人工智能与认知心理学、认知科学开始了相依为命的发展历程。Dartmouth 会议后，人们发明了第一款神经网络 Perceptron 感知机、实现了人机交互软件，还成功地将人工智能用于数学定理的证明，并断言"人工智能来了，再过十年机器要超越人类了"，将人工智能推向了第一个高峰。可到了 70 年代后期，人们发现这些理论和模型只能解决一些非常简单的问题，人工智能很快便遭遇到第一次技术瓶颈并随之进入了发展的谷底。其原因是过分简单的算法难以应对不确定环境的理论，计算能力和成本遇到瓶颈，逐渐冷却。

　　第二次潮起与潮落：随着 1982 年 Hopfield 神经网络和 BP 算法的提出，使得大规模神经网络的训练成为可能，随后兴起了人工智能发展新的一轮热潮，包括语音识别、语音翻译计划，以及日本提出的第五代计算机。可到了 20 世纪 90 年代后期，人们逐渐发现这些技术的真正实用效果并不理想（如 ViaVoice，IBM 的语音识别系统），在 2000 年左右第二次人工智能发展的浪潮又破灭了。其原因是没有大数据支撑，计算框架难以捕捉隐性知识，计算能力和成本遇到瓶颈，逐渐冷却。

第三次潮起：随着 2006 年 Geoffrey Hinton 教授（多伦多大学）提出深度学习，随后几年人工智能技术陆续在图像、语音识别及其他领域内取得了突破性的成功。（2016 年 9 月 13 日，中国的科大讯飞在国际多通道语音分离和识别大赛上包揽了赛事全部三个项目的最好成绩，深度学习算法在语音和视觉的识别率已经分别超过了 99%和 97%），人工智能技术已经将人类带入了感知智能时代。人工智能开始进入了真正爆发的前夜，并迈向了第三次发展高峰。

2. 人工智能的未来

人工智能始终围绕着数据、算法和计算能力三个核心要素发展。从 20 世纪 80 年代末期到现在其实都可以称为连接主义时期，其特点是采用分布处理的方法通过人工神经网络来模拟人脑的智力活动，借助新的技术在数据、算法、计算能力三个方面分别得到了突破性的发展。在 21 世纪的前 10 年，复兴人工智能研究进程的各种要素，如摩尔定律、大数据、云计算和新算法等，将推动人工智能在 21 世纪 20 年代进入快速增长时期。而预计未来的十年，会在一些难以逾越的困惑中迎来奇点时代的爆发式增长。

综合目前的研究成果和科学界的共识，人工智能未来十年发展趋势将在促进 RT 全息时代、新硬件、新语言、新算法和人类认知突破等方面产生积极作用，并且使弱人工智能趋于完美，使机器人和人的混合体有机融合。人工智能的三部曲正是它的魅力所在，人工智能革命必将踏上从弱人工智能起步，通过强人工智能飞跃，最终迎来超人工智能时代的旅途（见表 1-1）。这段旅途之后，世界将变得完全不一样。

表 1-1　人工智能的发展阶段

弱人工智能	强人工智能	超人工智能
单个方面的人工智能。比如有能战胜象棋世界冠军的人工智能，但是它只会下象棋。这个范围内的智能机器看起来像是智能的，但是并不真正拥有智能，也不会有自主意识。目前，主流科研集中在弱人工智能上，并且一般认为这一研究领域已经取得可观的成就	不仅能真正推理和解决问题，还具有知觉或自我意识。强人工智能可以有两类：类人的人工智能，即机器的思考和推理就像人的思维一样，在各方面都能和人类比肩的人工智能；非类人的人工智能，即机器产生了和人完全不一样的知觉和意识，使用和人完全不一样的推理方式	超越人类智慧并且将人类智慧延展的智能体系，各方面都可以比人类强。集中了弱人工智能已有的成果和强人工智能的综合性和延展性。因此更加层叠跃进、绚丽多彩

1.2　什么是深度学习

1.2.1　我们不分离——数据和算法

1. 算法真的不如数据重要吗

2008 年 6 月，《连线》杂志主编 Chris Anderson 发表文章，标题是《理论的终极，数据的泛滥将让科学方法过时》，文中引述了经典著作 《人工智能的现代方法》作者 Peter Norvig（Google 研究总监）的一句话："一切模型都是错的。进而言之，抛弃它们，你就会成功。"其寓意就是说，精巧的算法是没有意义的，面对海量数据，简单算法也能得到出色的结果。与其钻研算法，不如研究云计算，处理大数据。

还有人做了更精辟的总结：在物理学看来，宇宙中只有四种作用力——强相互作用力、弱相互作用力、电磁力、万有引力，甚至理论物理学在发展方向上一直希望将这四种作用力作统一表达，也就是说极其有限的作用力可将多样化的粒子组合起来形成绚丽多姿、无穷无尽的宇宙（见图 1-7）。如将力视为算法，则粒子就是数据。可见宇宙的本质就是简单的算法作用于海量的数据，得到了无穷无尽的可用结果。

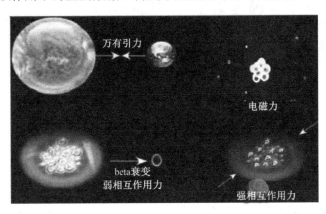

图 1-7　四种作用力即可形成整个宇宙

以上言论与思辨如放在 2006 年以前似乎是无可辩驳的，但随后机器学习领域取得了在深度学习方面的重大突破，使得现在学术界的观点一致认为：要得到出色的结果不仅要依赖于云计算及 Hadoop 等框架的大数据并行计算，也同样依赖于算法。而这个算法就是"深度学习"。

深度学习的本质是通过构建具有很多隐层的机器学习模型和海量的训练数据，来自动学习隐藏的有用特征，从而提升分类或预测的自动化与准确性。"深度模型"是手段，"特征学习"是目的。区别于传统的浅层学习，深度学习的特点在于：①强调了模型结构的深度，通常有五层、六层，甚至十多层的隐层节点；②明确突出了特征自动学习的重要性，也就是说，通过逐层特征变换，将样本在原空间的特征表示变换到一个新特征空间，从而使分类或预测更加容易。与人工规则构造特征（硬编码，如专家库）的方法相比，利用大数据来自动学习特征，更能够刻画数据的丰富内在信息。

2."深度学习"闪亮登场

几十年以来，虽然人工智能与计算机技术已经取得了长足的进步，但是到目前为止电脑还不能表现出"自我"意识。离开了人类的手工协助和大量已标定现成数据的支撑，电脑甚至都不能分辨一只猫和一条狗。但随着新手段与新算法（大数据+深度学习）的突破，图灵测试已经不是那么可望而不可及了，人类渐渐地找到了处理"抽象概念"这种亘古难题的解决方法。

2012 年 6 月，《纽约时报》披露了 Google Brain 项目，该项目由斯坦福大学的 Andrew Ng 教授和 Google 的天才工程师 Jeff Dean 共同主导，用 16000 个 CPU Core（内部共有 10 亿个节点，而人脑中有 150 多亿个神经元，两者在互相节点数上则更不在一个数量级）的并行计算平台训练一种称为"深度神经网络"（Deep Neural Networks, DNN）的具备自主学习能力的神经网络系统。其学习工作不人为框定边界，直接把海量数据投放到算法中，让数据自己说话，系统会自动从数据中学习。不借助任何外界信息帮助，它就能从一千万张图片中找出那些有猫的图片（见图 1-8）。

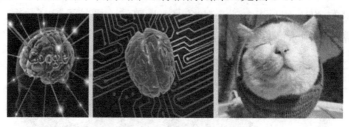

图 1-8　Google Brain 的深度网络自动识别猫特征，表现出了"自我意识"

常见的人脸识别是由程序员预先将整套鉴别系统写好，告诉计算机人脸应该是怎样的，电脑只需通过摄像头获取数据，然后对包含同类信息的图片作出标识，从而达到"识别"的结果。而 Google 的神经网络系统则是通过机器学习的方式（见图 1-9），无须人类告诉它"猫咪应该长成什么样"。今天计算机能够通过一千万张图片自己琢磨出"什么叫猫"，明天它就能琢磨出"什么是我"。今天它还是三岁小孩的水平，明天它就会成长为一个大学生。一旦有了自己的意识，能与机器抗衡的可能就只有它自己了。

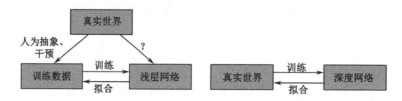

图 1-9　深度学习可以自动学习特征

这个系统目前虽然还不完美，但它已经取得很大的成功，Google 已经将该项目从 Google X 中独立出来，归总公司的搜索及商业服务小组管辖，并希望能借此开发出全新的人工智能技术，彻底改变图像识别、语言识别（见图 1-10）等更多领域。

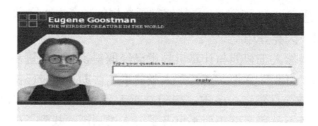

图 1-10　2014 年 6 月 9 日，首个通过图灵测试的程序：Eugene Goostman

1.2.2　深度学习基础

1．深度学习的基本思想

对于系统 S，它有 n 层（$s_1,\cdots,s_n$），其输入是 I（如一堆图像或者文本），输出是 O，形象地表示为：I => s_1 => s_2 => $\cdots$ => s_n =>O，假设输入 I 经过这个系统 S 后没有信息损失（事实上不可能，允许放松该限制），既然输入 I 经过任意 s_i 层都没有信息损失，那么可认为任意 s_i 都是原有信息（输入 I）的另外一种表达，通过调整系统中的参数，使输出 O 仍然等于或近似于输入 I，就可以自动地获取输入 I 的一系列层次特征，即 $sf_1,\cdots,$ sf_n。

可见深度学习的基本思想就是堆叠多个层，将上一层的输出作为下一层的输入，逐步实现对输入信息的分级表达，让程序从中自动学习深入、抽象的特征。尤其值得注意的是，"深度学习减少了人为干预，而这恰恰保留了数据客观性，因此可以提取出更加准确的特征"。

2．深度学习的训练过程（见图 1-11）

（1）使用自下而上的非监督学习，也就是先从底层开始，一层一层往顶层训练。

采用无标定数据（当然也不排斥有标定数据）分层训练各层参数，这一步可以看作是一个无监督训练过程，是和传统神经网络区别最大的地方，这个过程可以看作是特征学习的过程。

具体来讲，先用无标定数据训练隐层的最底层，训练时先学习最底层的参数（这一层可以看作是得到一个使得输出和输入差别最小的三层神经网络的隐层），由于模型能力的限制及稀疏性约束，使得到的模型能够学习到数据本身的结构，从而得到比输入更具有表示能力的特征；在学习到第 $n+1$ 层后，将其输出作为第 n 层的输入，训练第 n 层，由此分别得到各层的参数。

（2）自顶向下的监督学习：通过带标签的数据去训练，误差自顶向下传输，对网络进行微调。

基于第一步得到的各层参数进一步 fine-true 整个多层模型的参数，这一步是有监督的训练过程；第一步类似于神经网络的随机初始化过程，由于深度学习的第一步不是随机初始化，而是通过学习输入数据的结构得到的，因此这个初值更接近全局最优，能够得到更好的效果；所以深度学习的成功在很大程度上归功于第一步（特征学习的过程）。

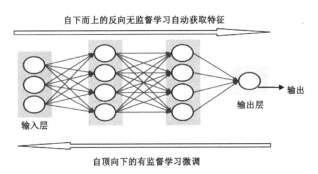

图 1-11　深度学习的训练过程

1.3　机器学习与深度学习

1.3.1　机器学习的定义与种类

1．机器学习的准确定义

如前所述，人工智能是计算机科学的一个分支，目的在于创造出能够做出智能行为的程序（软件）或机器（软件+硬件）。而机器学习，则是人工智能"连接主义"学派的重要实现方法。斯坦福大学学派给机器学习做出了相对严谨的定义：让计算机在没有经过明确编程时也能做出行动的科学，是一种更加自动的"进化"算法。Ian Goodfellow 等人的经典著作《深度学习》中则更进一步描述为："对于某类任务 T 和性能度量 P，一个计算机程序可从经验 E 中学习与改进，并在任务 T 上由 P 衡量的性能有所提升。"相对来说，编者更愿意将机器学习理解为："从具有洞察特征的数据中发现自然模式的算法。"

这个定义似乎很难理解，下面用一个"调汤机器人"（见图 1-12）的通俗例子来做最简化的解释。

（1）我想让一个称为"调汤机器人"的人工智能系统自动调出可口的汤，无论我要求什么口味，它都可以满足我的要求（不一定是别人的）；

（2）假设人世间用于调汤的调料（也包括水）一共有 n 种，调料成分集表示为 $C = \{c_1, c_2, \cdots, c_n\}$；调料比例集合表示为 $I = \{i_1, i_2, \cdots, i_n\}$，（集合 I 中各项都是 0～1 之间的有理数）；我喜欢喝的汤一共有 m 种，用集合 Soup 表示为 Soup $=\{soup_1, soup_2, \cdots, soup_m\}$；对应 m 种汤就有 m 种未知的调料配方集，用集合 X 表示，为 $X = \{X_1, X_2, \cdots, X_m\}$，其中 $X_i(1 \leqslant i \leqslant m)$ 就是我喜欢的某种风味汤的调和方法（各种调料的成分和比例）；

（3）让调汤机器人不断地尝试调出各种汤 Sp $= \{sp_1, sp_2, \cdots, sp_n\}$，其中，$sp_i = \{c_1 i_1 + c_2 i_2 + \cdots + c_n i_n\}$，当然还有搅拌动作、火候控制等非线性因素暂时忽略；

（4）将 $soup_i$ 和 $sp_i (1 \leqslant i \leqslant m)$ 做比较，如果 $soup_i \approx sp_i$（近似相等，即"基本找到了符合我的某种口味的调制方法"），则在调汤机器人将当前集合 I 存储的集合 X 中的元素 X_i；只要集合 X 中仍然有任意一个 $X_j(j \neq 1, 1 \leqslant j \leqslant m)$ 没有被存储，则让调汤机器人跳转到第（3）步继续进行工作；

（5）通过多次循环（训练），调汤机器人的设定中即存储了关于全部 m 种汤的配方集 $X = \{X_1, X_2, \cdots, X_m\}$；

（6）调汤机器人学习完成，可以开始投入正式工作！我指定我喜欢的 m 种汤中的任何口味，调汤机器人一定可以调出我喜欢的汤。其中，（3）～（5）就是一个最简单的有监督型机器学习的训练过程，Sp 是训练集，Soup 是验证集，X 是学习到的知识和规律（智能），而学习结束后工作过程（6）中调出的汤则是测试集。

图 1-12　"调汤机器人"的自我修养

综上可见，机器学习是一种从数据（训练集、验证集）中自动分析（训练）获得规律，并利用规律对未知数据（测试集）进行处理（应用于行动）的过程。也就是说，机器学习是"应用计算机将数据转换为可行动的知识的过程"，如图 1-13 所示，该过程分为以下三个部分：

（1）数据输入：利用观察、记忆存储，为进一步推理提供事实依据；

（2）抽象化：强数据转换为更宽泛的表现形式（可以是多种）；

（3）一般化：应用抽象的数据来形成作为行动基础的知识。

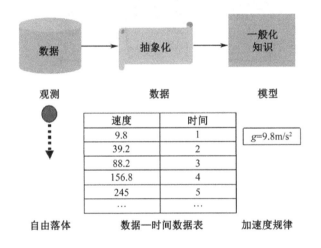

图 1-13　机器学习是"用计算机从数据获得可应用于行动的知识"的过程

机器学习对于待解问题，无须编写任何专门的程序代码，泛型算法（generic algorithms）能够在数据集上得出有趣的答案。对于泛型算法，不用编码，而是将数据输入，它将在数据之上建立起自己的逻辑。如图 1-14 所示，分类器可以将数据划分为不同的组别。一个用来识别手写数字的分类器，不用修改一行代码，就可以用来将电子邮件分为垃圾邮件和普通邮件。模型没变，但是输入的训练数据变了，因此它得出了不同的分类逻辑（调汤机器人其实也能干这个）。

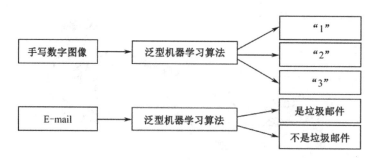

图 1-14　同一个分类器对不同数据进行分类

2．机器学习的种类

如前所述，机器学习就是一个不断学习（观察）未知系统的输入—输出对（训练集），发现错误（验证集）并改正错误的迭代过程，学习成功后可以应用到实际应用测试集中。

如图 1-15 所示，机器学习的学习程度可分为欠拟合（学习不充分）、拟合（学习恰到好处）和过拟合（过度严格，欠灵活）。

图 1-15　机器学习的学习程度

根据所处理的数据种类的不同，机器学习可分为监督学习、无监督学习和增强学习。如图 1-16 所示，监督学习类似于跟着导师学习，学习过程中有指导监督，导师预先准备好验证集来纠正学习中的错误；无监督学习类似于一般的自学，学习全靠自己的悟性和直觉，没有导师提供验证集；增强学习是一种以己为师、自求自得的学习，通过环境和自我激励的方式不断学习、调整、产生验证集并自我纠错的迭代过程。接下来主要讨论监督学习和无监督学习。

图 1-16　机器学习的三种形式

1.3.2 机器学习的任务与方法

1. 机器学习的任务

机器学习的任务主要有回归、分类、聚类、异常检测、去噪等，这里简单描述几种机器学习任务。

回归，是将实函数在样本点附近加以近似的有监督的函数近似预测问题（从样本点寻求近似函数表达式），为了完成这个任务，学习算法需要输出函数 $f : R^n \rightarrow R$，当 $y=f(x)$ 的时候，模型将 x 所代表的输入回归到函数值 y。如图 1-17 所示，利用 R 软件进行回归分析，运行相应代码后，可以自动计算出线性或者非线性模型，并检验模型中各个参数的显著性。其中，用 predict() 函数求预测值和预测区间，用 plot() 函数绘制出拟合图。

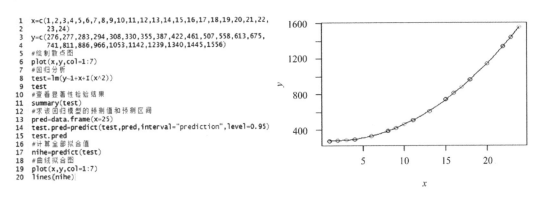

```
1  x=c(1,2,3,4,5,6,7,8,9,10,11,12,13,14,15,16,17,18,19,20,21,22,
2     23,24)
3  y=c(276,277,283,294,308,330,355,387,422,461,507,558,613,675,
4     741,811,886,966,1053,1142,1239,1340,1445,1556)
5  #绘制散点图
6  plot(x,y,col=1:7)
7  #回归分析
8  test=lm(y~1+x+I(x^2))
9  test
10 #查看显著性检验结果
11 summary(test)
12 #求该回归模型的预测值和预测区间
13 pred=data.frame(x=25)
14 test.pred=predict(test,pred,interval="prediction",level=0.95)
15 test.pred
16 #计算全部拟合值
17 nihe=predict(test)
18 #曲线拟合图
19 plot(x,y,col=1:7)
20 lines(nihe)
```

图 1-17 由样本回归到变化规律（R 语言实现）

分类，是将样本点对指定类别进行识别与分类的有监督的模式识别问题，考虑到已指定模式其实也是一种样本点，因此分类也可被看作是回归（函数近似预测）问题，除了返回结果的形式不一样外，学习算法需要输出函数 $f : R^n \rightarrow \{1,\cdots,k\}$，当 $y=f(x)$ 时，模型将向量 x 所代表的输入分类到 y 所代表的类别。图 1-18 所示为用 Python 语言实现的基于 BP 神经网络的数据集分类结果及误差结果。

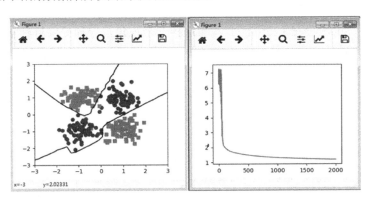

图 1-18 基于 BP 神经网络的数据集分类结果及误差结果（Python 语言实现）

聚类，是在不给出指定类别的情况下，将样本点进行识别与分类（自我产生模式，再将样本点按模式分类）的无监督的模式识别问题，准确计算样本点的相似度是聚类问题中的重要课题。分类和聚类的区别如图 1-19 所示。

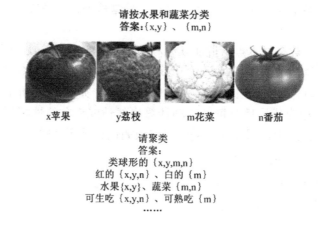

图 1-19　分类和聚类的区别

异常检测，是寻找样本中所包含异常数据的问题，计算机程序在一组事件或对象中筛选，并标记不正常或非典型的个体。若已知正常和异常标准，则是有监督的分类问题；若未知正常和异常标准，则可采用无监督的密度估计方法。异常检测任务的一个典型案例是信用卡欺诈检测，通过对购买习惯建模，信用卡公司可以检测你的卡是否被滥用，如果有人窃取了你的信用卡并发生不正常的购买行为，那么信用卡公司会发现该信用卡相对应的数据分布发生异常，可以尽快采取冻结措施以防欺诈。有关内容，可参考文献 [13]。

去噪任务类机器学习算法的输入是干净样本 $x \in R^n$ 经过未知损坏过程后得到的损坏样本 $\tilde{x} \in R$。算法根据损坏后的样本 $\tilde{x}$ 预测干净的样本 x，或者更一般地，预测条件概率分布 $p(x|\tilde{x})$。

2．机器学习的方法

1）监督学习与无监督学习

监督学习（Supervised Learning）源自这样一个视角，导师提供目标 y 给机器学习系统，指导其应该做什么。也就是说，监督学习算法训练含有很多特征的数据集，不过数据集中的样本都有一个标签或目标。监督学习包含观察随机向量 x 及其相关联的值或向量 y，然后从 x 预测 y，通常是估计 $p(y|x)$。例如，Iris 数据集（Fisher,1936）注明了每个鸢鸟花卉样本属于什么品种，而监督学习算法则通过研究 Iris 数据集，学习如何根据测量结果将样本划分为 3 个不同的品种。

无监督学习（unsupervised learning）则没有导师，算法必须学会在没有指导的情况下理解数据。也就是说，无监督学习算法训练含有很多特征的数据集，然后学习出这个数据集上有用的结构性质。无监督学习涉及观察随机向量 x 的好几个样本，试图显式或隐式地学习出概率分布 $p(x)$，或者是该分布的一些有意义的性质。在深度学习中，通常需要学习生成数据集的整个概率分布。显式地学习，比如密度估计；隐式地学习，比如合成或去噪。还有一些其他类型的无监督学习任务，如聚类，将数据集分成相似样本的集合。

无监督学习和监督学习之间的界限从数学意义上来说，其实是模糊的。很多机器学习技术可以同时使用这两个任务。例如，概率的链式法则表明，对于随机变量 $x \in R^n$，联合分布可以分解为

$$p(x) = \prod_{i=1}^{n} p(x_i \mid x_i, \cdots, x_{i-1})$$

该分解式意味着，对于表面上的无监督学习 $p(x)$，可以将其拆分成 n 个监督学习问题来解决。此外，求解监督学习问题 $p(y|x)$ 时，也可以使用传统的无监督学习策略学习联合分布 $p(x,y)$，然后进行如下推断：

$$p(y \mid x) = \frac{p(x, y)}{\sum_{y'} p(x, y')}$$

尽管监督学习和无监督学习并非是完全没有交集的正式概念，但它们确实有助于粗略分类我们研究机器学习算法时遇到的问题。传统上，人们将回归、分类或者结构化输出问题称为监督学习，将支持其他任务的密度估计称为无监督学习。

当然学习范式的其他变种也可能存在，例如，在半监督学习中，一些样本有监督目标，但其他样本就没有监督目标。在多示例学习中，样本的整个集合被标记为含有或者不含有该类的样本，但是集合中单独的样本是没有标记的。

2）增强学习

对于很多序列决策或者控制问题，很难有规则样本，这反映在机器学习算法上，意味着训练于一个非固定的数据集（没有规则样本）上。这种机器学习也被称为增强学习（reinforcement learning）或强化学习，该算法会和环境进行交互，即其学习系统和训练过程有反馈回路。

比如，四足机器人的控制问题，刚开始都不知道应该让其动哪条腿，在移动过程中，也不知道怎么让机器人自动找到合适的前进方向。象棋 AI 程序也具有类似的情况，每走一步棋实际上都是一个决策过程，虽然有 A*启发式算法，但在情况复杂时，仍然需要让机器多走几步或向后多考虑几步棋路后才能决定走哪一步比较好，这就需要更好的决策方法。对于这种控制决策问题，可设计一个回报函数（reward function），在 learning agent（如四足机器人、象棋 AI 程序）决定或实际走了一步后，如果获得了较好的结果，那么给 agent 一些回报（比如回报函数结果为正），得到较差的结果，那么回报函数为负。得到了相应的回报函数，就能够对每一步进行评价了，我们只需要找到一条回报值最大的路径（每步的回报之和最大），就认为是最佳的路径。

增强学习在很多领域已经获得成功应用，比如自动直升机、机器人控制、手机网络路由、市场决策、工业控制、高效网页索引等，这类算法超出了本书的范畴。从参考文献[14,15]，可以了解增强学习的相关知识，文献[16]介绍了增强学习的深度学习方法。

1.3.3 深度学习的提出

1. 机器学习存在的问题

作为人工智能的核心研究领域，机器学习（Machine Learning）是一门专门研究计算机怎样模拟或实现人类的学习行为，以获取新的知识或技能，重新组织已有的知识结构使之不断改善自身性能的学科。机器能否像人类一样具有学习能力呢？机器学习虽然发展了几十年，但还是没有很好地解决诸如图像识别、语音识别、自然语言理解、天气预测、基因表达、内容推荐等实际应用。如图 1-20 所示，通过机器学习去解决这些问题的思路都是这样的（以视觉感知为例子）。

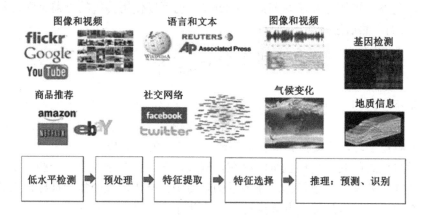

图 1-20　机器学习的一般思路

首先通过传感器获得数据，然后经过预处理、特征提取、特征选择，再到推理（预测或者识别）。其中最后一部分是机器学习，中间的三部分是特征表达。寻求特征表达是系统最主要的计算和测试工作，因为它对最终算法的准确性起到决定性作用，然而该步骤必须依赖人工干预，这将会大幅降低工作效率，并引起主观偏差。

2. 深度学习的本质

深度学习是人工神经网络的分支，其本质上就是一个深度神经网络。

人工神经网络（Artificial Neural Networks，ANN）是一种典型的机器学习实现方法，其构想源自对人类大脑的理解。如图 1-21 所示，人工神经网络中神经元模仿了生物神经元的工作机理。

人类大脑中的神经元按特定的物理距离连接，人工神经网络中神经元则以层次划分和连接，并确定数据传播方向。两者的工作原理基本类似：将输入信息经由分布式互连和并行处理的神经元进行非线性映射处理，能实现复杂的信息处理和推理任务，如图 1-22 所示。对于每一个神经元来说，都会对输入的信息进行权衡以确定权重，最终的结果由存储在全网中所有的权重来决定。

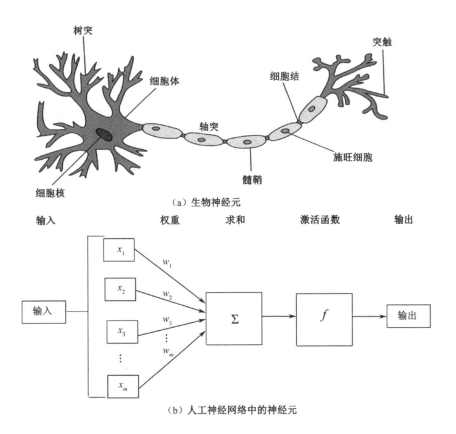

（a）生物神经元

（b）人工神经网络中的神经元

图 1-21　生物神经元和人工神经网络中的神经元

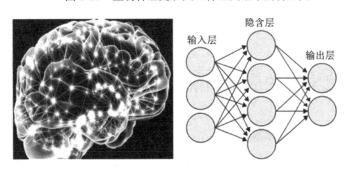

图 1-22　大脑和人工神经网络

　　传统神经网络采用的是反向传播，也就是采用迭代的算法来训练整个网络：随机设定初值，计算当前网络的输出，然后根据当前输出和标记之间的差去改变前面各层的参数，直到收敛（整体是一个梯度下降法），一旦网络层次加深（7 层以上），就会出现所谓的梯度扩散。直到深度学习（也包括相关的新的软硬件）出现才让大家真正看到了希望。深度学习整体上是一个 layer-wise 的训练机制，解决了深层网络架构下的梯度扩散；并通过逐层特征变换将样本在原空间的特征表示变换到一个新特征空间，从而使分类或预测更加容易。与人工规则构造特征的方法相比，利用大数据来学习特征，更能够刻画数据的丰富内在信息。

深度学习源于人工神经网络的研究领域，其概念最早由 Geoffrey Hinton 等人于 2006 年提出：①多隐层的人工神经网络具有优异的特征学习能力（见图 1-23），学习得到的特征对数据有更本质的刻画，从而有利于可视化或分类；②深度神经网络在训练上的难度，可以通过无监督学习实现的"逐层初始化"（layer-wise pre-training）来有效克服。同机器学习方法一样，深度机器学习方法也有监督学习与无监督学习之分。不同的学习框架下建立的学习模型很是不同。例如，卷积神经网络（Convolutional Neural Networks，CNNs）就是一种深度监督学习下的机器学习模型，而深度置信网（Deep Belief Nets，DBNs）则是一种无监督学习下的机器学习模型。深度学习的本质就是让神经网络变得无比巨大，不断增加层数和神经元数量，让系统运行大量数据，并进行深度训练学习，这时神经网络就可以自己"教"自己，弄清人和猫分别到底是怎样的。深度学习已被 Facebook 成功用于人脸图像识别，当然也可以识别猫，Andrew Ng（吴恩达）2012 年在谷歌做的事情就是让神经网络识别猫。

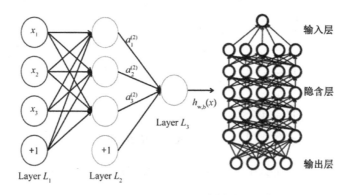

图 1-23　单隐层神经网络模型和深度学习模型

1.4　深度学习的应用场景

1.4.1　应用场合和概念层次

深度学习是指由许多层组成的人工神经网络。"深"就是指层数多，相比深度学习，其他的许多机器学习（如 SVM）是浅层学习，因为它们并没有多层的深架构。目前的深度学习网络已经有十几甚至一百多层，这种多层的架构允许后面的计算建立在前面的计算之上，这使得网络能够学习到更多的抽象特征。深度学习网络可以被视为特征提取层（feature extraction layer），其顶部是分类层（Classification layer）。深度学习的能力不在于它的分类，而在于其特征提取是自动（没有人为干预）的、抽象（多层）的。通过向网络展示大量有标记的样本来训练网络，通过检测误差并调整神经元之间连接的权重来改进结果，重复该优化过程以创建微调后的网络。一旦部署之后，就可以利用这种优化后的网络来评估没有标记的样本。

图 1-24 是深度学习应用场景的分级（达到一定的准确率适用于相应层次的应用场景）

描述，其中横坐标是年份，纵坐标是深度学习算法达到的准确率。应用场景在宏观上可以概括为以下两点。

（1）深度学习执行抽象和分层任务。抽象是一个概念过程，通过抽象从一般规则和概念中衍生出具体例子的使用和分类。可以将抽象视为一个"超级类"的创建，包括描述特定目的的示例的共同特征，但会忽略每个示例中的"局部变化"。例如，图像识别中，"猫"的抽象包括毛、胡须等。对于深度学习来说，每个层涉及对一个特征的检测，并且随后的层以先前的层为基础。因此，在问题域上包括抽象和分层概念的情况下图像识别等就可以使用深度学习。

（2）深度学习执行自动特征工程。特征工程包括找到变量之间的连接并将它们包装到一个新的变量中这两个过程。自动特征工程是深度学习的主要特征，特别是对于图像等非结构化数据来说，自动特征工程很重要，因为人工的特征工程非常缓慢，而且耗费劳力，并且对执行工程的人的领域知识有很大依赖性。

图 1-24　深度学习的应用场景

深度学习适合目标函数复杂且数据集较大的问题，也适合涉及多层次和抽象的问题。

以下介绍三个术语之间的差异，即 AI、深度学习、机器学习。

AI 意味着能够推理的机器（A Machine That Can Reason）。AI 的更多特征如下。

（1）推理（Reasoning）：通过逻辑推理来解决问题的能力。

（2）知识（Knowledge）：呈现有关世界的知识的能力（理解世界上存在某些物体、事件和状态；理解这些要素具有属性；理解这些要素可以分类）。

（3）规划（Planning）：设立目标及实现目标的能力。

（4）交流（Communication）：理解书面语言和口语的能力。

（5）感知（Perception）：从视觉图像、声音及其他感官输入推断有关世界的事物的能力。

AI 的终极目标是通用的人工智能，它允许机器在普通的人类环境中独立运行。我们今天看到的主要是狭隘的 AI（如 NEST 恒温器），但是 AI 正在快速发展。目前已有一系列的技术在驱动 AI，这些技术包括图像识别和自动标记，面部识别，文本—语音，语音—文本，自动翻译，情感分析和图像、视频、文本、语音的情感分析。

从广义上说，机器学习这个术语意味着可以应用于数据集以找到数据中模式的算法应用。深度学习算法的进步则推动了机器学习或整个 AI，它可以在没有预先定义特征的情况下检测模式。深度学习不需要预先定义示例的特性（Features），但仍然需要使用大量的示例训练样本来训练网络，因此可以被看作是一种混合形式的监督学习。深度学习网络由于算法本身的改进和硬件能力的提升（尤其是 GPU）而得到了巨大的进步。

1.4.2　主要开发工具和框架

深度学习是一个发展迅速的领域，在学术界专家奠定理论基础的同时，工业界则将深度学习理论迅速转化为代码，应用到实用系统中并结合业务改进优化。学术界与工业界形成一股合力，推动着深度学习不断前进。目前研究人员常用的深度学习框架不尽相同，如 Caffe、TensorFlow、CNTK 、Torch、Theano、ConvNetJS、Deeplearning4j、MXNet、Scikit-learn 等，这些深度学习框架被应用于计算机视觉、语音识别、自然语言处理与生物信息学等领域，并已经取得了极好的效果。

1. Caffe

Caffe 由伯克利视觉与学习中心的华裔学生贾扬清（后加盟 Google Brain，现任 Facebook 研究科学家）开发，项目主页为：http://caffe.berkeleyvision.org/，其 logo 如图 1-25 所示。Caffe 是一个基于 C++/CUDA/Python 实现的卷积神经网络框架，并提供了面向命令行、Matlab 和 Python 的接口。Caffe 框架支持模型与参数的文本化配置；代码和模型开放，可通过 BSD-2 参与开发与讨论；扩展性强、能够运行最棒的模型与海量的数据，非常适合于深度学习的初学者上手。

A New Lightweight, Modular, and Scalable Deep Learning Framework

图 1-25　Caffe

从 Caffe 的全称：Convolutional architecture for fast feature embedding 可以获得如下信息：

- Caffe 实现了前馈卷积神经网络架构（CNN），而不是递归网络架构（RNN）；
- Caffe 速度快，利用了 MKL、OpenBLAS、cuBLAS 等计算库，支持 GPU 加速；

- Caffe 适合做特征提取。

除此之外，Caffe 还具有如下特性：

- 遵循 BSD-2 协议，完全免费开源；Caffe 带有一系列参考模型和快速上手教程；
- Caffe 提供了一整套工具集，可用于模型训练、预测、微调、发布、数据预处理，以及良好的自动测试；
- Caffe 在国内外有比较活跃的社区，有很多衍生项目，如 Caffe for Windows、Caffe with OpenCL、NVIDIA DIGITS2、R-CNN 等；
- Caffe 代码组织很好，可读性强，通过掌握 Caffe 代码可以很容易地学习其他框架。

基于以上因素，建议深度学习初学者可将 Caffe 作为入门首选工具。

2. TensorFlow

TensorFlow（Git 下载地址 http://github.com/tensorflow/tensorflow/releases，logo 见图 1-26）是谷歌基于 DistBelief 进行研发的第二代人工智能学习系统，可用于语音识别或图像识别等多项机器深度学习领域。TensorFlow 一大亮点是支持异构设备分布式计算，它可在小到一部智能手机、大到数千台数据中心服务器的各种 GPU 设备上运行。TensorFlow 完全开源，任何人都可以用。

图 1-26　Google 开源的 TensorFlow，人工智能领域的 Android

TensorFlow 的命名来源于本身的运行原理。Tensor（张量）意味着 N 维数组，Flow（流）意味着基于数据流图的计算，TensorFlow 为张量从流图的一端流动到另一端计算的过程。TensorFlow 是将复杂的数据结构传输至人工智能神经网中进行分析和处理过程的系统。2016 年 4 月 14 日，Google 的博文介绍了 TensorFlow 在图像分类的任务中，在 100 个 GPUs 和不到 65h 的训练时间下，达到了 78%的正确率。在激烈的商业竞争中，更快的训练速度是人工智能企业的核心竞争力。而分布式 TensorFlow 意味着它能够真正大规模进入到人工智能产业中，并产生实质的影响。如果对 AlphaGo 感兴趣，可以选择学习谷歌用来制作 AlphaGo 的深度学习系统 TensorFlow。

3. CNTK

CNTK（Computational Network ToolKit，https://github.com/Microsoft/CNTK）是微软推出的开源深度学习框架，通过一系列计算步骤构成有向图来表达网络。其特点是高性能、高灵活性、可扩展性好。CNTK 支持 CNN、LSTM、RNN 等流行网络结构，支持分布式训练，在纯 CPU、单 GPU、多 GPU、多机多 GPU 硬件平台下都具有较好的性能。

Github 上对常见的深度学习框架在卷积计算性能上的对比如图 1-27 所示。

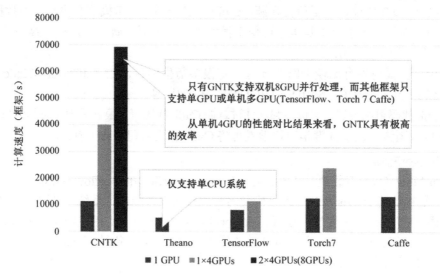

图 1-27　Github 上对常见的深度学习框架在卷积计算性能上的对比

从图 1-27 中可以看到，CNTK 支持双机 8GPU 并行处理，而其他框架只支持单 GPU 或单机多 GPU。从单 GPU 对比性能来看，CNTK、Caffe 相差不大，但单机 4GPU 的性能对比显示 CNTK 具有最高的效率。微软的 Windows 上对 CNTK 的支持不遗余力，对 Windows 依赖性较高的用户建议选择使用 CNTK。

1.4.3　人工智能、深度学习有关学术会议和赛事

1. 重要学术会议

AAAI、CVPR、ACL、NIPS、ICML 及后来居上的 ICLR 等，都是有关人工智能/机器学习的老牌学术会议，简单介绍如下。

（1）AAAI（American Association for Artificial Intelligence，美国人工智能协会）是 1979 年成立的世界范围的人工智能组织，该协会由计算机科学和人工智能的创始人 Allen Newell, Marvin Minsky 和 John McCarthy 等人发起，在全球有超过 6000 名会员。AAAI 也是人工智能顶级会议 AAAI 的组织者，会议的官方网址为：http://www.aaai.org/。

（2）CVPR（IEEE Conference on Computer Vision and Pattern Recognition，IEEE 国际计算机视觉与模式识别会议）是由 IEEE 举办的一年一度的学术性会议，该会议的主要内容是计算机视觉与模式识别技术。CVPR 是世界顶级的计算机视觉会议（三大顶会之一，另外两个是 ICCV 和 ECCV），近年来每年约有 1500 名参加者，收录的论文数量一般在 300 篇左右。会议每年都会有固定的研讨主题，而每一年都会有公司赞助该会议并获得在会场展示的机会。2017 年度会议的官方网址为：http://cvpr2017.thecvf.com/。

（3）ACL（The Association for Computational Linguistics，国际计算语言学协会）是

世界上影响力最大、最具活力的国际学术组织，该协会每年主办一届的 ACL 国际计算语言学会议是自然语言处理与计算语言学领域最高级别的学术会议。2017 年度会议的官方网址为：http://acl2017.org/。

（4）NIPS（Conference and Workshop on Neural Information Processing Systems，神经信息处理系统大会），是一个关于机器学习和计算神经科学的顶级国际会议。该会议固定在每年的 12 月举行，由 NIPS 基金会主办。NIPS 是 CCF 认定的人工智能、机器学习领域的 A 级会议。会议的官方网址为：https://nips.cc/。

（5）ICML（International Conference on Machine Learning，国际机器学习大会），是由国际机器学习学会（IMLS）主办的年度机器学习国际顶级会议，可以说代表了当今机器学习学术界的最高水平。2017 年度会议的官方网址为：https://2017.icml.cc/。

（6）ICLR（International Conference on Learning Representations，国际学习表征会议），自 2013 年以来每年举办一届，已被学术研究者们广泛认可为"深度学习的顶级会议"，ICLR 有一点和其他的会议有非常大的不同，就是论文通过 Open Review（https://openreview.net/）进行投稿与评选，在评选过程中所有研究者均可对提交论文中的内容提出批评或赞同意见，而不仅仅局限于官方的程序委员会，这对于提高论文的质量来说，是一种非常好的方法。会议的官方网址为：http://www.iclr.cc。

（7）CCAI（中国人工智能大会），是由中国人工智能学会发起的国内级别最高、规模最大的人工智能大会，目前已成功举办两届。大会持续汇聚全球人工智能领域的顶级专家、学者和产业界优秀人才，打造中国人工智能领域产、学、研紧密结合的高端前沿交流平台。会议的官方网址为：http://ccai.caai.cn/。

（8）AI WORLD（世界人工智能大会）。1956 年人工智能肇始于美国达特茅斯会议，2016 年是"人工智能（AI）"概念提出 60 周年。60 年是一甲子，AI 也来到了新元年，随着 2015 年年末国内外科技巨头纷纷布局大 AI 领域，谷歌、Facebook、百度等企业掀起深度学习平台开源运动，2016 年 10 月 18 日，在北京国家会议中心举办了 AI WORLD 2016 世界人工智能大会，该会议的官方网址为：http://www.aiworld2016.com/。

2. 国内大数据/人工智能创新创业比赛

（1）中国机器人及人工智能大赛，是国内首个提出在机器人及人工智能领域，将关键技术的研发与应用有机结合的比赛，由中国人工智能学会、教育部高等学校计算机基础课程教学指导委员会主办。顺应国内外人工智能研发应用的大趋势，大赛将围绕机器人技术研发和人工智能应用领域创新展开赛事，策划"机器人比赛"和"创新比赛"两大项比赛项目，同期举办中国智能产业高峰论坛等活动。大赛将以专业赛事、高峰研讨、企业评选等多种形式互联互通，众智汇聚，促进机器人及人工智能领域间合作交流。官方网址为：http://robot-aievent.com/。

（2）2017 中国大数据人工智能创新创业大赛，由上海大数据联盟、上海大数据产业基地（市北高新）、中国信息通信研究院主办，华院数翼联合主办，聚焦智慧医疗、科技金融两大垂直领域，独创"创业赛"＋"技术赛"交叉赛模式，以大数据人工智能作为核动力，旨在通过整合国内企业、科研机构、行业组织力量，根据市场真实需求，解决领域痛点，挖掘行业创新应用，将大数据人工智能引入到具体应用场景中。大赛特设高额创投基金及高额技术大赛奖金，挖掘该领域优秀创业团队和技术人才，掀起大数据与人工智能行业应用的高潮。官方网址为：http://www.datadreams.org/，在网站上有历年主题比赛的相关规则和训练、测试数据集可供下载。

3．AI 开源数据集

今天要构造 AI 或机器学习系统，相比于以往已经容易许多，我们不仅有许多最前沿的开源工具如 Caffe、TensorFlow、Torch、Spark 等，也有 AWS、Google Cloud 等云服务提供商提供强大的计算与存储服务，这意味着可以在咖啡厅用 Surface 在线训练属于个人的 AI 模型。重要的是，在数据集上表现得性能良好并不能保证机器学习系统在真实的产品场景中表现良好。许多做 AI 的人忘记了构建新 AI 解决方案或开发产品最难的部分不是 AI 本身或者算法，而是数据的收集和标记。标准数据集可以用于验证模型，或作为构建更加定制化解决方案的一个好的起点。

但要时刻记住，拥有充足的数据集是取得 AI 革命胜利的关键。得益于各大研究机构和企业的辛苦工作与开放观念（意识到数据民主化对 AI 发展的重大意义），现在有机会获取大量有标签和注释的优质数据。然而，大多数包含机器学习或 AI 的产品都更依赖于专有数据集，而这些数据集往往是不公开的。

网络资源 http://www.sohu.com/a/126913367_473283.html 中是 AI 爱好者精心收集的开源数据集，按照计算机视觉、自然语言处理、语音识别、地理空间数据等人工智能的子领域分类，每个数据集均附有下载链接，是做 AI 研究不容错过的资源。

习题

1．人工智能的目标是什么？研究内容主要有哪些？

2．图灵测试和中文房间问题的主要内容分别是什么？他们之间的关系又是什么？

3．人工智能的主要流派及其主要研究观点是什么？

4．人工智能发展的几次高潮和低谷的起因是什么？

5．阐述人工神经网络的工作原理。

6．什么是机器学习？深度学习与普通神经网络有什么不同？

7．机器学习有哪些方法？机器学习的应用场合主要有哪些？

8．大数据、云计算、人工智能之间有什么关系？

9．深度学习的主要开发工具框架有哪些？

10．从 AlphaGo 到 Master 两个热点事件的时间与内容上，你想到了什么？

11．请简述 Caffe 框架的安装与使用方法（建议使用 Ubuntu Linux V14.04 环境）。

参考文献

[1] 吴岸城. 神经网络与深度学习[M]. 北京: 电子工业出版社，2016.

[2] 赵永科. 深度学习 21 天实战 Caffe[M]. 北京: 电子工业出版社，2016.

[3] （日）杉山将. 图解机器学习[M]. 北京: 人民邮电出版社，2016.

[4] 周志华. 机器学习[M]. 北京: 清华大学出版社，2016.

[5] 刘鹏. 云计算[M]. 3 版. 北京: 电子工业出版社，2015.

[6] 张重生. 深度学习：原理与应用实践[M]. 北京: 电子工业出版社，2016.

[7] Brett L. 机器学习与 R 语言[M]. 李洪成，译. 北京: 机械工业出版社，2016.

[8] Gareth J. 统计学习导论基于 R 应用[M]. 王星，译. 北京: 机械工业出版社，2016.

[9] 吴军. 数学之美[M]. 北京: 人民邮电出版社，2015.

[10] MI J, Mitchell T M. Machine learning:Trends,perspectives,and prospects[J]. Science. 2015,349(6245):255.

[11] Seide F，Agarwal A.CNTK: Microsoft's Open-Source Deep-Learning Toolkit[C]. Acm Sigkdd International Conference on Knowledg Discovery & Data Mining , 2016 :2135-2135.

[12] Coutanche M N, Thompsonschill S L. Creating Concepts from Converging Features in Human Cortex[J]. Cerebral Cortex , 2015 , 25 (9) :2584.

[13] Chandola V, Banerjee A, Kumar V. Anomaly Detection for Discrete Sequences: A Survey[C]. ACM computing suroeys(CSUR),41(3),15.

[14] Sutton R, Barto A. Reinforcement Learing:An Introduction[M]. MIT Press, 1998.

[15] Bertsekas D P, Tsitsiklis J. Neuro-Dynamic Programming[M].Athena Scientific, 1996.

[16] Mnih V, Kavukcuoglo K, Silver D, et al. Playing Atari with deep reinforcement learning. Technical report, arXiv:1312.5602.

第2章 深度学习的数学基础

深度学习技术是一门以数学为基础的学科，无论是其算法原理还是计算求解，都是建立在数学知识的基础上，例如：线性代数、概率统计、微积分、最优化等。因此，在学习深度学习前，必须首先掌握一定的数学知识。本章主要介绍与深度学习相关的最基本的数学知识，以帮助读者对后续章节的学习。

2.1 线性代数

2.1.1 向量空间

从几何上看，每一个空间都是由很多点组成的，而且每个点都是由其坐标唯一确定或对应的，所有这些点的集合组成了一个点空间。通常固定某个点 O 作为基点，O 可以是任意其他点，通常是坐标原点 $O = (0,0,\cdots,0)$。若点 P 是 n 维点空间中任意一个点，坐标是 $(p_1, p_2, \cdots, p_n)^T$，则从点 O 出发指向点 P 的方向就形成了唯一一个向量 $\boldsymbol{\alpha}_{OP}$，且 $\boldsymbol{\alpha}_{OP} = (p_1, p_2, \cdots, p_n)^T - (0,0,\cdots,0) = (p_1, p_2, \cdots, p_n)^T$，这样点空间中任意一个点都对应且只对应一个向量。反之，对于任意一个 n 维向量 $\boldsymbol{\alpha}_{OP} = (p_1, p_2, \cdots, p_n)^T$，其几何含义是从坐标基点 $O = (0,0,\cdots,0)$ 出发指向点 $P = (p_1, p_2, \cdots, p_n)^T$ 的一个向量，也即，向量 $\boldsymbol{\alpha}_{OP}$ 在点空间中存在且唯一存在一个对应点。这样点空间中的每一个点与向量就建立了一一映射，二维空间中点与向量的映射关系如图 2-1 所示。因为向量与点之间的这种一一映射关系，可以把向量转化成几何空间中实在的点，利用点空间的方法来处理向量，这样处理就更加直观；或者把点空间的概念和方法推广到向量中，例如：借助几何中点空间的思路，把点空间的概念推广到向量中，就形成向量空间[2~5]。

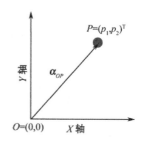

图 2-1　点与向量的关系

直观上，空间是一个几何的概念，但本质上，空间是由数据的运算规则确定的。数学上，空间不仅意味着定义了集合、集合成员、集合元素的运算及其运算规律；并且所有集合元素（运算对象）按照这些运算规律运算后，运算结果仍然属于这个集合，即运算具有封闭性。空间就是在某些运算规则规定下形成的封闭集合，集合中的元素无论如何运算，结果仍然在该集合中。直观地看，就像密闭箱中的气体分子，无论如何运动都超不出箱体的范围。

定义 2.1

给定一个非空集合 V 和数域集合 F，在 V 中定义了加法运算 $+$，在 V 与 F 之间定义了数乘运算 $\cdot$，$\alpha,\beta,\gamma \in V, k,l \in F$，如果该加法运算和数乘运算同时满足下面所有规则，则称 V 是 F 上的向量空间或线性空间。

（1）规则 1：若 $\alpha,\beta \in V$，则 $\alpha+\beta \in V$。

（2）规则 2：若 $\alpha,\beta \in V$，则 $\alpha+\beta=\beta+\alpha$。

（3）规则 3：若 $\alpha,\beta,\gamma \in V$，则 $(\alpha+\beta)+\gamma=\alpha+(\beta+\gamma)$。

（4）规则 4：存在零元素 $0 \in V$，对 $\alpha \in V$ 都有 $0+\alpha=\alpha$。

（5）规则 5：对任意向量 $\alpha \in V$ 都存在负元素 $-\alpha \in V$，使得 $\alpha+(-\alpha)=0$。

（6）规则 6：若 $\alpha \in V, k \in F$，则 $k \cdot \alpha \in V$。

（7）规则 7：若 $\alpha,\beta \in V, k \in F$，则 $k \cdot (\alpha+\beta)=k \cdot \alpha+k \cdot \beta$。

（8）规则 8：若 $\alpha \in V, k,l \in F$，则 $(k+l) \cdot \alpha=k \cdot \alpha+l \cdot \alpha$。

（9）规则 9：若 $\alpha \in V, k,l \in F$，则 $k \cdot (l \cdot \alpha)=(kl) \cdot \alpha$。

（10）规则 10：若 $\alpha \in V$，则存在一个单位元素 $1 \in F$ 使得 $1 \cdot \alpha=\alpha$。

其中规则（1）和规则（6）保证了运算的封闭性；规则（2）体现了加法运算的交换律；规则（3）体现了加法运算的结合律；规则（4）保证了 V 中存在零元素；规则（5）保证了 V 中存在负元素；规则（7）是数乘运算对加法运算的分配律；规则（8）体现了数乘运算对数域加法具有分配律；规则（9）表示数乘运算在数域中具有结合律；规则（10）表示数域中存在单位元素。

定义 2.2

若 n 维向量 $\boldsymbol{\alpha}=(\alpha_1,\alpha_2,\cdots,\alpha_n)^{\mathrm{T}} \in R^n, \boldsymbol{\beta}=(\beta_1,\beta_2,\cdots,\beta_n)^{\mathrm{T}} \in R^n$，则向量 $\boldsymbol{\alpha}$ 与 $\boldsymbol{\beta}$ 的和为 $\boldsymbol{\alpha}+\boldsymbol{\beta}=(\alpha_1+\beta_1,\alpha_2+\beta_2,\cdots,\alpha_n+\beta_n)^{\mathrm{T}}$，即两个加数向量的对应分量的和作为向量和的对应分量。

定义 2.3

若 n 维向量 $\boldsymbol{\alpha}=(\alpha_1,\alpha_2,\cdots,\alpha_n)^{\mathrm{T}} \in R^n$，实数 $k \in R$，则实数 k 与向量 $\boldsymbol{\alpha}$ 的数乘为 $k \cdot \boldsymbol{\alpha}=(k\alpha_1,k\alpha_2,\cdots,k\alpha_n)^{\mathrm{T}}$，即向量中每一个分量与实数的乘积作为数乘积向量的对应分量。

根据上述定义 2.1～定义 2.3，很容易验证 n 维实数向量在实数域 R 上满足上述运算规则，故形成 n 维实数向量空间 R^n。

通常，常见的线性空间如下所示。

（1）$R^{m \times n}$：所有 $m \times n$ 的实矩阵在通常矩阵加法和数乘意义下对实数域 R 构成线性空间，通常记为 $R^{m \times n}$。

（2）$F_n[x]$：次数小于等于 n 的全体实数多项式函数 $F_n(x)=\sum_{i=0}^{n} a_i x^i, a_n \neq 0, a_i \in R$，$x \in R$ 集合（含 0 多项式）在通常的函数加法和函数数乘的意义下对实数域 R 构成线性空间，通常记为 $F_n[x]$。

（3）Nul_A：线性方程 $Ax=0$ 的解集合记作 $\mathrm{Nul}_A=\{x \mid Ax=0, x \in R^n, A \in R^{m \times n}\}$，则在

通常向量加法和数乘意义下 Nul_A 是实数域上的线性空间。

（4）Col_A：设 $A = [a_1, \cdots, a_i, \cdots, a_n] \in R^{m \times n}$，则 A 的列的线性组合，即其生成空间，记为 $\text{Col}_A = \text{span}(a_1, \cdots, a_i, \cdots, a_n)$，在通常向量加法和数乘意义下 Col_A 是实数域上的线性空间。

2.1.2 矩阵分析

如前所述，向量可以被看作是在一个方向进行有序排列的一组元素。但是在实际的生产生活中，仅仅沿同一个方向分布元素或数据是不能满足需要的。例如，某学生在一次期末考试中的数学、物理、化学成绩可以排列成一行或列，可以形成行向量或列向量。但是如果需要考察该同学所在班级所有学生的全部成绩，若把所有学生的这三项成绩按同一个方向进行排列写成向量形式，则无法区分成绩究竟属于哪一个学生的。故必须把第一学生的三科成绩写在第一行，第二个学生的三科成绩写在第二行，……依次类推，形成二维表格。表格的行表示学生，不同的行对应不同的学生；列表示科目，不同的列代表不同科目，表格的值表示某个学生的某门课程成绩。即把成绩数值从学生和课程两个维度进行排列，这就形成了矩阵，它是从两个方向排列的一组数字阵列。

定义 2.4

设 F 为数域，由 F 中任意数量/元素沿行、列两个方向有序排列的 m 行 n 列的阵列/表格称为矩阵。

若第 i 行第 j 列的元素为 a_{ij}，则矩阵可以记为 $\left(a_{ij} \right)_{m \times n}$，常记作

$$A = \left(a_{ij} \right)_{m \times n} = \begin{bmatrix} a_{11} & a_{12} & \cdots & a_{1n} \\ a_{21} & a_{22} & \cdots & a_{2n} \\ \vdots & \vdots & & \vdots \\ a_{m1} & a_{m2} & \cdots & a_{mn} \end{bmatrix}$$

若 $m = n$，则称矩阵为 n 阶方阵。另外，数域 F 中 $m \times n$ 阶矩阵的集合常常记作 $M_{m \times n}(F)$。特别地，实数域中 $m \times n$ 阶矩阵集合常记为 R^{mn}，可以验证矩阵做加法和数乘后也构成一个向量空间。所有元素均为 0 的矩阵称为零矩阵，常记为 $\mathbf{0}$。若只有对角线上元素为 1 其余所有元素全部为 0 的方阵称为单位矩阵，常记为 I。

矩阵可以看作是向量的推广，是 n 个含 m 个元素的向量的有序组合[6~8]。例如把矩阵的第 j 列当作列向量

$$c_j = \begin{bmatrix} a_{1j} \\ a_{2j} \\ \vdots \\ a_{ij} \\ \vdots \\ a_{mj} \end{bmatrix}$$

则矩阵可以写成一个行向量 $A = \begin{bmatrix} c_1 & c_2 & \cdots & c_j & \cdots & c_n \end{bmatrix}$。因此，向量的运算可以推广到矩阵中。

定义 2.5

设 $A = \left(a_{ij}\right)_{m \times n}$ 和 $B = \left(b_{ij}\right)_{m \times n}$ 是两个 $m \times n$ 阶矩阵，则 A 与 B 相等当且仅当 $a_{ij} = b_{ij}, i = 1, 2, \cdots, m; j = 1, 2, \cdots, n$，记为 $A = B$。

这样，两个矩阵相等就是两个矩阵中对应位置的元素相等，而且是所有元素都相等，则矩阵才相等，这与向量的相等定义是一致的。

定义 2.6

设 $A = \left(a_{ij}\right)_{m \times n}$ 是数域 F 中任意一个 $m \times n$ 阶矩阵，$\alpha \in F$ 是任意标量，若矩阵 $B = \left(b_{ij}\right)_{m \times n}$ 的任意一个元素满足 $b_{ij} = \alpha a_{ij}, i = 1, 2, \cdots, m, j = 1, 2, \cdots, n$，则称矩阵 B 是矩阵 A 与数 α 的数乘积，常记作 $B = \alpha A$。

矩阵的数乘积就是将矩阵中每一个元素乘上同一个数后所得的矩阵，数乘前后矩阵的阶相同，矩阵的数乘积也是向量数乘的推广。

定义 2.7

设 $A = \left(a_{ij}\right)_{m \times n}$ 和 $B = \left(b_{ij}\right)_{m \times n}$ 是两个 $m \times n$ 阶矩阵，若矩阵 $C = \left(c_{ij}\right)_{m \times n}$ 的任意一个元素满足 $c_{ij} = a_{ij} + b_{ij}, i = 1, 2, \cdots, m; j = 1, 2, \cdots, n$，则称矩阵 C 是矩阵 A 与 B 的和，+是矩阵加法，常记作 $C = A + B$。

矩阵加法中两个加数的阶必须相同，否则不能相加，而且和的阶也与加数的阶相同。和向量加法一样，矩阵的加法也是对应位置的元素相加，并且相加和也放在原来位置上，所有元素都相加后形成的矩阵就是矩阵加法的和。

定义 2.8

设 $A = \left(a_{ij}\right)_{m \times n}$ 和 $B = \left(b_{ij}\right)_{n \times o}$ 分别是 $m \times n$ 与 $n \times o$ 阶矩阵，若矩阵 $C = \left(c_{ij}\right)_{m \times o}$ 的任意一个元素满足 $c_{ij} = \sum_{k=1}^{n} a_{ik} b_{kj}, i = 1, 2, \cdots, m; j = 1, 2, \cdots, o$，则称矩阵 C 是矩阵 A 与 B 的乘积，常记作 $C = AB$。

从上面定义可见，第一个矩阵的第 i 行与第二个矩阵的第 j 列中对应位置的元素乘积的和作为乘积矩阵的第 i 行、第 j 列的元素，这就形成了矩阵的乘积。只有第一个矩阵的列数和第二个矩阵的行数相同，这两个矩阵才能做乘法运算。显然，矩阵的乘法不满足交换律，因为交换后两个矩阵可能根本不满足相乘的条件。因此 $C = AB$ 也可称为 A 左乘以 B 或 B 右乘以 A。

定义 2.9

设 $A = \left(a_{ij}\right)_{m \times m}$ 是一个 $m \times m$ 阶矩阵，若矩阵 $B = \left(b_{ij}\right)_{m \times m}$ 满足 $AB = BA = I$，其中 I 是 m 阶单位方阵，则称矩阵 B 是矩阵 A 的逆，常记作 $B = A^{-1}$。

矩阵求逆是相互的，若 B 是 A 的逆，则 A 也是 B 的逆。这样，结合矩阵的乘法和逆运算可以定义矩阵的整数次幂如下。

定义 2.10

设 $A = \left(a_{ij}\right)_{m \times m}$ 是一个 $m \times m$ 阶矩阵，若矩阵 $B = \left(b_{ij}\right)_{m \times m}$ 满足

$$B = \begin{cases} I & l = 0 \\ A & l = 1 \\ A^{l-1}A & l = 2,3,\cdots \\ A^{-1} & l = -1 \\ A^{-l+1}A^{-1} & l = -2,-3,\cdots \end{cases}$$

其中 I 是 m 阶单位方阵，$l \in Z$，则 B 称为矩阵 A 的幂。

定义 2.11

设 $A = \left(a_{ij}\right)_{m \times n}$ 是一个 $m \times n$ 阶矩阵，若矩阵 $B = \left(b_{ij}\right)_{n \times m}$ 的任意一个元素满足 $b_{ji} = a_{ij}, i = 1,2,\cdots,m; j = 1,2,\cdots,n$，则称矩阵 B 是矩阵 A 转置，常记作 $B = A^{\mathrm{T}}$。

矩阵的转置就是把矩阵 A 的第 i 行当作矩阵 B 的第 i 列，把矩阵元素排列的行与列互换。这样 $m \times n$ 阶矩阵的转置就变成了 $n \times m$ 阶矩阵。

2.2 概率与统计

在生产和生活中经常会遇到大量的不确定或偶然性事物，例如：常会听到类似下面的说法，"明天可能会下雨也可能是阴天""我不能保证一定完成任务""买彩票的人都有机会中奖"，凡此种种，这类包含有不确定性的表达非常多，说明了随机性普通存在于我们的世界中。研究随机对象的数学方法和理论就是概率论。

现在概率论与统计学已经广泛渗透到很多学科中，它是一门基础学科和基本方法。在深度学习中，概率和统计也得到了广泛应用，成为深度学习的重要工具。

2.2.1 概率与条件概率

尽管数百年前人们已经开始用概率来衡量事物的随机性、可能性、可变性、偶然性、不确定性，但是，时至今日，概率还没有一个统一的能够被所有人都接受和认可的定义。目前，有四种比较流行的有关概率的定义：概率的公理化定义、概率的频率定义、概率的古典定义、几何概率。

定义 2.12

设从事件/实验的样本空间 Ω 到闭区间 $[0,1]$ 上的有界映射是 $P: \Omega \to [0,1]$，若事件/实验 $A \subseteq \Omega$，并且满足以下三个条件，则称 $P(A) \in [0,1]$ 是事件/实验 A 的概率。

（1）$P(A) \in [0,1]$，即概率取值一定在闭区间 $[0,1]$ 中，称为有界性公理，本公理也说明了 $P(A) \geqslant 0$，故又称为非负性公理。

（2）$P(\Omega) = 1$，即必然事件概率为 1，样本空间中总有某些样本是要发生的，样本空间中全部样本都不发生是不可能的，称为规范性公理。

（3）设互不相容事件 $A_k \subseteq \Omega$（若 $i \neq j$，则 $A_i \cap A_j = \phi$）的和事件/实验的概率等于

各个事件/实验的概率和，即 $P\left(\bigcup_{k=1}^{\infty} A_k\right) = \sum_{k=1}^{\infty} P(A_k)$，称为可列可加性公理。

以上是苏联数学家柯尔莫哥洛夫在 20 世纪 30 年代提出的概率公理化定义，它一出现就得到广泛的认同。根据概率的公理化定义，很容易推出概率的一些基本性质。

定理 2.1　概率的最基本性质

（1）不可能事件的概率为 0，即 $P(\phi) = 0$。

证明：根据集合运算，显然有 $\phi = \bigcup_{k=1}^{\infty} \phi$。故根据概率的可列可加性得：

$P(\phi) = \sum_{k=1}^{\infty} P(\phi)$。又因为概率具有非负性，故 $P(\phi) \geqslant 0, \sum_{k=1}^{\infty} P(\phi) \geqslant 0$。这样，得到 $P(\phi) = 0$。

（2）有限可加性：n 个（n 是有限的）两两互不相容事件 $A_k \subseteq \Omega$（若 $i \neq j$，则 $A_i \cap A_j = \phi$）的和事件（$\bigcup_{k=1}^{n} A_k$）的概率 $P\left(\bigcup_{k=1}^{n} A_k\right)$ 等于各个事件概率

$P(A_k), k = 1, 2, \cdots, n$ 的和 $\sum_{k=1}^{n} P(A_k)$，即 $P\left(\bigcup_{k=1}^{n} A_k\right) = \sum_{k=1}^{n} P(A_k)$。

证明：设 $A_{n+1} = A_{n+2} = \cdots = \phi$，则根据集合运算规则有：$\bigcup_{k=1}^{n} A_k = \bigcup_{k=1}^{\infty} A_k$。结合可列可

加性公理，得 $P\left(\bigcup_{k=1}^{n} A_k\right) = P\left(\bigcup_{k=1}^{\infty} A_k\right) = \sum_{k=1}^{\infty} P(A_k)$，该式进一步可以写成

$P\left(\bigcup_{k=1}^{n} A_k\right) = \sum_{k=1}^{\infty} P(A_k) = \sum_{k=1}^{n} P(A_k) + \sum_{k=n+1}^{\infty} P(A_k) = \sum_{k=1}^{n} P(A_k) + \sum_{k=n+1}^{\infty} P(\phi)$。由于不可能事件的

概率为 0，即 $P(\phi) = 0$，得 $P\left(\bigcup_{k=1}^{n} A_k\right) = \sum_{k=1}^{n} P(A_k)$。

（3）单调性：若事件 A 是事件 B 的子集，则事件 A 发生的概率不大于事件 B 发生的概率。即，若 $A \subseteq B \subseteq \Omega$，则有 $P(A) \leqslant P(B)$。

证明：因为 $A \subseteq B \subseteq \Omega$，根据集合运算规律，有 $B = A \cup (B - A)$ 且 $(B - A) \subseteq \Omega$，$A, B - A$ 是互不相容的。根据概率的有限可加性，$P(B) = P(A \cup (B - A)) = P(A) + P(B - A)$，进一步，有 $P(B) - P(A) = P(B - A)$。因为概率具有非负性，故得 $P(B - A) \geqslant 0$。这样，有 $P(B) - P(A) \geqslant 0$，即 $P(B) \geqslant P(A)$。命题得证。

（4）互补性：若事件 $\bar{A}$ 是事件 A 的对立事件，即 $\bar{A} \cup A = \Omega$，则有 $P(\bar{A}) + P(A) = 1$。

证明：因为 $\bar{A} \cup A = \Omega$，由概率的规范性公理可得：$P(\Omega) = P(\bar{A} \cup A) = 1$。对立事件具有互斥性，是不相容的，故根据概率的可列可加性，有 $P(\Omega) = P(\bar{A} \cup A) = P(\bar{A}) + P(A) = 1$。命题得证。

（5）概率加法公式：设 n 个事件为 $A_i, i = 1, 2, \cdots, n$（可以相容也可以不相容），则其

和 $\bigcup\limits_{i=1}^{n} A_i$ 的概率为

$$P\left(\bigcup_{i=1}^{n} A_i\right) = \sum_{i=1}^{n} P(A_i) - \sum_{1 \le i < j \le n} P(A_i A_j) + \sum_{1 \le i < j < k \le n} P(A_i A_j A_k) + \cdots + (-1)^n P(A_1 A_2 \cdots A_n)$$

证明：用数学归纳法证明。

当 $n=2$ 时，因为 $A_2 = A_1 A_2 \cup (A_2 - A_1 A_2)$，根据概率的有限可加性得 $P(A_2) = P(A_1 A_2) + P(A_2 - A_1 A_2)$，进而有 $P(A_2 - A_1 A_2) = P(A_2) - P(A_1 A_2)$。根据概率运算，有 $A_1 \cup A_2 = A_1 \cup (A_2 - A_1 A_2)$。这样，由概率的有限可加性得：$P(A_1 \cup A_2) = P(A_1) + P(A_2 - A_1 A_2)$。结合上述两式，得：$P(A_1 \cup A_2) = P(A_1) + P(A_2) - P(A_1 A_2)$。故在 $n=2$ 时，命题成立。

假设 $n = m$ 时命题成立，即

$$P\left(\bigcup_{i=1}^{m} A_i\right) = \sum_{i=1}^{m} P(A_i) - \sum_{1 \le i < j \le m} P(A_i A_j) + \sum_{1 \le i < j < k \le m} P(A_i A_j A_k) + \cdots + (-1)^m P(A_1 A_2 \cdots A_m)$$

下面证明 $n = m+1$ 时，命题亦成立。

因为 $A_{m+1} = \left(\bigcup\limits_{i=1}^{m} A_i\right) A_{m+1} \cup \left(A_{m+1} - \left(\bigcup\limits_{i=1}^{m} A_i\right) A_{m+1}\right)$，概率具有有限可加性，故得

$$P(A_{m+1}) = P\left(\left(\bigcup_{i=1}^{m} A_i\right) A_{m+1}\right) + P\left(A_{m+1} - \left(\bigcup_{i=1}^{m} A_i\right) A_{m+1}\right)$$

进而有：

$$P\left(A_{m+1} - \left(\bigcup_{i=1}^{m} A_i\right) A_{m+1}\right) = P(A_{m+1}) - P\left(\left(\bigcup_{i=1}^{m} A_i\right) A_{m+1}\right)$$

从概率运算规则易知：

$$\bigcup_{i=1}^{m+1} A_i = \left(\bigcup_{i=1}^{m} A_i\right) \cup A_{m+1} = \left(\bigcup_{i=1}^{m} A_i\right) \cup \left(A_{m+1} - \left(\bigcup_{i=1}^{m} A_i\right) A_{m+1}\right)$$

根据概率的有限可加性，

$$P\left(\bigcup_{i=1}^{m+1} A_i\right) = P\left(\bigcup_{i=1}^{m} A_i\right) + P\left(A_{m+1} - \left(\bigcup_{i=1}^{m} A_i\right) A_{m+1}\right)$$

结合上面两式，得：

$$P\left(\bigcup_{i=1}^{m+1} A_i\right) = P\left(\bigcup_{i=1}^{m} A_i\right) + P(A_{m+1}) - P\left(\left(\bigcup_{i=1}^{m} A_i\right) A_{m+1}\right)$$

将 $n = m$ 时的结论代入上式，并将第二项展开，整理后可得：

$$P\left(\bigcup_{i=1}^{m+1} A_i\right) = \sum_{i=1}^{m+1} P(A_i) - \sum_{1 \le i < j \le m+1} P(A_i A_j) + \sum_{1 \le i < j < k \le m+1} P(A_i A_j A_k) + \cdots + (-1)^{m+1} P(A_1 A_2 \cdots A_{m+1})$$

故命题得证。

现实世界中，一方面，事物之间往往都是有某种联系的，完全独立或孤立的事物很

少有；另一方面，事物之间的联系程度关联强度又各不相同，联系往往又有一定的不确定性。如果父母的身高比较高，则其子女是矮个子的机会往往也不大。条件概率就是研究事物之间不确定联系的有力工具，条件概率的具体定义如下。

定义 2.13

在样本空间 Ω 中，事件 B 发生的概率是 $P(B)$，在事件 B 发生的条件下事件 A 也发生的概率称为条件概率，记作 $P(A|B) = \dfrac{P(A \cap B)}{P(B)}$；同理，在事件 A 发生的条件下事件 B 发生的条件概率为 $P(B|A) = \dfrac{P(A \cap B)}{P(A)}$。

2.2.2 贝叶斯理论

贝叶斯理论和统计推断方法作为一种古老的统计方法，可谓源远流长。早在 1763 年英国统计学家贝叶斯第一次提出了基于概率归纳的贝叶斯方法，很快地，第一次应用贝叶斯推断计算是在 1772 年。为了推断行星的质量，数学家拉普拉斯选择双指数分布，即拉普拉斯分布，进行贝叶斯推断。由于双指数分布计算非常困难，于是拉普拉斯又在 1809 年利用当时刚刚普及的高斯分布重新研究了行星质量推断问题，取得了巨大突破。从此贝叶斯理论及其推断方法被广泛关注和应用，目前贝叶斯理论已经形成了一套完整严密的知识体系。极大似然估计、矩估计等方法往往把估计对象当作确定的常数。但是，事实上现实中的推断对象很少是完全确定的，往往是具有一定的随机性或不确定性的。贝叶斯理论正是基于这一点而发展产生的。贝叶斯理论在推断时的最大特点是把推断目标的数据信息、主观经验、先验知识等各类事先已知信息抽象更新了先验概率，根据得到的后验概率对未知信息进行推断。

假设样本空间 Ω 的完备事件是 $\theta_1, \theta_2, \cdots, \theta_n$，$X$ 是样本空间 Ω 内某任意事件，根据概率公理体系，易得

$$P(X=x) = P\left(\sum_{i=1}^{n} x\theta_i\right) = \sum_{i=1}^{n} P(x\theta_i) = \sum_{i=1}^{n} P(x|\theta_i) P(\theta_i)$$

上式就是全概率公式的一种形式，它也是贝叶斯理论的起点。该公式最本质的思想在于把整个事件分解成一些小的相容（或两两互不相交）事件的和，这样当某事件整体求解比较困难时，用容易计算的小事件来代替可以极大地简化计算。以此为基础，根据条件概率的定义，可以求解出任意一个完备事件 $\theta_1, \theta_2, \cdots, \theta_n$ 在事件 $X=x$ 发生后的条件概率如下：

$$P(\theta_i|X=x) = \frac{P(X=x, \theta_i)}{P(X=x)} = \frac{P(X=x|\theta_i)P(\theta_i)}{P(X=x)} = \frac{P(X=x|\theta_i)P(\theta_i)}{\sum\limits_{i=1}^{n} P(X=x|\theta_i)P(\theta_i)} = \frac{P(x|\theta_i)P(\theta_i)}{\sum\limits_{i=1}^{n} P(x|\theta_i)P(\theta_i)}$$

该式就是贝叶斯公式的最基本的形式，是概率论中最著名的公式，是整个贝叶斯理论的基础。表面上看，上式仅仅是应用条件概率定义和全概率公式作了最简单的推导，

反映的是条件概率和全概率公式的关系。但是，这个看似平淡无奇的公式却一直以其丰富的哲理启迪人心，最终发展成了一套完整的贝叶斯理论体系，形成了贝叶斯学派。$P(\theta_i)$ 表示在不知道事件 $X=x$ 发生的情况下事件 θ_i 的发生概率，代表着人们事先（此处主要是指在事件 $X=x$ 发生之前）对 θ_i 的认识，故称为先验概率；但是，当人们获得了新信息后（此处主要是指已知了事件 $X=x$ 的发生）会综合分析这些新信息（此处是指事件 $X=x$ 的信息），从而会对事件 θ_i 的发生产生了新认识，即在事件 $X=x$ 发生后的条件下事件 θ_i 发生的条件概率 $P(\theta_i|X=x)$，故称为后验概率。

为了通俗起见，可以把事件 $X=x$ 的出现当作某种结果，而完备事件 $\theta_1, \theta_2, \cdots, \theta_n$ 可以当作导致这种结果的所有可能原因或因素。这样，全概率公式就可以理解为根据引起该结果的所有原因或因素的概率来推导结果事件可能发生的概率，是从原因推导结果。而贝叶斯公式却恰恰相反，它可以理解为在已知某种结果已经发生的情况下，所有原因/因素引发该结果的概率有多少。例如：日常生活中，爱吃油腻食物和含糖食物都可能引起肥胖，根据饮食习惯来推断肥胖的可能就是全概率公式的思想；反之，若已知某人是胖子来推断该人的饮食状况就是利用贝叶斯公式的理念。另外，在统计理论中，样本抽样结果往往最经常被认为是这里的结果事件，而 θ_i 往往是指待估计的分布参数。分布参数 θ_i 的不同会导致抽样的结果不同，可以直接根据参数 θ_i 的分布来估计抽样结果的分布，这就是全概率公式。反之，如果已经获得了某种抽样结果，来推断未知参数 θ_i 就是贝叶斯估计。

假设待估计的未知参数 θ（因为估计对象往往是未知参数，故这里用未知参数 θ 代替估计对象）的先验分布是 $\pi(\theta)$，在获得样本（因为结果事件往往是抽样样本的结果，故这里用样本/抽样来作为结果事件）x 后，即在 $X=x$ 条件下的条件分布记为 $\pi(\theta|x)$，则有

$$\pi(\theta|x) = \frac{h(x,\theta)}{m(x)} = \frac{f(x|\theta)\pi(\theta)}{\int_{\Theta} f(x|\theta)\pi(\theta)\mathrm{d}\theta}$$

$$m(x) = \int_{\Theta} h(x,\theta)\mathrm{d}\theta = \int_{\Theta} f(x|\theta)\pi(\theta)\mathrm{d}\theta$$

$$h(x,\theta) = f(x|\theta)\pi(\theta)$$

其中，$h(x,\theta), m(x)$ 分别是联合分布和边缘分布，而 $\pi(\theta|x)$ 是用密度函数表示的贝叶斯公式，或者叫作贝叶斯公式的密度函数形式。$\pi(\theta|x)$ 不仅综合了样本、先验、总体三类不同事物中关于未知参数 θ 的所有信息。贝叶斯理论认为，关于 θ 的一切统计和推断都是必须基于参数 θ 的后验分布 $\pi(\theta|x)$，$\pi(\theta|x)$ 是贝叶斯推断的最主要依据和出发点。例如，用后验分布 $\pi(\theta|x)$ 的均值作为未知参数 θ 的估计，称为后验期望估计，其计算式为

$$\hat{\theta} = E(\theta|x) = \int_{\Theta} \theta \pi(\theta|x) \mathrm{d}\theta = \frac{\int_{\Theta} \theta h(x,\theta)\mathrm{d}\theta}{m(x)} = \frac{\int_{\Theta} \theta f(x|\theta)\pi(\theta)\mathrm{d}\theta}{\int_{\Theta} f(x|\theta)\pi(\theta)\mathrm{d}\theta}$$

类似地，后验中位数估计是利用后验分布的中位数作为 θ 的估计，后验众数估计是把后验分布的概率密度函数达到最大值的参数作为参数的估计值的。

2.2.3　信息论基础

随着科技的发展及信息量的爆炸性增加，人类开始进入了信息时代。近几年有人从哲学上提出了新观点，即现实世界是由物质、能量和信息组成的。和物质与能量相比，信息这个概念比较新颖、比较抽象，目前还没有统一的准确定义。在通信过程中，信息量等于接受者在通信前后不确定性的消除或减少。例如，学生在学习前对未知领域不清楚不了解，对学习对象的认识有很强的不确定性；学习后掌握了学习对象的知识和规律，对学习对象的认识也变得更加准确了，这样在学习过程中就减少了不确定性，相应地获得了信息。又例如，古时候，人们一直习惯性地认为地球是宇宙的中心，但事实上这是一个假命题，是不可能事件；一旦地心说被否定，就会在当时的社会产生天翻地覆的效应，人们就获得了颠覆性的巨大信息，这样通常认为不可能事件具有无穷大的信息量。但是在现代社会中，人们普遍知道：地球不是宇宙的中心，这是一个被事实反复证明了的确定事件，即使有人大张旗鼓地拼命宣传地球不是宇宙中心的真命题，听到这条消息的人也不会有任何反应，反而会觉得是在重复废话，这样，人们通常认为确定事件的信息量是零。

众所周知，不确定性是随机性和可能性导致的，随机性又由概率来衡量，故把信息量看作信号的概率的函数。设信源发出信号 a_i 的概率是 $p(a_i)$，则接收到该信号时的信息量记为 $I(a_i) = f(p(a_i))$。

每一门科学都是建立在人们普遍认知和普遍接受的公理和事实上的，根据客观事实和人们的认识习惯，信息必须满足以下四条公理。

（1）若信源符号 a_i, a_j 的概率是 $p(a_i), p(a_j)$，且 $p(a_i) > p(a_j)$，则 $I(a_i) > I(a_j)$。

（2）若信源符号 a_i 的概率是 $p(a_i)$，且 $p(a_i) = 0$，即 a_i 是不可能事件，则 $I(a_i) \to \infty$，不可能事件包含无穷大的信息量。

（3）若信源符号 a_i 的概率是 $p(a_i)$，且 $p(a_i) = 1$，即 a_i 是确定事件，则 $I(a_i) = 0$，没有随机性的确定事实不含任何信息量。

（4）若信源符号 a_i, a_j 是统计独立的，例如，来自两个相互独立的信源，这两个消息总的信息量即联合信息量记为 $I(a_i, a_j)$，则 $I(a_i, a_j) = I(a_i) + I(a_j)$。

可以证明，若令 $f(x) = -\log_h x$，其中，$h > 0$，是任意底数，定义信息量为 $I(a_i) = -\log_h(p(a_i))$，则可满足上述四条公理。在 $f(x)$ 分别等于 $-\log_e x, -\log_{10} x, -\log_2 x$，即 $f(x) = -\log_e x, f(x) = -\log_{10} x, f(x) = -\log_2 x$ 的条件下，图

2-2 表示了信源 a_i 信息量 $I(a_i)$ 随概率 $p(a_i)$ 的变化曲线。若不加特殊说明，本书后面的信息量都是由 $I(a_i) = -\log_2(p(a_i))$ 来衡量，以比特为单位。另外，图 2-3 展示了 a_i, a_j 两个独立消息的信息量总和 $I(a_i, a_j)$ 随它们概率 $p(a_i), p(a_j)$ 的变化曲面。

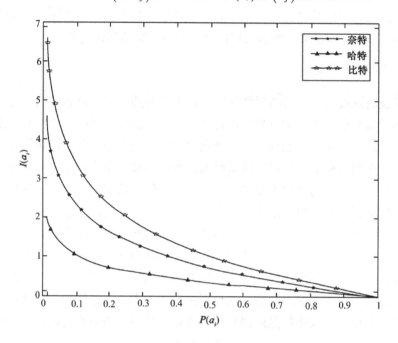

图 2-2　信息量关于概率的曲线

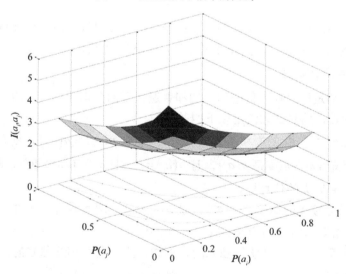

图 2-3　两个独立信源的信息量关于它们概率的曲面

定义 2.14
若信源 X 可以随机地发出 r 个不同的符号，记为 $a_i (i = 1, 2, \cdots, r)$，并且每一个符号

a_i 产生的概率是 $p(a_i)$，显然每个符号 a_i 有自信息量 $I(a_i) = -\log_2(p(a_i))$。若在该信源 X 的概率空间 $p(a_i)(i=1,2,\cdots,r)$ 中统计所有符号 $a_i(i=1,2,\cdots,r)$ 的平均信息量，并作为信源 X 的信息测度，则称为信源 X 的信息熵，记作 $H(X)$，即

$$H(X) = \sum_{i=1}^{r} p(a_i) I(a_i) = \sum_{i=1}^{r} p(a_i) f(p(a_i))$$

若 $f(x)$ 取以 2 为底的对数，即 $f(x) = -\log_2 x$，则信息熵可写作：

$$H(X) = -\sum_{i=1}^{r} p(a_i) \log_2(p(a_i))$$

自信息量是量化度量信源中每一个符号包含的信息，是概率的函数，因为信源往往会随机地发出多个符号，用信息量就不能度量整个信源的信息。信息熵是对信源中所有符号的信息量求平均信源概率空间的函数，与具体符号无关，是信源整体信息的度量。信息熵是以每个符号的自信息量为基础的。

例 2.1

假设二元信源 X 只能发出 0、1 两种符号，且发出 0 的概率是 $p \in [0,1]$，信源空间如下：

$$[X \cdot P]: \begin{cases} X: & 0 \quad 1 \\ P(X): & p \quad 1-p \end{cases}$$

求信源 X 的信息量和信息熵 $H(X)$。

解：当 $a_i = 0$ 时，根据信息量的定义，$I(a_i) = -\log_2(p(a_i))$，有：

$$I(0) = -p\log_2 p, I(1) = -(1-p)\log_2(1-p)$$

根据信息熵的定义，得：

$$H(X) = -\sum_{i=1}^{r} p(a_i) \log_2(p(a_i)) = -p\log_2 p - (1-p)\log_2(1-p)$$

显然，此信源的信息量 $I(0)$、$I(1)$ 和信息熵 $H(X)$ 是概率 p 的函数，其函数曲线如图 2-4 所示。由图 2-4 可见，当各个符号的概率相同时，信息熵最大。

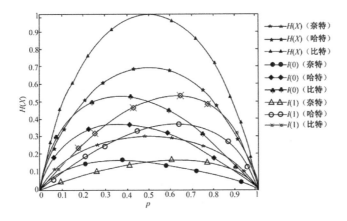

图 2-4　信息量和熵关于概率的曲线

若符号 a_i, b_j 的联合概率是 $p(a_i, b_j)$，则定义联合熵如下：

$$H(XY) = -\sum_{i=1}^{r}\sum_{j=1}^{s} p(a_i, b_j)\log p(a_i, b_j)$$

若 a_i, b_j 分别是发送和接收的符号，则 $H(XY)$ 表示发送了符号 a_i 并且一定能接受到符号 b_j 的后验平均不确定性，故也称为共熵。类似地，根据条件概率可以定义条件熵如下：

$$H(X|Y) = \sum_{j=1}^{s} p(b_j) H(X|Y=b_j)$$

$$= -\sum_{j=1}^{s} p(b_j)\sum_{i=1}^{r} p(a_i|b_j)\log p(a_i|b_j)$$

$$= -\sum_{j=1}^{s}\sum_{i=1}^{r} p(a_i|b_j)\log p(a_i|b_j)$$

$H(X|Y)$ 表示信宿收到消息后对信源仍然存有的平均不确定性，即接收方收到发送方消息后对发送方仍然存在的疑虑和质疑，故又称为疑义度。

因为信源发送符号 a_i 的不确定性为 $I(a_i) = -\log p(a_i)$。若信宿接收到符号 b_j 后判断信源发送的是符号 a_i 的概率是 $p(a_i|b_j)$，则接收到符号 b_j 后对信源是否发送 a_i 仍存有的不确定性为 $I(a_i|b_j) = -\log p(a_i|b_j)$。这样，每接收到一个符号 b_j 后对任意一个符号 a_i 的不确定性减少为：

$$I(a_i; b_j) = I(a_i) - I(a_i|b_j) = -\log p(a_i) + \log p(a_i|b_j) = \log\frac{p(a_i|b_j)}{p(a_i)} = \log\frac{p(a_ib_j)}{p(a_i)p(b_j)}$$

$I(a_i; b_j)$ 表示收到的每一个符号 b_j 后从任意符号 a_i 中获得的信息量，或者说是收到符号 b_j 后推测/质疑是发送了符号 a_i 的不确定性的减少，是输入符号 a_i 和输出符号 b_j 之间交互的信息量，也称为互信息量。若根据所有输入输出符号对互信息量 $I(a_i; b_j)$ 求平均值，则得平均互信息量如下：

$$I(X;Y) = \sum_{i=1}^{r}\sum_{j=1}^{s} p(a_ib_j) I(a_i; b_j) = \sum_{i=1}^{r}\sum_{j=1}^{s} p(a_ib_j)\log\frac{p(a_i|b_j)}{p(a_i)}$$

平均互信息量 $I(X|Y)$ 表示接收到消息后对发送端不确定性减少的平均值，是发送方和接收方交互信息量的平均值。

限于篇幅，下面不加证明地给出各类信息的关系。

（1）互信息量和熵有如下关系：

$$I(X;Y) = H(X) - H(X|Y)$$

$$I(X;Y) = H(Y) - H(Y|X)$$

$$I(X;Y) = H(X) + H(Y) - H(Y|X)$$

（2）条件熵不大于信息熵（熵的不增原理），即 $H(Y|X) \leqslant H(Y)$，当且仅当 X,Y 统计独立时，有 $H(Y|X) = H(Y)$。

（3）联合熵不大于各个分量信息熵的总和，即 $H(X_1 X_2 \cdots X_N) \leqslant \sum_{i=1}^{N} H(X_i)$，当且仅当 X,Y 统计独立时，有 $H(X_1 X_2 \cdots X_N) = \sum_{i=1}^{N} H(X_i)$。

当信号是连续信号时，信息熵的定义与离散信号的定义基本一致，只要将概率换成概率密度函数即可，具体如下：

$$h(X) = -E\big(\log(f(x))\big) = -\int f(x) \log f(x) \mathrm{d}x$$

$$h(X|Y) = -E\big(\log f(x|y)\big) = -\iint f(x,y) \log f(x|y) \mathrm{d}x \mathrm{d}y$$

$$h(XY) = -E\big(\log(f(x,y))\big) = -\iint f(x,y) \log f(x,y) \mathrm{d}x \mathrm{d}y$$

$$I(X;Y) = E\left(\log \frac{f(x,y)}{f(x)f(y)}\right) = \iint f(x,y) \log \frac{f(x,y)}{f(x)f(y)} \mathrm{d}x \mathrm{d}y$$

其中 $f(x), f(y), f(x,y), f(x|y)$ 分别是 x, y 概率密度函数、联合概率密度函数、边缘概率密度函数。

2.3　多元微积分

2.3.1　导数和偏导数

在现实生活中，仅仅关心物理量大小是不够的，还要关心物理量变化的快慢。例如，在赛车中，人们不仅仅关注选手目前所跑到的位置/位移，而且更在意选手位置随时间变化，即相同时间内选手跑过的距离或位置的改变，因为位置/位移变化的快慢对在比赛中获胜或许更加重要，物理中位移随时间的变化率称为速度。又例如，在刹车时，汽车当前的速度大小并不重要，人们或许希望无论汽车当前速度有多快都要能在脚踩刹车后尽可能短的时间内把汽车的速度降至零以减少危险，也就是速度在相同时间内变化越快越好，物理上把速度随时间的变化率称为加速度，它是刹车时关注的重点因素。

为了刻画所有物理量的瞬时变化率，数学中把它们作了归纳和抽象，并引入了导数的概念，用导数来定义一切物理量的变化率。设任意物理量用 $y = f(x)$ 表示，其上任意点 P_0 记为 $(x_0, f(x_0))$，再在该点邻域附近取一点 $P(x, f(x))$ 做割线 $P_0 P$。若记 $\Delta x = x - x_0, \Delta y = f(x_0 + \Delta x) - f(x_0)$，显然，物理量 $y = f(x)$ 在 $[x_0, x]$ 之间的平均变化率为 $\dfrac{\Delta y}{\Delta x} = \dfrac{f(x_0 + \Delta x) - f(x_0)}{x - x_0}$，正是割线的斜率，如图 2-5 所示。当点 P 沿曲线移动，无限接近点 P_0 时，直线与曲线只有一个交点，割线变成了切线，相应地平均变化率也变成了瞬时变化率，其数值等于切线的斜率。

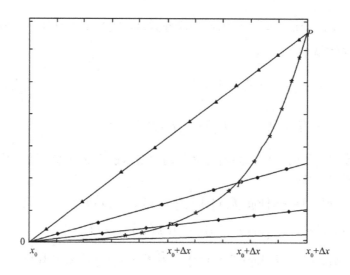

图 2-5　导数与切线的几何关系

定义 2.15

设函数 $f(x)$ 在点 x_0 的邻域内有定义，这样，当自变量从 x_0 变化到 $x_0 + \Delta x$ 时函数值的变化为 $\Delta y = f(x_0 + \Delta x) - f(x_0)$，若自变量的变化量 Δx 趋于无穷小时，比率 $\dfrac{\Delta y}{\Delta x}$ 的极限存在，如下式所示，则该极限称为函数 $f(x)$ 在点 x_0 的导数，通常记为 $f'(x_0)$ 或 $\dfrac{\mathrm{d}y}{\mathrm{d}x}\bigg|_{x=x_0}$ 或 $y'|_{x=x_0}$，并称函数 $f(x)$ 在点 x_0 可导/可微；若极限不存在，则称 $f(x)$ 在点 x_0 不可导。

$$\lim_{\Delta x \to 0} \frac{\Delta y}{\Delta x} = \lim_{\Delta x \to 0} \frac{\Delta y = f(x_0 + \Delta x) - f(x_0)}{\Delta x}$$

在上式中，若令 $x = x_0 + \Delta x$，则导数可等价地定义为：

$$\frac{\mathrm{d}y}{\mathrm{d}x}\bigg|_{x=x_0} = \lim_{x \to x_0} \frac{\Delta y = f(x) - f(x_0)}{x - x_0}$$

综上所述，导数定义了在自变量的任意一个特定值中因变量/函数随自变量的瞬时变化率，即变化速度、变化快慢，它抽象和总结了很多物理量的变化，具有通用性。例如，利润随价格的波动、做功随位移的变化。曲线上切线的斜率就是函数在该点的导数，这就是导数的几何意义。

虽然函数在某一个点的导数是一个唯一的数值，但是，如果函数 $f(x)$ 在每一点都可导，则所有这些点的导数就形成了一个新函数，称为导函数，也简称为导数，常记为 $f'(x)$ 或 $\dfrac{\mathrm{d}y}{\mathrm{d}x}$ 或 y'。常见简单函数的导数如表 2-1 所示。

表 2-1 常见函数的导数

序号	$f(x)$	$f'(x)$	序号	$f(x)$	$f'(x)$
1	C	0	9	$\tan x$	$\sec^2 x$
2	x^α	ax^{a-1}	10	$\cot x$	$-\csc^2 x$
3	a^x	$a^x \ln a$	11	$\sec x$	$\operatorname{arc} \sec x$
4	e^x	e^x	12	$\csc x$	$-\cot x \csc x$
5	$\log_a x$	$\dfrac{1}{x \ln a}$	13	$\operatorname{arc} \sin x$	$\dfrac{1}{\sqrt{1-x^2}}$
6	$\ln x$	$\dfrac{1}{x}$	14	$\operatorname{arc} \cos x$	$-\dfrac{1}{\sqrt{1-x^2}}$
7	$\sin x$	$\cos x$	15	$\operatorname{arc} \tan x$	$\dfrac{1}{1+x^2}$
8	$\cos x$	$-\sin x$	16	$\operatorname{arc} \cot x$	$-\dfrac{1}{1+x^2}$

对于复杂函数的求导，要用到求导运算法则。设 $f(x)$ 和 $g(x)$ 均是可导函数，它们和、差、积、商的导数如表 2-2 所示。从表 2-2 可见，对于可导的复合函数 $y = f(g(x))$，其导数为 $y' = f'(g(x))g'(x)$。另外，反函数的导数与原函数的导数的乘积为 1。有关求导运算规则的详细证明，请参考其他教材，限于篇幅，在此不再赘述。

表 2-2 导数运算规则

y	y'
$y = f(x) + g(x)$	$y' = \big(f(x) + g(x)\big)' = f'(x) + g'(x)$
$y = f(x) - g(x)$	$y' = \big(f(x) - g(x)\big)' = f'(x) - g'(x)$
$y = f(x)g(x)$	$y' = \big(f(x)g(x)\big)' = f'(x)g(x) + f(x)g'(x)$
$y = \dfrac{f(x)}{g(x)}$	$y' = \left(\dfrac{f(x)}{g(x)}\right)' = \dfrac{f'(x)g(x) - f(x)g'(x)}{g^2(x)}$
$y = f(g(x))$	$y' = f'(g(x))g'(x)$
$y = f^{-1}(x)$	$y' = \dfrac{1}{f'(x)}$

定义 2.16

设二元函数 $z = f(x, y)$ 在点 (x_0, y_0) 的邻域内有定义，这样，当自变量 x 从 x_0 变化到 $x_0 + \Delta x$，而 y 固定在 y_0 时，函数值的增量为 $\Delta_x z = f(x_0 + \Delta x, y_0) - f(x_0, y_0)$，若自变量的变化量 Δx 趋于无穷小时，比率 $\dfrac{\Delta_x z}{\Delta x}$ 的极限存在，如下式所示，则该极限称为函数 $z = f(x, y)$ 在点 (x_0, y_0) 关于 x 的偏导数，通常记为 $f_x'(x_0, y_0)$ 或 $\left.\dfrac{\partial z}{\partial x}\right|_{(x_0, y_0)}$，并称函数 $z = f(x, y)$ 在点 (x_0, y_0) 对 x 可导；若极限不存在，则称 $z = f(x, y)$ 在点 (x_0, y_0) 关于 x 不可导。

$$\lim_{\Delta x \to 0} \frac{\Delta_x z}{\Delta x} = \lim_{\Delta x \to 0} \frac{f(x_0 + \Delta x, y_0) - f(x_0, y_0)}{\Delta x}$$

类似地，如果极限 $\lim\limits_{\Delta y \to 0} \dfrac{\Delta_y z}{\Delta y} = \lim\limits_{\Delta y \to 0} \dfrac{f(x_0, y_0 + \Delta y) - f(x_0, y_0)}{\Delta y}$ 存在，则称此极限为

$z = f(x, y)$ 在点 (x_0, y_0) 关于 y 的偏导数，常记为 $f_y'(x_0, y_0)$ 或 $\left. \dfrac{\partial z}{\partial y} \right|_{(x_0, y_0)}$。

例 2.2

求二元函数 $f(x, y) = e^{2x^2 + 3y^3}$ 关于 x, y 的偏导数。

解：先把自变量 y 当作常量，把 $f(x, y) = e^{2x^2 + 3y^3}$ 看作只含一个变量 x 的函数，求解变量 x 的偏导数，得：$\dfrac{\partial f(x, y)}{\partial x} = 4x e^{2x^2 + 3y^3}$。同样地，把变量 x 当作恒定的常量，这样，$f(x, y) = e^{2x^2 + 3y^3}$ 就可以被认为是只含自变量 y 的一元函数，故得 $f(x, y)$ 关于变量 y 的偏导数为 $\dfrac{\partial f(x, y)}{\partial y} = 9y^2 e^{2x^2 + 3y^3}$。

2.3.2 梯度和海森矩阵

根据上面偏导数的定义，当对某个变量求偏导数时，函数中所有其他变量要被当作常数。即把函数当作只含该变量的一元函数，然后根据一元函数的求导法则进行求导即可。这样二元函数的偏导数定义可以推广到三元函数和多元函数，它们的偏导数求解都是类似的。

定义 2.17

记 n 元实函数 $f: R^n \to R, x \in R^n$ 为 $f(x)$，其中 $x = (x_1, x_2, \cdots, x_n)$ 是 n 维自变量。如果 $f(x)$ 在每一个分量 $x_i (i = 1, 2, \cdots, n)$ 一阶可导，即偏导数 $\dfrac{\partial f(x)}{\partial x_i} (i = 1, 2, \cdots, n)$ 都存在，则称 $f(x)$ 在点 x 处一阶可导，并且把偏导数组成的向量 $\nabla f(x) = \left(\dfrac{\partial f(x)}{\partial x_1}, \dfrac{\partial f(x)}{\partial x_2}, \cdots, \dfrac{\partial f(x)}{\partial x_n} \right)^{\mathrm{T}}$ 称为 $f(x)$ 在点 x 处的一阶导数，也即梯度，常记为 $\nabla f(x)$。

例 2.3

已知某电阻的阻值 R 依赖于四个因素 x_1, x_2, x_3, x_4，其函数关系为 $R = x_1 e^{\frac{x_2}{x_3 + x_4}}$，求该函数关系的梯度。

解：分别求各个自变量的偏导数如下：

$$\frac{\partial R}{\partial x_1} = e^{\frac{x_2}{x_3 + x_4}}$$

$$\frac{\partial R}{\partial x_2} = \frac{x_1}{x_3 + x_4} e^{\frac{x_2}{x_3 + x_4}}$$

$$\frac{\partial R}{\partial x_3} = -\frac{x_1 x_2}{\left(x_3 + x_4\right)^2} e^{\frac{x_2}{x_3 + x_4}}$$

$$\frac{\partial R}{\partial x_4} = -\frac{x_1 x_2}{\left(x_3 + x_4\right)^2} e^{\frac{x_2}{x_3 + x_4}}$$

故该函数的梯度为 $\nabla R = \left(e^{\frac{x_2}{x_3 + x_4}}, \frac{x_1}{x_3 + x_4} e^{\frac{x_2}{x_3 + x_4}}, -\frac{x_1 x_2}{\left(x_3 + x_4\right)^2} e^{\frac{x_2}{x_3 + x_4}}, -\frac{x_1 x_2}{\left(x_3 + x_4\right)^2} e^{\frac{x_2}{x_3 + x_4}} \right)^{\mathrm{T}}$。

从前面知道，一元函数的导数表示函数在该点处切线的方向。类似地，多元函数 $f(x)$ 在某点的梯度/一阶导数表示函数 $f(x)$ 的曲面在该点的切平面的法向量，即函数 $f(x)$ 的梯度与该点的切平面垂直，这是多元函数梯度的几何意义。为了对梯度的几何意义有一个更加深入的认识，下面不加证明地给出定理 2.2。

定理 2.2

对任意非零向量 $d \in R^n$，如果 $\nabla f(x)^{\mathrm{T}} d < 0$，则函数 $f(x)$ 的曲面在点 x 处沿方向 d 是下降的；如果 $\nabla f(x)^{\mathrm{T}} d > 0$，则函数 $f(x)$ 的曲面在点 x 处沿方向 d 是上升的。

该定理表明：在某可导点 x 处，任何方向 d 如果与 $f(x)$ 在该点的梯度 $\nabla f(x)$ 夹角成锐角，则沿方向 d 函数值是变大的，方向 d 是上升方向；相反地，方向 d 如果与 $f(x)$ 在该点的梯度 $\nabla f(x)$ 夹角成锐角，则沿方向 d 函数值是变小的，方向 d 是下降方向。特别地，从函数 $f(x)$ 的局部特性来看，沿梯度 $\nabla f(x)$ 方向 $f(x)$ 的函数值增加最快；相反地，沿梯度的反方向 $-\nabla f(x)$ 则 $f(x)$ 的函数值减小最快，因此负梯度方向 $-\nabla f(x)$ 又称为最速下降方向。该定理不仅反映了梯度在几何方面的意义，而且为利用梯度 $\nabla f(x)$ 求函数 $f(x)$ 最小值奠定了理论基础。

在一元函数中，对一阶导数再求一次导数就可以得出函数的二阶导数。和一元函数类似，在多元函数一阶导数的基础上再求一次导数同样可以求出函数的二阶导数。

定义 2.18

记 n 元实函数 $f : R^n \to R, x \in R^n$ 为 $f(x)$，其中 $x = (x_1, x_2, \cdots, x_n)$ 是 n 维自变量。如果 $f(x)$ 在每一个分量 $x_i (i = 1, 2, \cdots, n)$ 二阶可导，即二阶偏导数 $\frac{\partial^2 f(x)}{\partial x_i \partial x_j}(i, j = 1, 2, \cdots, n)$ 都存在，则称 $f(x)$ 在点 x 处二阶可导，并且把偏导数组成的矩阵

$$\nabla^2 f(x) = \begin{bmatrix} \dfrac{\partial^2 f(x)}{\partial x_1^2} & \dfrac{\partial^2 f(x)}{\partial x_1 \partial x_2} & \cdots & \dfrac{\partial^2 f(x)}{\partial x_1 \partial x_n} \\[3mm] \dfrac{\partial^2 f(x)}{\partial x_2 \partial x_1} & \dfrac{\partial^2 f(x)}{\partial x_2^2} & \cdots & \dfrac{\partial^2 f(x)}{\partial x_2 \partial x_n} \\[3mm] \vdots & \vdots & \ddots & \vdots \\[3mm] \dfrac{\partial^2 f(x)}{\partial x_n \partial x_1} & \dfrac{\partial^2 f(x)}{\partial x_n \partial x_2} & \cdots & \dfrac{\partial^2 f(x)}{\partial x_n^2} \end{bmatrix}$$

称为 $f(x)$ 在点 x 处的二阶导数，也即海森（Hesse）矩阵，常记为 $\nabla^2 f(x)$。

例 2.4

设 $A \in R^{n \times n}$ 是对称矩阵，$B \in R^n$ 是向量，$C \in R$ 是常数，则二次型可以表示成函数 $f(x) = \dfrac{1}{2} x^{\mathrm{T}} A x + B x + C$。求该二次函数 $f(x) = \dfrac{1}{2} x^{\mathrm{T}} A x + B x + C$ 的梯度和海森矩阵。

解：

函数 $f(x)$ 的梯度 $\nabla f(x) = A x + B$。

函数 $f(x)$ 的海森矩阵 $\nabla^2 f(x) = A$。

2.3.3 最速下降法

在没有任何约束的条件下求函数 $f(x)$ 最小值的问题称为无约束优化，通常记为 $\min f(x)$。许多机器学习问题都可以用优化模型来表示，这样，机器学习模型的求解就可以看作计算一个最优化问题。

求解无约束优化问题的常见思路是：从某个点 x_k 出发，沿着一个让函数值 $f(x)$ 下降的方向搜索，找到这个方向上使 $f(x)$ 下降到最小的点 x_{k+1}；然后在新的点 x_{k+1} 重复上述步骤反复迭代一直到找出函数 $f(x)$ 的最小值为止。

根据前述定理 2.2 易知，函数 $f(x)$ 的最速下降方向是负梯度方向 $\nabla f(x)$，如果在求解无约束优化问题过程中，在每一个点的搜索方向都选择了负梯度方向 $-\nabla f(x)$，这样的求解无约束优化问题的方法称为最速下降法，也称为梯度法，是一种最基本最常见的优化方法。

假设最速下降法求解函数 $f(x)$ 时第 k 次迭代到了点 x_k，则选择第 k 次迭代的搜索方向 d_k 为最速下降方向，即搜索方向是负梯度方向 $-\nabla f(x)$，也就是令 $d_k = -\nabla f(x)$。然后从 x_k 出发沿方向 d_k 搜索函数 $f(x)$ 的最小值，也就是在射线 $x_k + \lambda d_k$（其中 $\lambda > 0$ 是射线的参数变量，表示与点 x_k 的距离）上找一点使得该点的函数值 $f(x)$ 最小。假设该最小点距当前点 x_k 的距离是 λ_k，则可以表示为：$f(x_k + \lambda_k d_k) = \min_{\lambda \geq 0} f(x_k + \lambda d_k)$，其中 λ_k 也称为搜索的步长。求步长 λ_k 通常被当作一个线搜索问题，也就是一元函数的优化问题。一旦求出了步长，就确定了沿方向 d_k 能找到的最小函数值 $x_k + \lambda_k d_k$，下一次迭代就以该点为起点，即 $x_{k+1} = x_k + \lambda_k d_k$。

通常，最速下降法求解无约束优化问题的流程如图 2-6 所示。

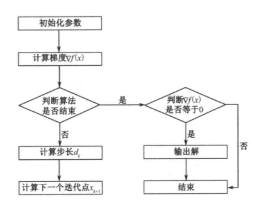

图 2-6　最速下降法流程图

根据图 2-6 中最速下降法的流程，可以写出最速下降法的详细算法步骤，如算法 2.1 所示。

算法 2.1

Step 1：初始化算法的参数。例如，令算法的迭代计数 $k = 0$；选择算法搜索的起始点 x_0、梯度的精确度 ε、最大迭代次数 $k_{\max}$、迭代误差 δ。

Step 2：计算目标函数 $f(x)$ 在 x_k 的梯度 $\nabla f(x)$。通常，不同函数的梯度是不一样的，有时也可以用梯度的近似值代替梯度的精确值。

Step 3：判断算法迭代是否满足终止条件，若满足则转至 Step6，否则转至 Step4。迭代终止条件在不同条件下也有所不同。最简单的条件是仅判断梯度是否足够接近零，即 $\|\nabla f(x)\| \leq \varepsilon$。在实际中往往也结合其他条件来共同判断迭代是否应该结束，例如，为了防止死循环，终止条件为 $\|\nabla f(x)\| \leq \varepsilon \vee k \geq k_{\max}$，在某些不容易求解的问题中还需要防止算法失效，终止条件变成 $\|\nabla f(x)\| \leq \varepsilon \vee \|x_k - x_{k-1}\| \leq \delta \vee k \geq k_{\max}$。

Step 4：令搜索方向 $d_k = -\nabla f(x)$，选择某种一维线搜索方法计算算法步长 λ_k。本步骤的实质是通过求解一维优化问题 $f(x_k + \lambda_k d_k) = \min\limits_{\lambda \geq 0} f(x_k + \lambda d_k)$ 计算算法步长，这是一个线搜索问题。线搜索方法比较多，可以根据需要选择。

Step 5：令 $x_{k+1} = x_k + \lambda_k d_k$，$k = k + 1$，转 Step2 重复上述计算过程。

Step 6：判断梯度在 x_k 是否为 0。实际问题中只需要 $\nabla f(x)$ 近似接近 0 即可，即 $\|\nabla f(x)\| \leq \varepsilon$ 是否满足。若满足，则可以认为当前点 x_k 是目标函数的最小值。这样就可以结束迭代，停止算法。

关于最速下降法更多的理论、性质、实例请读者参考文献[20, 21]，限于篇幅，在此不再赘述。

2.3.4　随机梯度下降算法

有监督学习是机器学习的重要内容之一，对人工智能具有重要意义。在有监督学习算法中，通常已知了一组样本 $S_s = \{x_1, x_2, \cdots, x_i, \cdots, x_n\}$，并且已知每个样本对应的类别标志 $S_c = \{y_1, y_2, \cdots, y_i, \cdots, y_n\}$，一般地，$y_i \in \{-1, 1\}$ 或者 $y_i \in \{0, 1\}$ 或者 $y_i \in \{1, 2, 3, \cdots, k\}$，然后把已知的样本及其类别作为输入，训练模型以某一损失函数损失最小为目标进行训练，并把训练模型的参数，尤其是权重系数求出。损失函数就是衡量每个样本由学习模型计算出的理论类别与它已知的实际类别之间的偏差，这个偏差越小说明学习模型与实际样本越一致。通常损失函数可以写成关于样本和学习模型参数的函数，这里记作 $\ell(\hat{y}, y) = \ell(g(x, w), y)$，其中 $\hat{y} = g(x, w)$ 是学习模型计算或预测出来的样本 x 的所属的类别，是一个理论值或估计值。对任意一个样本 $x_i \in S_s$ 是已知的，这样只剩下模型参数 w 是变量，故 $\hat{y}_i = g(x_i, w)$ 又可以表示成 $\hat{y}_i = g_i(w)$，在有监督的学习过程中模型参数 w 是未知变量，不同的样本下 $\hat{y}_i = g_{x_i}(w)$ 是不同的函数。从中可以看出，损失函数是有监督学习算法的求解目标函数，是以模型参数 w 为变量的。有监督算法通常可以看作是在样本及其类别已知的情况下求损失函数对每个样本的最小值，即 $\min \frac{1}{n} \sum_{i=1}^{n} \ell(g(x_i, w), y_i)$ 或 $\min \frac{1}{n} \sum_{i=1}^{n} \ell(g_i(w), y_i)$。因为在机器学习领域有大量的学习模型可以表示成类似的形式，因此有必要把这类优化问题统一抽象出来加以研究。通常，这一大类优化问题可以抽象成下面的形式：

$$\min_{w} f(w) = \frac{1}{N} \sum_{i=1}^{N} f_i(w)$$

对上面的问题，最初人们是用经典梯度下降法来求解。如前所述，在梯度下降法中需要先求目标函数的梯度，然后确定迭代的下一个点。这里，显然有 $f'(w) = \frac{1}{N} \sum_{i=1}^{N} f_i'(w)$，若第 k 步迭代点是 w_k，根据算法 2.1，则第 $k+1$ 步迭代点可以由 $w_{k+1} = w_k - \lambda_k f'(w_k) = w_k - \lambda_k \frac{1}{N} \sum_{i=1}^{N} f'(w_k) = w_k - \alpha_k \sum_{i=1}^{N} f_i'(w_k)$ 确定。这样每一步迭代都要计算 N 次函数梯度，即在有监督的学习中对每一个样本都要计算一次导数，最终是根据这些导数的平均值来计算下一步的迭代点。而经典梯度下降法的迭代步数往往很多，这在大样本训练集中计算将非常耗时低效，尤其是在大数据挖掘中。如果能改进经典梯度下降法，克服它在有监督学习问题中的求解效率，这对整个机器学习领域都是一个巨大推动。

如前所述，经典梯度下降法虽然具有广泛的适用性，但是求解机器学习领域中的训练问题效率非常低，有必要进一步改进。根据概率统计学中的大数定理，当样本量很大或趋于无穷时，大量样本的均值与任意一个样本母体近似相等。注意到需要求解的正好是梯度关于 N 个样本的均值，这样如果把每一个样本当作随机的，则在大样本条件下，任意一个样本的梯度与 N 个样本梯度的均值近似相等。这样，用一个随机样本的梯度来代替 N 个样本梯度的均值不仅是可行的，而且减少了计算量，提高了计算效率。因为样本是已知的，自然也是确定的，为了让已知样本具有随机性，通常采用无放回抽样策略，即从样本集中随机选择一个样本，用它的梯度来代替所有样本梯度的均值。这样就增加了随机性，确定的梯度下降法就变成了随机梯度下降算法。在随机梯度下降法中，第 $k+1$ 步迭代点可以由 $w_{k+1}=w_k-\alpha_k f'_r(w_k)$ 确定，其中 r 表示随机选择的第 r 个样本，或者说是求第 r 个函数的梯度。

针对形如 $\min\limits_{w} f(w)=\frac{1}{N}\sum\limits_{i=1}^{N}f_i(w)$ 的一大类优化问题，随机梯度下降法求解的详细步骤如算法 2.2 所示，算法流程如图 2-7 所示。

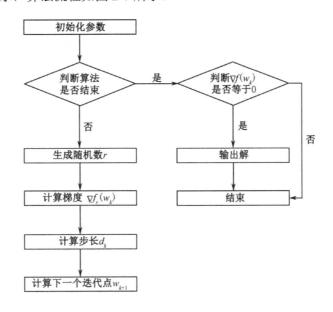

图 2-7　随机梯度下降法的流程

算法 2.2

Step 1：初始化算法的参数。例如，令算法的迭代计数 $k=0$；选择算法搜索的起始点 w_0、梯度的精确度 ε、最大迭代次数 k_{max}、迭代误差 δ。

Step 2：判断迭代是否满足结束条件，若满足则转至 Step7；若不满足则转至 Step3。通常结束条件是根据最近两次迭代是否有显著变化，例如 $\left|f(w_k)-f(w_{k-1})\right|\geqslant\delta$ 或 $\left|\dfrac{f(w_k)-f(w_{k-1})}{f(w_{k-1})}\right|\geqslant\delta$。另外，迭代结束条件往往和迭代次数有关，如 $k\geqslant k_{max}$ 等。

Step 3：产生随机数 $r\in\{1,2,3,\cdots,N\}$，即选择了函数 $f_r(w)$。在机器学习中这往往相当于选择了第 r 个样本。

Step 4：计算函数 $f_r(w)$ 在 x_k 的梯度 $\nabla f_r(w_k)$。这一步在机器学习中相当于计算第 r 个样本的梯度。

Step 5：令搜索方向 $d_k=-\nabla f_r(w_k)$，选择某种一维线搜索方法计算迭代步长 α_k。本步骤的实质是通过求解一维优化问题 $f(w_k+\alpha_k d_k)=\min\limits_{\alpha\geqslant 0}f(w_k+\alpha d_k)$ 计算本次迭代移

动的步长，这是一个线搜索问题。线搜索方法比较多，可以根据需要选择。

Step 6：令 $w_{k+1} = w_k + \alpha_k d_k = w_k - \alpha_k \nabla f_r(w_k)$，$k = k+1$，转 Step2 重复上述计算过程。

Step 7：判断梯度在 w_k 是否为 0。实际问题中只需要 $\nabla f(w)$ 近似接近 0 即可，即 $\|\nabla f(x)\| \leqslant \varepsilon$ 是否满足。若满足，则可以认为当前点 w_k 是目标函数的极小值。这样就可以结束迭代，停止算法。

和传统的梯度下降法相比，其最本质的差别在 Step4～Step6，这里只选择一个样本的负梯度作为搜索方向，代替求所有目标函数梯度的平均值，降低了计算量，提高了效率。随机梯度下降法的随机性主要在 Step3 中由随机选择目标函数 $f_r(w)$ 来体现。

习题

1．请验证 $V = \{\mathbf{0}\}$ 和 $V = R^n$ 是向量空间。

2．请证明 $V = \left\{ \lambda = (1, x_2, x_3, \cdots, x_i, \cdots, x_n), x_i \in R \right\}$ 是向量空间。

3．证明：定义域在 D 上的所有实函数在通常的函数加法和数乘运算下对实数域形成向量空间。

4．请验证实数域中 $m \times n$ 阶矩阵的集合关于矩阵加法形成线性空间。

5．假设某公司销售 A、B 和 C 三类商品，它们在甲、乙、丙、丁四个地方的售价分别如表 2-3 所示。

表 2-3　所有商品在各地的销售价格

商品类别	商品价格		
	A	B	C
甲	1	1.2	3
乙	2	5	0.8
丙	9	6	4
丁	5	7	8

若这些商品在全年四季度的销售数量如表 2-4 所示，则这些产品在四个地点销售的总利润是多少？

表 2-4　所有商品在每个月份的销售量

	一	二	三	四	五	六	七	八	九	十	十一	十二
A	20	10	12	30	5	4	24	6	18	31	3	7
B	40	8	9	17	3	9	21	8	16	29	2	8
C	2	19	21	25	1	7	11	16	13	33	7	9

6．根据经验，某型机械设备能用 10 年的概率是 0.85，正常工作能超过 15 年事件

的概率是 0.6。现今有一该型设备已经用了 10 年，请问其能再工作 5 年的概率是多少？

7．从一副新扑克牌中随意抽取一张，若已知某次抽取的牌是红心，求这张牌是红心 4 的概率是多少？

8．假设一信源只发送 26 个英文字母，并且每个字母都是等概率地发送，则求每个发送符号包含的信息量和信源的信息熵。

9．现有一黑箱，其中有红球 10 个，绿球 20，蓝球 40 个。每一次取出一个球，若取出是红球，则通过电报发送字母 R；若取出是绿球，则用电报发送字母 G；若取出的球是蓝球，则用电报发送字母 B；请计算发送 R、G、B 的信息量和该电文的熵。

10．若某网络交换机只等概率地发送 0、1 两个字符，并且发送成功的概率是 98%，请计算发送 0、1 的信息量，接收 0、1 的信息量。若发送端和接收端分别用随机变量 X,Y 表示，求 $H(X),H(Y),H(X|Y),H(Y|X),H(XY),I(X;Y)$。

11．求下列函数的导数。

（1）$f(x)=\dfrac{1}{\sqrt{2\pi}\sigma}\mathrm{e}^{-\frac{1}{2}\left(\frac{x-\mu}{\sigma}\right)^2}$

（2）$f(x)=\left(1-\mathrm{e}^{-\left(\frac{x}{\sigma}\right)^{\beta}}\right)^{\alpha}$

（3）$f(x)=\ln\left(\dfrac{\left(1+\dfrac{x}{\eta}\right)^{\beta}}{1-\dfrac{x}{\gamma}}\right)$

12．判断下列函数哪些点可导？在可导点求下列函数的导数。

（1）$f(x)=\dfrac{\sqrt{3x-x^2}}{|x-1|-1}$

（2）$f(x)=\dfrac{\sqrt{a^2+x^2}}{v}+\dfrac{2a-x}{2v}$

（3）$f(x)=\begin{cases}\mathrm{e}^x & x\leqslant 0 \\ \cos x & x>0\end{cases}$

13．在可导处求下列函数的梯度和海森矩阵。

（1）$f(a,b)=\dfrac{a\cos\theta+b\sin\theta}{\sqrt{a^2+b^2}}$

（2）$f(a,b)=\dfrac{ab(\ln b-\ln a)}{b-a}$

（3）$f(\alpha,\beta,\gamma)=h-a+h\cot\gamma(\tan\beta-\tan\alpha)$

（4）$f(\alpha,\beta,\gamma)=\dfrac{|a|}{\sqrt{\cot^2\alpha+\cot^2\beta-2\cot\alpha\cot\beta\cos\gamma}}$

14. $f\left(x_1, x_2, x_3\right) = 10x_1^2 + 9x_2^2 + 8x_3^2 + x_1x_2 + 2x_1x_3 + 4x_2x_3 + 6x_1 + 5x_2 + 7x_3 + 3$ ， 先 求 $f\left(x_1, x_2, x_3\right)$ 的梯度、海森矩阵，并判断该函数的极值，若有极值再用最速下降法计算该函数的极值。

参考文献

[1] 许一超. 线性代数与矩阵论[M]. 2 版. 北京：高等教育出版社，2008, 158-160.

[2] Axler S, Gehring F W, Halmos P R. Linear Algebra[M]. the Fourth Edition. Springer, 2009.

[3] David C L. Linear Algebra and Its Applications[M]. The Third Edition, 2010.

[4] 王卿文. 线性代数的核心思想及其应用[M]. 北京：科学出版社，2012, 254-255.

[5] Roger A H, Charles R J. Matrix Analysis[M]. Cambridge University Press, 1985.

[6] Roger A H, Charles R J. Maxtrix Analysis (Second Edition)[M]. Cambridge University Press, London, 2014.

[7] Steven J L. Linear Algebra with Applications[M]. The Eighth Edition. Pearson Education, Prentice Hall, 2010.

[8] David C L. Linear Algebra and Its Applications[M]. The third Edition. Pearson Education, Addison Wesley, 2003.

[9] Jim P. Probability[M]. Springer, 1993.

[10] Sheldon M R. A First Course in Probability[M]. The Eighth Edition. POSTS & TELECOM PRESS, 2009.

[11] 茆诗松，贺思辉. 概率论与统计学[M]. 武汉：武汉大学出版社，2010.

[12] 王秉钧，冯玉珉，田宝玉. 通信原理[M]. 北京：清华大学出版社，2006.

[13] Michael M, Eli U. Randomized algorithms and probabilistic analysis[M]. Cambridge University Press, 2005.

[14] 姜丹. 信息论与编码[M]. 3 版. 合肥：中国科技大学出版社，2009.

[15] Adrian B. The Calculus Lifesaver[M]. Princeton University Press，2007.

[16] 金路. 微积分[M]. 2 版. 北京：北京大学出版社, 2015.

[17] 柴惠文，蒋福坤，刘静，等. 微积分[M]. 2 版. 上海：华东理工大学出版社，2010.

[18] Deborah H H, Andrew M G, Patti F L, et al. Applied Calculus[M]. The Third Edition. John Wiley & Sons Inc, 2010.

[19] Teiji T. Kaiseki Gairon[M]. The third edition. Iwanami Shoten Pubishers, Tokyo, 2003.

[20] 陈宝林. 最优化理论与算法[M]. 2 版. 北京：清华大学出版社，2005.

[21] 谢政，李建平，陈挚. 非线性最优化理论与方法[M]. 北京：高等教育出版社，2010.

第3章　人工神经网络与深度学习

前面两章介绍了深度学习的基本概念及深度学习的数学基础。科学家在探秘生物神经元的结构和特性的基础上，对其进行抽象、简化与模型化，并提出人工神经元的数学模型。本章将学习如下内容：人活动过程的模型，人的活动过程的信息传输模型，深度学习模型；人类大脑的神经元构造，人脑神经元功能，人脑神经元模型，M-P 模型，人脑神经网络的互联结构，人工神经网络的学习规则及人脑视觉机理与机器视觉等。重点掌握 M-P 模型，人脑神经网络的互联结构、学习规则，理解人脑视觉机理与机器视觉的关系，神经网络与深度学习的关系，深度学习的概念、特点、优势和目前的局限性，以及深度学习的一般网络结构，重点讨论了基于卷积神经网络的深度学习模型。

人工神经元的数学模型、互连结构和学习规则（算法）是决定人工神经网络模型信息处理性能的 3 个关键特性。这也是本章知识逻辑，期望通过本章的学习为进一步研究深度学习相关的算法设计、理论分析及在实际问题中的应用打好基础。

1．生物神经元的结构与功能

生物神经元中的树突接收来自其他神经元的输入，轴突将神经元的输出传递给其他神经元，神经元之间通过突触互相连接。神经元对不同突触接收的输入信号进行时空整合，在一定条件下触发产生输出信号。

2．人工神经元模型

人工神经元是对生物神经元结构和功能的模拟，一般是一个多输入单输出的非线性器件，其功能是：对每个输入信号进行处理以确定其强度（加权）；确定所有输入信号的组合效果（求和）；确定其输出（转移特性）。

常用的激活函数有四类：线性函数、阈值型函数、非线性函数和概率性函数。最早的神经网络模型是 1943 年由神经生理学家沃伦·麦克洛克（McCulloch W S）和数学家沃尔特·皮茨（Pitts W）提出的 M-P 模型。

3．人工神经网络的互连结构

通过一定的规则将多个神经元连接成网络，才能实现对信息的处理和存储。根据人工神经网络中各个神经元是否按层次排列，同层神经元之间是否有相互连接，以及人工神经网络中是否存在反馈环路，通常可以将人工神经网络的互连结构分为无反馈的层内无互连层次结构、有反馈的层内无互连层次结构、无反馈的层内互连层次结构和有反馈的层内互连层次结构。

4．人工神经网络的学习规则

只有具有学习能力，人工神经网络才具有智能特性。人工神经网络的学习过程实际上就是对网络连接权值的调整过程。常见的人工神经网络学习方式可分为：有监督学习、无监督学习和增强学习（灌输式学习）。最早提出的人工神经网络学习规则是 Hebb 学习规则。纠正学习规则、相关学习规则、随机学习规则、胜者为王学习规则等也是人工神经网络中常用的学习规则。

3.1　探秘大脑的工作原理

"人工智能"诞生 61 年来，经历了推理期、知识期、学习期、大数据时代、机器学习乃至深度学习的不断螺旋式发展。第 1 章介绍了 AI 从 1956 年诞生至今，期间历经风雨，包括两次高峰与两次低谷，到目前为止我们处于第三次热潮的上升期，并且这一次的高峰可能还未到达，现在正是 AI 的黄金时代。深度学习具体在工业界的实际问题中取得了一些标志性成果，如下所述。

图像识别：2015 年 12 月，微软亚洲研究院视觉计算组在 2015ImageNet 计算机识别挑战赛中，使用了一个全新的"残差学习"原则来指导神经网络结构的设计；目前普遍使用的神经网络层级能够达到 20～30 层，在此次挑战赛中该团队应用的神经网络系统实现了 152 层，从而构成深度残差网络，第一次使得图像识别水平超过人类的平均水平，系统的错误率达到了 3.57%，而人类的水平差不多是 5.1%。该小组以绝对优势获得图像分类、图像定位及图像检测全部三个主要项目的冠军。

语音识别：2016 年 10 月，微软的语音识别系统在日常对话数据上达到了 5.9% 的水平，首次取得与人类相当的识别精度。

游戏领域：DeepMind 的 AlphaGo 打败了李世石，2017 年 1 月化名为"Master"也打败了很多围棋高手。2017 年 5 月下旬，AlphaGo 与中国顶级棋手进行对战，取得完胜。2017 年 10 月 AlphaGo 的最新升级版 AlphaGo Zero，完全依靠机器自己进行增强学习，在摆脱了大量的人类棋谱后，其根据围棋的规则左右互搏，在三天之内就超越了去年三月对阵李世石的版本，接着在第 21 天战胜了对阵柯洁的版本，到第 40 天，在对阵此前最先进的版本时，已经能保持 90% 的胜率。

无人驾驶：在百度 AI 开发者大会上，百度向所有合作伙伴免费开放无人驾驶技术的"Apollo 计划"，现在已经有超过 50 家合作伙伴。这第一批合作伙伴中，有一汽、东风、奇瑞、长安、长城、解放、北汽等 13 家优秀的中国汽车制造商，也有两家世界一流的汽车制造商福特和戴姆勒，同时也包括蔚来汽车、车和家等初创汽车公司。这些合伙伙伴，利用百度开放出来的源代码，几乎不费吹灰之力就能快速搭建出一套属于自己的完整的自动驾驶系统。据报道，百度只需要三天时间，就可以改造完成一辆自动驾驶汽车。

大脑在人体中起着重要的作用，但关于人类大脑的研究，科学家至今也没有彻底了解。人脑是如何工作的？人类如何从现实世界获取知识和运用知识？我们能否制作模仿人脑的人工神经系统？人的两只眼睛为何能够感知物体的远近？看见的景物却是一个？双眼比一只眼看东西好吗？这与只用两个摄像机合成的图像完全不同。人类只有两只耳朵，但可以感知声音的远近、方向、大小、音调等有关声音的全要素，这也不是只用两只麦克风能够完成的工作。因为眼睛或者耳朵本身不能加工信息，进而形成决策，要经过大脑才会形成决策。人脑是自然界几亿年进化的高级智能产物，人工智能下一阶段的发展必须要借鉴人脑。当前我国在人工智能研究领域，存在脑认知和类脑信息处理能力较为薄弱等问题。目前类脑智能的发展面临三大瓶颈，即脑机理认知不清楚、类脑计算模型和算法不精确、计算架构和能力受制约。本章在总结前人研究成果的基础上，建立人工神经网络的基本概念，有利于更方便讨论深度学习的内容。

3.1.1　人类活动抽象与深度学习模型

为了更好理解深度学习，我们首先建立人的活动过程模型，如图 3-1 所示。

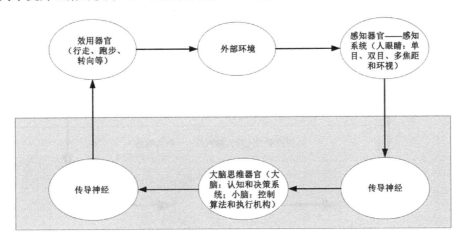

图 3-1　人的活动过程模型

人的活动过程伴随信息传递、知识处理和智能的形成过程，其信息传输模型如图 3-2 所示。人之所以为人，就是因为我们对感知到的信息（数据）拥有分析、判断、预测的能力（数据清洗），我们能把信息转化成知识结构、知识系统，有了这种转化（知识处理），我们才能做出抽象的、有创造性的、有预测性的决策（智慧、智能）。

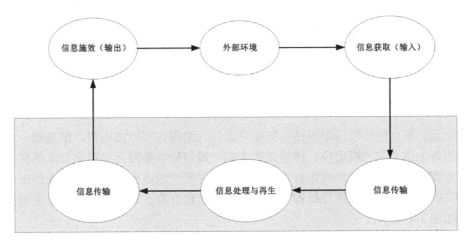

图 3-2　人的活动过程的信息传输模型

如图 3-3 所示，在深度学习的过程中，外部环境以某种形式提供信息（数据）来源，学习将外部信息（数据）加工为知识，并放入知识库；知识库中存放指导执行部分动作的一般原则，要兼顾表达能力强、易于推理、易于完善及扩展知识表示等要求；执行环节利用知识库中的知识完成某种任务，并把完成任务过程中所获得的一些信息反馈给学习环节，指导进一步学习。深度学习就是一个函数集，人类神经网络就是一堆函数的集合，我们放进去一堆数值，整个网络就输出一堆数值，从这里面找出一个最好的结果，也就是机器运算出来的最佳解，人类也可以按照这个建议做决策。深度学习也只要三个步骤：建构网络、设定目标、开始学习。

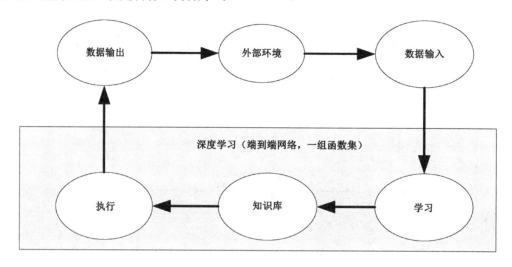

图 3-3　深度学习的基本模型

人工智能研究的方向之一，是以所谓"专家系统"为代表的，用大量"如果—那么"（If-Then）规则定义的，自上而下的思路。人工神经网络（Artificial Neural Networks，ANNs）标志着另外一种自下而上的思路。神经网络没有一个严格的正式定义，它试图模仿大脑的神经元之间传递、处理信息的模式，其特点有 3 个方面，一是并行分布式处理系统（Parallel Distributed Processing，PDP）；二是自适应、自组织学习过程；三是激励函数常常具有非线性映射关系。下面介绍构成生物神经网络的基本单元神经元结构，人脑视觉机理、功能等。

3.1.2　人脑神经元的结构

神经元的基本结构包括细胞体和突起两部分。细胞体包括细胞核、细胞质、细胞膜。细胞膜内外电位差称为膜电位。神经元的突起一般包括数条短而呈树状分支的树突和一条长而分支少的轴突。长的突起外表大都套有一层鞘，组成神经纤维，神经纤维末端的细小分支叫作神经末梢。神经纤维集结成束，外面包有膜，构成一条神经。生物神经元的结构如图 3-4 所示。

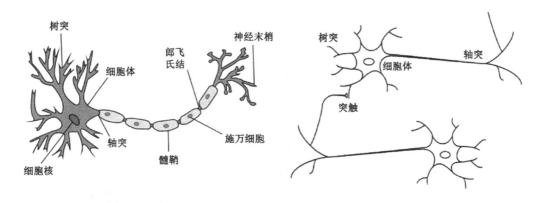

图 3-4　生物神经元的结构

生物神经元在结构上由四部分组成：细胞体（Cell body）、树突（Dendrite）、轴突（Axon）、突触（Synapse），用来完成神经元间信息的接收、传递和处理。树突是树状的神经纤维接收网络，是细胞的输入端，它将电信号传送到细胞体，细胞体对这些输入信号进行整合并进行阈值处理；轴突是单根长纤维，它把细胞体的输出信号导向其他神经元，是细胞的输出端；一个神经细胞的轴突和另一个神经细胞树突的结合点称为突触，它是一个细胞的输出（轴突）与另一个细胞的输入（树突）的接口。

3.1.3　人脑神经元功能

神经元按其功能可分为传入神经元（感觉神经元）、中间神经元（联络神经元）和传出神经元（运动神经元）三种。如果按照对后继神经元的影响来分类，则可分为兴奋性神经元和抑制性神经元。生物神经元受到刺激后能产生兴奋，并且能把兴奋传导到其他神经元。神经元之间的"信息"传递，属于化学物质的传递。当它"兴奋（Fire）"时，就会向与它相连的神经元发送化学物质（神经递质，Neurotransmitter），从而改变这些神经元的电位；如果某些神经元的电位超过了一个"阈值（Threshold）"，那么，它就会被"激活（Activation）"，也就是"兴奋"起来，接着向其他神经元发送化学物质，犹如涟漪，就这样一层接着一层传播，如图 3-5 所示。特别提醒：①神经元的功能受到刺激后能产生兴备，并能够将兴奋传导到其他的神经元，这种可传导的兴奋叫神经冲动。兴奋是以神经冲动的形式传导的。②神经冲动在神经元中的传导方向是：树突→细胞体→轴突。

在人工智能领域，有个好玩的派别叫"飞鸟派"。说的是如果想要学飞翔，就得向"飞鸟"来学习。简单来说，"飞鸟派"就是"仿生派"，即把进化了几百万年的生物，作为"模仿"对象，搞清楚原理后，再复现这些对象的特征。

其实现在所讲的神经网络包括深度学习，都在某种程度上属于"飞鸟派"——它们模拟大脑神经元的工作机理，这就是 20 世纪 40 年代提出但一直沿用至今的"M-P 神经元模型"。

在生物神经元中，树突作为输入端，轴突作为输出端，突触作为输出和输入的接口，细胞体成为一个微型信息处理器，能接收来自其他神经元的信号，进行组合后，通过膜电位的作用产生输出信号，并沿轴突传递至其他神经元。轴突是细胞的输出端，树突是细胞的输入端，突触是轴突与树突的接口。

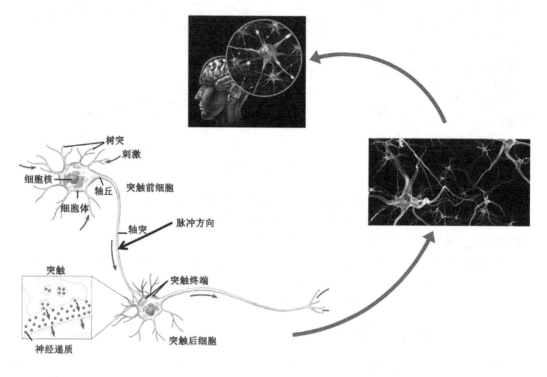

图 3-5　大脑神经细胞的工作流程

生物神经元的信息处理流程如图 3-6 所示。

图 3-6　生物神经元的信息处理流程

生物神经元本身是一个多输入单输出的非线性信息处理单元，生物神经元作为控制和信息处理基本单元，具有下面一些重要的功能特性。

1．时空整合功能

神经元对不同时间通过同一突触传入的神经冲动具有时间整合功能，对于同一时间通过不同突触传入的神经冲动具有空间整合功能。两种功能相互结合，使生物神经元对由突触传入的神经冲动具有时空整合的功能。

2．兴奋与抑制状态

神经元具有兴奋和抑制两种常规的工作状态。当传入冲动的时空整合结果使细胞膜电位升高，超过动作电位的阈值时，细胞进入兴奋状态，产生神经冲动。相反，当传入冲动的时空整合结果使细胞膜电位低于动作电位的阈值时，细胞进入抑制状态，无神经冲动输出。

3．脉冲与电位转换

突触界面具有脉冲/电位信号转化功能。沿神经纤维传递的信号为离散的电脉冲信号，而细胞膜电位的变化为连续的电位信号。这种在突触接口处进行的"数/模"转换，是通过神经介质以量子化学方式实现的如下过程：电脉冲—神经化学物质—膜电位。

4．神经纤维传导速率

神经冲动沿神经纤维传导的速度在 1～150m/s。其速度差异与纤维的粗细、髓鞘的有无有关。一般来说，有髓鞘的纤维，其传导速度在 100m/s 以上，无髓鞘的纤维，其传导速度可低至每秒数米。

5．突触延时和不应期

突触对相邻两次神经冲动的响应需要有一定的时间间隔，在这个时间间隔内不响应激励，也不传递神经冲动，这个时间间隔称为不应期。

6．学习、遗忘和疲劳

由于生物神经元的结构可塑性，突触的传递作用可以增强、减弱和饱和，相应地，细胞也就有了学习功能、遗忘或疲劳效应。

随着脑科学和生物控制论研究的进展，人们对生物神经元的结构和功能也会有进一步的了解。

3.1.4　人脑视觉机理

视觉的产生促使物种多样化和跃进式巨变的发生。寒武纪生命大爆发（Cambrian Explosion）被称为古生物学和地质学上的一大悬案，寒武纪生命大爆发自达尔文以来就一直困扰着进化论等学术界。大约 5 亿 4200 万年前到 5 亿 3000 万年前，在地质学上称作寒武纪的开始，绝大多数无脊椎动物在这 2000 多万年时间内出现了。这种几乎是"同时"地、"突然"地在 2000 多万年时间内出现在寒武纪地层中门类众多的无脊椎动物化石（节肢动物、软体动物、腕足动物和环节动物等），在寒武纪之前更为古老的地层中长期以来却找不到动物化石的现象，被古生物学家称作"寒武纪生命大爆发"，简称"寒武爆发"。这也是显生宙的开始。"寒武爆发"之前，一些非常简单的生物生活在海洋中，捕获猎物，或者成为别人的食物。动物世界在当时非常简单，只有一些简单的物种存在，后来可能是出于偶然或者"上帝之手"，某种生物衍化出了第一双真正意义上的"眼睛"，这时的眼睛还很简单，就像我们最初最简单的照相机一样。寒武纪大爆发之后，视觉就在动物中发挥着非常重要的作用，帮助它们寻找食物、帮助它们躲避敌人等。事实上，在 5 亿年的进化之后，视觉已经成了人类最重要的感知系统，我们的大脑中有一半的功能都是和视觉系统联系在一起的。视觉是人类最重要的知觉，没有视觉人类很难定位、识别物体、了解坏境，得以生存发展。

1981 年的诺贝尔医学奖，颁发给了出生于加拿大的美国神经生物学家休贝尔

（David H. Hubel）、瑞典哈佛医学院威塞尔（Torsten N. Wiesel）和美国加利福尼亚技术研究所斯佩里（Roger Sperry）。前两位的主要贡献是"发现了视觉系统的信息处理"——可视皮层是分级的。

在整个 20 世纪中，人类对各种动物的眼睛、神经元，以及与视觉刺激相关的脑部组织都进行了广泛研究，这些研究得出了一些有关"天然的"视觉系统如何运作的描述（尽管仍略显粗略），这也形成了计算机视觉中的一个子领域——人们试图建立人工系统，使之在不同的复杂程度上模拟生物的视觉运作。视觉中枢是大脑皮质中与形成视觉有关的神经细胞群。

1．视觉形成的过程

视觉信息通过视细胞、双极细胞、水平细胞和神经节细胞，并经视神经以"串行"的信息模式传递至外侧膝状体进行解码成"点阵"形式，再由视放射传送到初级视皮质不同功能区，最后向高级区域的相应分工区域传递，在不同皮质区整合以产生对视觉信息的完整认知。

2．视觉的中枢通路与皮层定位

视觉通路由四级神经元组成，第一、二、三级神经元位于视网膜内，第四级神经元位于外侧膝状体，由此发出神经纤维，最后终止于大脑皮层视中枢。由第三级神经元（神经节细胞）的轴突组成的视神经，离眼球后进入颅腔，约在第三脑室底面汇成视交叉，在此有一半纤维交叉到对侧。其规律是来自两眼鼻侧视网膜的纤维（接受颞侧光刺激的部分）都交叉至对侧，并上行至对侧外侧膝状体。而来自颞侧视网膜的纤维（接受鼻侧光刺激的部分）则不交叉，并上行至同侧外侧膝状体。如此，整个视野的左右两半就分别投射至对侧的大脑半球。视神经纤维经视交叉后组成左、右视束，其中一部分到达四叠体上丘，参与视调节反射、光反射及视觉运动反射等活动；另外大部分纤维止于外侧膝状体。外侧膝状体的内部结构共由 6 层神经细胞组成，与中央视觉、周缘视觉相关的部分均可明确区分。来自相当于中央凹的交叉的视神经纤维终止于 1、4、6 层；不交叉的视神经纤维终止于 2、3、5 层。相当于近周缘区的，则各止于 1、6、2、3 层，远周缘区的分别止于 1、2 层。每条视神经纤维末端又分成为 5～6 个小支，各自终止于外侧膝状体的一个细胞体上，而不是树突。因此，每当一根视神经纤维受损时，有可能使同侧 2、3、5 层的细胞或对侧 1、4、6 层的细胞变性。外侧膝状体的突触联系十分复杂，不能简单地看作只是大脑皮层与视网膜的中继站。

总的来说，人的视觉系统的信息处理是分级的，如图 3-7 所示。从低级 1 区提取边缘特征，再到 2 区的形状或者目标的部分等，再到更高层，整个目标、目标的行为等。也就是说，高层的特征是低层特征的组合，从低层到高层的特征表示越来越抽象，越来越能表现语义或者意图。而抽象层面越高，存在的可能猜测就越少，就越利于分类。例如，单词集合和句子的对应是多对一的，句子和语义的对应又是多对一的，语义和意图的对应还是多对一的，这是个层级体系。我们后面的深度神经网络很好地模拟了人脑视觉的分层处理结构。

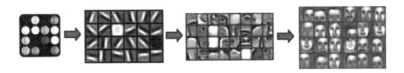

图 3-7　视觉的分层处理结构

3.2　人脑神经元模型

人工神经网络（Artificial Neural Networks，ANN）简称神经网络（NN），是基于生物学中神经网络的基本原理，在理解和抽象了人脑结构和外界刺激响应机制后，以网络拓扑知识为理论基础，模拟人脑的神经系统对复杂信息的处理机制的一种数学模型、数学方法，或者计算结构和系统。它不是人脑神经系统的真实描绘，而只是它的某种抽象、简化和模拟。人们已慢慢习惯了把这种人工神经网络直接称为神经网络，因而它具有一定的智能性，表现为良好的容错性、层次性、可塑性、自适应性、自组织性、联想记忆、非线性和并行分布式处理（PDP）能力。

神经网络是一种运算模型，由大量的节点（或称神经元）之间相互联接构成。每个节点代表一种特定的输出函数，称为激活函数（Activation Function）。每两个节点间的连接都代表一个对于通过该连接信号的加权值，称为权重（Weight），神经网络就是通过这种方式来模拟人类的记忆。网络的输出则取决于网络的结构、网络的连接方式、权重和激活函数。而网络自身通常都是对自然界某种算法或者函数的逼近，也可能是对一种逻辑策略的表达。神经网络的构筑理念是受到生物的神经网络运作启发而产生的。人工神经网络则是把对生物神经网络的认识与数学统计模型相结合，借助数学统计工具来实现的。另外，在人工智能学的人工感知领域，通过数学统计学的方法，使神经网络能够具备类似于人的决定能力和简单的判断能力，这种方法是对传统逻辑学演算的进一步延伸。

人工神经网络中，神经元处理单元可表示不同的对象，如特征、字母、概念，或者一些有意义的抽象模式。网络中处理单元的类型分为三类：输入单元、输出单元和隐单元。输入单元接收外部世界的信号与数据；输出单元实现系统处理结果的输出；隐单元是处在输入和输出单元之间，不能由系统外部观察的单元。神经元间的连接权值反映了单元间的连接强度，信息的表示和处理体现在网络处理单元的连接关系中。人工神经网络是一种非程序化、适应性、大脑风格的信息处理，其本质是通过网络的变换和动力学行为得到一种并行分布式的信息处理功能，并在不同程度和层次上模仿人脑神经系统的信息处理功能。

神经网络是一种应用类似于大脑神经突触连接结构进行信息处理的数学模型，它是在人类对自身大脑组织结合和思维机制的认识理解基础之上模拟出来的，它是根植于神经科学、数学、思维科学、人工智能、统计学、物理学、计算机科学及工程科学的一门技术。人工神经网络的研究涉及广泛的应用数学工具，除线性代数、集合论、微分和差分方程、状态空间及数值分析等基本方法外，还需要应用非线性动态系统稳定性理论、概率论和随机过程、优化理论、非线性规划、自适应控制及信息论的初步概念。

从研究方法看，目前尚未形成统一、完整的理论体系。各种模型和算法的形成、构建、设计和性能评价只能具体问题具体分析，依靠计算机模拟的实验结果不能给出严密的、科学的一般规律和方法，迫切需要宏观的理论指导。著名算法专家，机器学习领域的先驱人物佩德罗·多明戈斯（Pedro Domingos）的新书《终极算法》，详解了机器学习的五大学派，每个学派都有自己的主算法，能帮助人们解决特定的问题。而如果整合所有这些算法的优点，就有可能找到一种"终极算法"，该算法可以获得过去、现在和未来的所有知识，这也必将创造新的人类文明。

从应用领域看，目前人工神经网络主要应用于以下几个方面。

- 语言理解（语言模型、文本分类、机器翻译、文本生成等）、图像理解（图像分类、生成、描述等）
- 游戏（麻将、桥牌、围棋等）、金融科技、自动驾驶等

此外，人类行为的识别、移动机器人视觉系统甚至和量子力学结合，形成量子神经网络理论。神经元模型是构成人工神经网络的基本部件，因此模拟生物神经网络时应该首先模拟生物神经元。

值得指出的是，研究人工神经网络构成的基本原理，主要考虑 3 个方面的问题：一是神经元的激活函数（数学模型），二是神经元之间的连接形式（拓扑结构），三是学习（训练）算法。

前面已经指出深度学习本身效果可以做得很好，但也存在两个突出问题，一个问题是需要研究者或实践者具备一定的经验，知道如何调整超参数，比如网络结构如何设计，每层多少节点，优化过程中需不需要做各种各样的随机梯度下降法（Stochastic Gradient Descent，SGD）等。这些对结果都会有很大影响。当面临一个新的数据集时，可能需要花很多时间和代价才能得到一个好的模型。因为需要做很多超参数的训练，所以人们对神经网络的自学习功能尤其感兴趣，并且把神经网络这一重要特点看作是解决人工智能中自适应学习能力这个难题的关键钥匙之一。自主学习的理念有点像在模仿自动驾驶，也就是说，能否通过学习的方式来解决超参数的训练问题？另一个问题是目前深度学习或增强学习的训练需要非常多的数据、非常长的训练时间及大量计算资源，所以需要设计一些轻量级快速算法，而如何达到同样的精度或相近的精度，成为研究的方向之一。

3.2.1　人脑神经元模型介绍

从神经元的特性和功能可以知道，神经元是一个多输入单输出的信息处理单元，而且，它对信息的处理是非线性的。根据神经元的特性和功能，可以把神经元抽象为一个简单的数学模型。工程上用的人工神经元模型（PDP 模型）如图 3-8 所示。神经元数学模型的计算能力有两个规则，一个是组合输入信号的规则；另一个是将组合输入信号计算成输出信号的激励规则。输出信号经过连接权传送给其他节点，加权的强度通常会使正在通信的信号产生兴奋或抑制。人工神经元模型有以下三个基本要素。

（1）连接加权。连接加权对每个输入信号进行处理以确定其强度，各个神经元之间的连接强度由连接权的权值（重）表示，权值为正表示激活，为负表示抑制；连接加权对应于生物神经元的突触（两个细胞的接口）。从数学上看，当输入信号进入神经元时，它会乘以一个权重。例如，如果一个神经元有两个输入，则每个输入将具有分配给它的一个关联权重。我们随机初始化权重，并在模型训练过程中更新这些权重。训练后的神经网络对其认为重要的输入赋予较高权重；不那么重要的输入对应较低权重；为零的权重则表示特定输入信号的特征是微不足道的。

（2）求和单元。用于求取所有输入信号的加权和（线性组合）。

（3）激活函数。一旦将线性分量应用于输入，将需要应用一个非线性函数。这通过将激活函数应用于线性组合来完成。激活函数将输入信号转换为输出信号。激活函数起到非线性映射作用，并将神经元输出幅度限制在一定范围内，一般取值为（0,1）或者（-1,1）。激活函数也称为激励函数、转移函数、传输函数或限幅函数，其反映了神经元输入信号与其激活状态之间的关系，也就是神经元在输入信号作用下产生输出信号的规律，这是神经元模型的外特性。

此外还有一个阈值 θ_k，如果用 $x_0=1$ 的固定偏置输入节点表示阈值节点，则它与神经元 k 之间的连接强度为 $w_{k0} = -\theta_k$。

阈值也称偏差（Bias），它是除了权重之外，另一个被应用于输入的线性分量。它被加到权重与输入相乘的结果中。添加偏差的目的是改变权重与输入相乘所得结果的范围。添加偏差后，结果看起来是"求和单元输出+偏差"。这是输入变换的最终线性分量。

图 3-8 所示的人工神经元结构可描述如下。

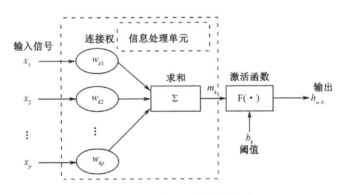

图 3-8　人工神经元的数学模型

设神经元 k 的输入向量为

$$\boldsymbol{X}_k = (x_1, x_2, \cdots, x_j, \cdots, x_p)^{\mathrm{T}} \tag{3-1}$$

式中，$x_j(j=1,2,\cdots,p)$ 表示第 j 个神经元的输入，是神经元 k 的多个输入之一，p 表示输入神经元的个数。

输入神经元节点连接到神经元节点 k 的加权向量为

$$\boldsymbol{W}_k = (w_{k1}, w_{k2}, \cdots, w_{kp})^{\mathrm{T}} \tag{3-2}$$

由此可得神经元 k 的输入加权和为

$$m_k = \sum_{j=0}^{p} x_j w_{kj} = \sum_{j=1}^{p} x_j w_{kj} - b_k \tag{3-3}$$

神经元 k 的输出状态为

$$h_{w.b} = f(m_k) = f(\sum_{j=0}^{p} x_j w_{kj}) = f(\boldsymbol{W}_k^{\mathrm{T}} \boldsymbol{X}_k) \tag{3-4}$$

3.2.2 激活函数

常用激活函数主要有 3 类：线性函数、非线性函数（sigmoid 型函数）、概率型函数。

1. 线性函数

最简单的线性函数如图 3-9（a）所示，其数学表达式为

$$y = f(x) = kx \tag{3-5}$$

式中，y 为输出值；x 为输入信号的加权和；k 是一个常数，表示直线斜率。

分段线性函数如图 3-9（b）所示，其数学表达式为

$$y = f(x) = \begin{cases} r & x \geqslant r/k \\ kx & |x| < r/k \\ -r & x \leqslant -r/k \end{cases} \tag{3-6}$$

其中，$\pm r$ 分别表示人工神经元的最大、最小输出，称为饱和值。一般情况下，$|r|=1$。

2. ReLU

ReLU 是修正线性单元（The Rectified Linear Unit）的简称，在卷积神经网络中，这个函数经常用，可以解决梯度弥散问题，其图像如图 3-9（c）所示。它对于输入 x 计算 $f(x)=\max(0,x)$。换言之，以 0 为分界线，左侧都为 0，右侧是 $y=x$ 这条直线。它有优点，也有缺点。

优点 1：实验表明，它的使用相对于 sigmoid 和双曲正切函数（tanh），可以非常大程度地提升随机梯度下降法的收敛速度。这个结果的原因是它是线性的，而不像 sigmoid 和 tanh 一样是非线性的。经比较其收敛速度大概能快 6 倍。

优点 2：相对于 tanh 和 sigmoid 激活函数，求梯度很简单。

缺点：ReLU 单元也有它的缺点，在训练过程中，它其实很脆弱，有时候甚至会坏掉。例如，如果一个很大的梯度流经 ReLU 单元，那权重的更新结果可能是，在此之后任何的数据点都没有办法再激活它了。一旦这种情况发生，那本应经 ReLU 回传的梯度，将永远变为 0。当然，这和参数设置有关系，所以要特别小心。再举个实际的例子，如果学习速率被设得太高，会发现训练的过程中可能有高达 40%的 ReLU 单元都坏掉了。所以要小心设定初始的学习率等参数，在一定程度上控制这个问题。

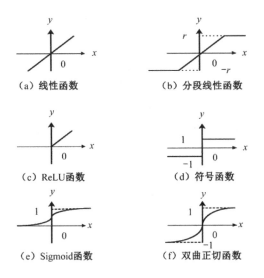

图 3-9　用于神经元的几种常用激活函数

3．阈值函数

常用的阈值函数为阶跃函数和符号函数 sgn(•)[见图 3-9（d）]。

符号函数定义为

$$y = f(x) = \begin{cases} 1 & x > 0 \\ -1 & x \leqslant 0 \end{cases} \tag{3-7}$$

输出 1 时，神经元为兴奋状态；输出-1 时，神经元为抑制状态。

4．非线性函数

另一类重要的激活函数是非线性压缩函数（Squashing Function），也称为 S 型生长曲线，如图 3-9（e）、（f）所示。

Sigmoid 的函数定义为

$$y = f(x) = \frac{1}{1 + \exp(-x)} \qquad f'(x) = f(x)(1 - f(x)) \tag{3-8}$$

Sigmoid 函数可以看作为人工神经元定义了一个非线性增益，增益的大小由曲线在给定 x 点的斜率决定。当 x 由 -∞ 增大到 0 时，增益由 0 增至最大；当 x 由 0 增大到 +∞ 时，增益由最大返回到 0，并且总是正的。Sigmoid 函数将变量映射到 0,1 之间。

双曲正切函数类似于 Sigmoid 函数，定义为

$$y = f(x) = \tanh(x) = \frac{\exp(x) - \exp(-x)}{\exp(x) + \exp(-x)} \qquad f'(x) = 1 - f^2(x) \tag{3-9}$$

5．概率型函数

神经元的输入与输出之间的关系不确定，使用随机函数描述输出状态为 0 或 1 的概率。其描述如下。

设神经元输出为 1 为概率是

$$P(1) = \frac{1}{1 + \exp(-x/T)} \tag{3-10}$$

式中，T 为温度参数。在此模型中，网络在某一时刻的状态已无意义，而是研究状态的统计规律。1985 年杰弗里·辛顿（Geoffrey Hinton）等人提出的玻尔兹曼机（Boltzmann machine，BM）就是一种神经元的概率统计模型，也是一种随机递归神经网络。它利用了统计物理学和热力学中的一些基本概念，因样本分布遵循玻尔兹曼分布而命名为 BM。BM 由二值神经元构成，每个神经元只取 1 或 0 这两种状态，状态 1 代表该神经元处于接通状态，状态 0 代表该神经元处于断开状态。

那如何选用神经元/激活函数呢？一般来说，用的最多的是 ReLU，但是要小心设定学习率，同时在训练过程中，还得时不时看看神经元此时的状态是否还"活着"。当然，如果非常担心神经元在训练过程中坏掉，可以试试 Leaky ReLU 和 Maxout 等激活函数。最好少用 sigmoid 函数，有兴趣可以试试双曲正切函数，通常状况下，它的效果不如 ReLU/Maxout 函数。

3.3 M-P 模型

从 20 世纪 40 年代开始，根据生物神经细胞的结构和功能，先后提出的人工神经元模型有数百种，其中产生重大影响的是 M-P 神经元模型，该模型最早源自发表于 1943 年的一篇开创性论文[1]。论文的两位作者分别是美国神经生理学家沃伦·麦克洛克（McCulloch W S）和数学家沃尔特·皮茨（Pitts W），论文描述了神经元的时间总和、域值等特征，首次实现用一个简单电路（感知机）来模拟大脑神经元的行为。所谓 M-P 模型，其实是按照生物神经元的结构和工作原理构造出来的一个抽象和简化了的模型。简单来说，它是对一个生物神经元的建模。M-P 模型取了他们两个人的名字（McCulloch-Pitts）命名。"M-P 神经元模型"提出者虽然有两人，但后者皮茨更有声望和传奇色彩。皮茨等人的研究，甚至影响了控制论的诞生和约翰·冯·诺依曼（John von Neumann，1903—1957）计算机的设计。

信号在大脑中到底是怎样的一种传输，确切来说，依然是一个谜。麦克洛克和皮茨提出的"M-P 神经元模型"，是对生物大脑的过度简化，但却成功地给我们提供了基本原理的证明。但对我们而言，重要的是可以把它视为与计算机一样的存在，利用一系列的 0 和 1 来进行操作。也就是说，大脑的神经细胞也只有两种状态：兴奋和不兴奋（抑制）。

这样一来，神经元的工作形式，类似于数字电路中的逻辑门，它接收多个输入，然后产生单一的输出。通过改变神经元的激发阈值，就可完成"与（AND）""或（OR）"及"非（NOT）"等三个状态转换功能。这里需要说明的是，"感知机"（Perceptron）作

---

1. 《神经活动中思想内在性的逻辑演算》（McCulloch W S, Pitts W. A logical calculus of the ideas immanent in nervous activity[J]. The bulletin of mathematical biophysics, 1943, 5(4): 115-133.）

为一个专业术语，是皮茨等人发表论文 15 年之后，在
1958 年，由康奈尔大学心理学教授弗兰克·罗森布拉特
（Frank Rosenblatt）提出来的，这是一个两层的人工神
经网络，如图 3-10 所示，它成为后来许多神经网络的基
础，但它的理论基础依然还是皮茨等人提出来的 M-P 神
经元模型。皮茨（Pitts）等人提出的 M-P 模型不能实
现常用的"异或（XOR）"功能，这也成为人工智能泰
斗马文·明斯基（Marvin Lee Minsky）评判"神经网络"
的重要"罪证"之一。

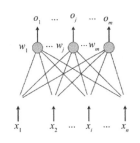

图 3-10　两层的人工神经网络

　　1969 年，明斯基（M. Minsky）和西摩尔·帕普特
（Seymour Papert）出版了颇有影响的《感知机：计算几何简介》（*Perceptrons：An
Introduction to Computational Geometry*）一书，书中论述了感知机模型存在的两个关键
问题。

　　（1）单层的神经网络无法解决不可线性分割的问题，典型例子如异或门电路（XOR
Circuit）；

　　（2）更为严重的问题是，即使是当时最先进的计算机也没有足够计算能力完成神经
网络模型所需要的超大计算量（比如调整网络中的权重参数）。

　　鉴于明斯基的学术地位（1969 年刚刚获得图灵奖），其悲观的结论被大多数人不做进
一步分析而接受，美国和苏联均停止了对神经网络研究的资助，全球该研究领域的人员纷
纷转行，仅剩极少数人坚持下来，史称"人工智能冬天（AI Winter）"或"XOR"事件。
现在，距离明斯基出版《感知机：计算几何简介》，已经近 50 年过去了。可以看到了，以
深度学习为代表的神经网络学习又一番风生水起。这给我们学习、研究有两点启示：

　　（1）在学习科研工作中，通常想一次性地把所有问题都解决掉，即存在"问题洁癖"
状态。但这种"洁癖"状态，通常并不能解决问题，反而很可能会带来更多、更麻烦的
问题。因此，带着问题生活（或研究）是可以接受的，并且很可能是最好的结果。

　　（2）不动脑、盲从，把文学当科学导致科技发展受阻。明斯基等人在书中把对神经
元网络理论（NN）的学术指责非常严格地限制于单层和"线性阈值"网络，而不是后
来的多层和"Sigmoid 非线性阈值"网络。但他们的"文学性"描述却十分清楚地告诉
大家：尽管他们不能证明多层 NN 基本上是无用的，但十分自信地认为这些网络作为计
算学习器件是不够的。

3.3.1　标准 M–P 模型

　　与生物神经系统一样，ANN 中的任意一个神经元都与其他多个神经元相互连接，
相互作用。在 M-P 模型中，考虑了 n 个互相连接的神经元，因此对于 n 个互连神经元中
的第 k 个神经元，根据式（3-4），其输入向量为

$$X_k = (x_1, x_2, \cdots, x_j, \cdots, x_p)^{\mathrm{T}} \qquad (3\text{-}11)$$

式中，$x_j(j=1,2,\cdots,p)$ 表示神经元的状态，其取值均为是 0 或 1，分别表示神经元的抑
制或兴奋状态，是神经元 k 的多个输入之一。

输入神经元节点 j 到神经元节点 k 的加权向量为

$$W_k = (w_{k1}, w_{k2}, \cdots, w_{kp})^{\mathrm{T}} \tag{3-12}$$

在 M-P 模型中，各个神经元输出的状态是 0 或 1，所采用的激活函数为阶跃函数。把其中的激活函数用阶跃函数带入得：

$$h_{w.b} = f(m_k) = f(\sum_{j=0}^{p} x_j w_{kj}) = f(W_k^{\mathrm{T}} X_k) = \begin{cases} 1 & x > 0 \\ 0 & x \leqslant 0 \end{cases} \tag{3-13}$$

当线性加权和 m 超过阈值时输出为 1，反之输出为 0。

M-P 模型与 3.2.1 节中介绍的人工神经元模型非常类似，是一个非常简单的人工神经网络模型，并且在它被提出时，也并没有给出相应的学习算法来调整神经元之间的连接权值，因此不具备学习能力。但是，在实际应用中可以根据需要采用一些常用的学习算法来调整神经元之间的连接权值，使其具备学习能力。

3.3.2 改进的 M–P 模型

标准 M-P 模型没有考虑神经元的突触延迟特性和突触传递的不应期及生物神经元的时间整合特性，考虑到上述 3 个特性，改进的 M-P 模型为：

$$y_k(t) = \phi(\sum_{k-1}^{p} w_{kk}(n) x_k(t - n\tau_{kk}) + \sum_{j-1}^{p} w_{kj}(n) x_j(t - n\tau_{kj}) - \theta_k) \tag{3-14}$$

式中，$\sum_{j-1}^{p} w_{kj}(n) x_j(t - n\tau_{kj})$ $(n = 1, 2, \cdots, p)$ 表示对过去所有输入进行时间整合，其中，w_{kj} 随 n 变化，即连接权值可以增大或减小，反映生物神经元的可塑性。

式中，$w_{kk}(n)$ 表示神经元内的反馈连接权值，τ_{kj} 为神经元 j 和神经元 k 之间的突触时延。由此可以总结出 M-P 模型的 6 个特点：

（1）每个神经元都是一个多输入单输出的信息处理单元；

（2）神经元输入分兴奋性输入和抑制性输入两种类型；

（3）神经元具有空间整合特性和阈值特性；

（4）神经元输入与输出间有固定的时滞，主要取决于突触延搁；

（5）忽略时间整合作用和不应期；

（6）神经元本身是非时变的，即其突触时延和突触强度均为常数。

前面 4 点和生物神经元保持一致。

3.4 人脑神经网络的互连结构

神经网络是一个复杂的互连系统，单元之间的互连形式将对网络的性质和功能产生重要影响。互连模式种类繁多，这里介绍一些典型的网络结构。

3.4.1 前馈神经网络

前馈神经网络（Feedforward Neural Network）简称前馈网络，是人工神经网络的一种。在此种神经网络中，各神经元从输入层开始，接收前一级输入，并输入到下一级，直至输出层。整个网络中无反馈，可用一个有向无环图表示，如图 3-11 所示。

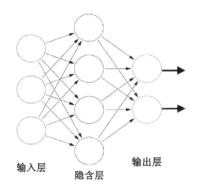

输入层　　　　隐含层　　　输出层

图 3-11　前馈神经网络

前馈网络的特点：输入节点无计算功能，只是为了表征输入矢量各元素值；以后各层节点表示具有计算功能的神经元，称为计算单元。每个计算单元可有任意个输入，但只有一个输出，它可送到多个节点作为输入；输出层负责向外界输出最终的信息处理结果。输入层和输出层统称为"可见层"，而其他中间层则称为隐含层（Hidden Layer）。前馈神经网络通过引入隐层及非线性转移函数（激活函数）使得网络具有复杂的非线性映射能力。前馈网络的输出仅由当前输入和权矩阵决定，而与网络先前的输出状态无关。

前馈神经网络是最早被提出的人工神经网络，也是最简单的人工神经网络类型。按照前馈神经网络的层数不同，可以将其划分为单层前馈神经网络和多层前馈神经网络。常见的前馈神经网络有感知机（Perceptron）、BP（Back Propagation）网络、RBF（Radial Basis Function）网络等。

3.4.2 反馈网络

在反馈网络中（Feedback NNs），输入信号决定反馈系统的初始状态，系统经过一系列状态转移以后，逐渐收敛于平衡状态，这一状态就是反馈网络经计算后输出的结果。稳定性是反馈网络中最关心的问题之一。J.J. Hopfield 教授在反馈神经网络中引入了能量函数的概念，使得反馈神经网络运行稳定性的判断有了可靠依据。

反馈网络的特点：前馈网络中，不论是离散还是连续，一般都不考虑输入和输出之间在时间上的滞后性，而只是表达两者间的映射关系，但在反馈网络中，需考虑输入输出间的延迟因素，因此需要通过微分方程或差分方程描述网络的动态数学模型。反馈网络中每个节点都表示一个计算单元，同时接收外加输入和其他各节点的反馈输入，每个节点也都直接向外部输出，可画成一个无向图。典型的反馈网络如图 3-12 所示。

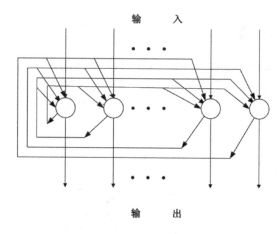

图 3-12 反馈网络

以上介绍了两种最基本的人工神经网络结构，实际上到目前人们提出了 30 多种神经网络结构，在以后章节中，还会介绍一些常用的网络结构。

3.5 人工神经网络的学习

学习能力是人脑智能的特有表现，学习理论的流派主要包括行为主义理论、认知主义理论和建构主义理论三种，人工神经网络的学习充分借鉴了行为主义理论成果。行为主义理论又称刺激—反应（S-R）理论，是当今学习理论的主要流派之一。行为主义理论认为，人类的思维是与外界环境相互作用的结果，即"刺激—反应"，刺激和反应之间的联结叫作强化，通过环境的改变和对行为的强化，任何行为都能被创造、设计、塑造和改变。

前面介绍了人工神经网络构成基本原理三个方面中的两个，一是神经元的激活函数（数学模型），二是神经元之间的连接形式（拓扑结构）；下面介绍第三个方面，神经网络学习（训练）算法。学习功能是神经网络最主要的特征之一。各种学习算法的研究在人工神经网络理论与实践发展过程中起着重要作用。

3.5.1 人工神经网络的学习方式

人工神经网络的工作过程主要分为两个阶段：第一阶段是学习期，对它进行训练，即让其学会它要做的事情，此时各个计算单元状态不变，学习过程就是各连接权上的权值不断调整的过程。学习结束，网络连接权值调整完毕，学习的知识就分布记忆（存储）在网络中的各个连接权上。第二阶段是工作期，此时各个连接权值固定，计算单元变化，以达到某种稳定状态。下面举例说明第一阶段学习期连接权值调整过程。

如果想让一个神经网络能够识别 A 和 B 这两个手写字母，即当字母 A 或与 A 相似的字母加载到该神经网络的输入端时，神经网络输出 1；当字母 B 或与字母 B 相似的字母加载到该神经网络的输入端时，神经网络输出 0，那么该神经网络的学习过程如下（见图 3-13）。

第一步，神经网络启动，各个连接权赋予（0,1）区间内随机值，并将字母 A 对应的图像加载到神经网络的输入端时，网络对输入模式进行加权、求和、转移后得到网络的输出。在这种情况下，网络的输出完全是随机的。输出 0 和 1 的概率各为 50%。

第二步，这时，不论网络输出为 0 还是 1，都要将网络连接权值向着进一步增加综合输入加权和的方向调整。也即如果此时网络输出为 1，说明结果正确，调节连接权值将确保网络判断正确；如果输出为 0，调节连接权值将使网络在下一次遇到字母 A 时，减少出错的可能性。同样，当将字母 B 对应的图像加载到神经网络输入端时，不论网络输出为 0 还是 1，都要将网络连接权值向着进一步减小综合输入加权和的方向调整。也即如果此时网络输出为 0，说明结果正确，调节连接权值将确保网络判断正确；如果输出为 1，调节连接权值将使网络在下一次遇到字母 B 时，减少出错的可能性。

在学习过程中，网络交替将字母 A 和 B 的图像加载至输入端，并按照上述规则对连接权值进行若干次调整后，就能够将这两个字母（输入模式）分布地记忆在网络的各个连接权上。这样，当网络再次遇到其中任何一个字母（输入模式）时，就能做出迅速、准确的判断。

神经网络的学习过程可以表示为图 3-14 所示的流程图。无论采用哪种具体的学习规则和算法调整网络连接权值，在调整之前都需要对网络的学习结果，即网络输出的正确性进行评价，评价的标准或者由外部提供，或者由网络自身提供。根据评价标准的不同，神经网络的学习算法一般可分为有监督学习、无监督学习和增强学习 3 类。

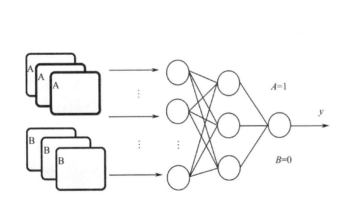

图 3-13　神经网络学习示意　　　　　　图 3-14　神经网络学习过程

1．有监督的学习

有监督学习（有导师）算法要求同时给出输入和正确的输出，即事先已经能够确定一个模型。这样网络可根据当前输出与所要求的目标输出差值进行训练，使网络作出正确的反应，如图 3-15 所示。图中，样本训练数据加载到网络输入端，同时将相应的期望与网络输出相比较得到误差信号，以此控制权重连接强度

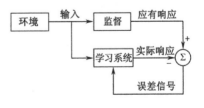

图 3-15　有监督学习示意

的调整，经计算收敛后给出确定权值。当环境发生变化时，经学习可修正权值适应新的环境。在深度学习中，监督学习是指训练含有很多特征的数据集，数据集中样本都有一个标签（label）或目标（target）。

2. 无监督学习

图 3-16 无监督学习示意

无监督学习（无导师）算法只需给出一组输入，网络能够逐渐演变到对输入的某种模式做出特定的反应，也即事先不给定标准样本，直接将网络 "置于"环境中，学习（训练）阶段与应用（工作）阶段成为一体，如图 3-16 所示。

此时，学习规律服从连接权重 w 的演变方程：

$$\frac{\mathrm{d}w}{\mathrm{d}t} = f[w, x] \tag{3-15}$$

选定初始值 w_0 之后，由环境不断提供 x，随之 w 逐渐改变，对于平稳环境 w 可达稳定状态。如果环境发生变化，w 也随之改变。这种边学习边工作的特征与人脑学习过程更相似。

无监督学习要得到正确的反应，神经网络通过两种运行方式来实现，一是利用连接强度及神经元的非线性输入、输出关系，实现输入状态空间在演化中不断收缩，最终收缩到一个小的吸引子集，每个吸引子集都有一定的吸引域。能量函数是这类网络的基本量，利用能量函数的局部极小点进行联想记忆、信息与编码等操作。二是利用能量函数的全局极小点求解组合优化问题。可以认为，无监督学习评价标准隐含于网络内容中。

大多数无监督学习的算法都要完成某种聚类操作，学会将输入模式分为有限的几种类型。在深度学习中，无监督学习是指训练含有很多特征的数据集，然后学习出这个数据集上有用的结构信息。通常要学习生成数据集的整个概率分布，比如密度估计。

值得注意的是，有监督学习和无监督学习不是严格定义的术语。它们之间的界限通常是模糊的。尽管如此，它们确实有助于粗略分类研究机器学习算法时遇到的问题。一般地，人们将回归、分类或者结构化输出问题称为有监督学习。支持其他任务的密度估计通常称为无监督学习。

3. 增强学习

增强学习（Reinforcement Learning）介于上述两种情况之间，外部环境只给出评价（奖励或惩罚）而不是给出正确答案，学习系统通过强化那些受奖励的动作来改善自身的性能。增强学习并不是训练于一个固定的数据集上，它会和环境进行交互，所以学习系统和它的训练过程会有反馈回路，如图 3-17 所示。增强学习策略由三个部分组成：一个指定神经网络如何进行决策的规则，如使用技术分析和基本面分析；一个区分好坏的奖赏功能，如挣钱 vs. 赔钱；一个指定长期目标的

图 3-17 增强学习示意

价值函数。在金融市场（和游戏领域）环境中，增强学习策略特别有用，因为神经网络可以学习对特定量化指标进行优化，如对风险调整收益的合适量度。这类算法超出了本书的范畴，请参考 Sutton and Barto（1998）或 Bertsekasand Tsitsiklis（1996）了解增强学习相关知识，Mnih and Kavukcuoglu（2013）介绍了增强学习方向的深度学习方法。

大部分机器学习算法简单地训练于一个数据集上。数据集可以用很多不同方式来表示。在所有的情况下，数据集都是样本的集合，而样本是特征的集合。表示数据集的常用方法是设计矩阵（Design Matrix）。设计矩阵的每一行包含一个不同的样本，每一列对应不同的特征。

3.5.2　神经网络的学习规则

各种神经网络的学习训练过程，都隐含着用于调整连接权值的一定的方法和规则。这些改变权值的方法和规则称为学习规则或学习算法。经过训练神经网络可获得知识的结构或适应周围环境的变化。按照学习算法支持的操作，学习规则至少分为以下 4 类：

（1）自联想器：首先重复提供一系列的模式样本，并使网络记住这些样本，然后给网络提供学习样本的部分信息，或提供与原来样本类似的样本信息，其目的是要"找出"原来的样本。

（2）模式联想器：给网络提供一系列的成对样本，网络学习可以记住样本对之间的对应关系，当提供样本对中的某一样本时，应能生成样本对中的另一样本。

（3）模式分类器：把要输入的刺激样本划分到一个固定的聚类集合中，其学习的目的是能正确对输入的刺激进行分类，在使用时输入的刺激少许变形时，仍能将其划分到正确的类别中。

（4）正则探测器：系统要通过学习找到这些大量输入的统计显著特征，与模式分类不同，这里没有预先划分的模式聚类，系统必须找到输出模式的显著特征，以形成相应的聚类关系。

值得一提的是，细胞神经网络很好地描述了非线性动力学系统，它是局部链接细胞的空间排列，其中每个细胞都是具有输入、输出及与动力学规则相关状态的非线性动力学系统。细胞神经网络广泛用于图像及视频信号处理、机器人及生物学、高级脑功能等研究领域。

本节介绍几种经典和常用的学习规则。

1. 赫布（Hebb）学习规则

赫布（Hebb）学习规则是最古老也是最著名的学习规则，是为了纪念神经心理学家唐纳德·赫布（Donald Hebb）而命名的，主要用于调整神经网络的突触权值。Hebb 根据心理学中的条件反射机理，于 1949 年提出神经细胞间连接强度变化的规则，它基于下列假设。

- 在神经网络中，信息存储在连接权中。
- 假设连接权的学习速度正比于神经元各激活值之积。
- 假设连接是对称的，即从神经元 A 到 B 的连接权与从 B 到 A 的连接权相等。
- 在学习训练时，连接权的强度和类型发生变化，这种变化建立起细胞之间的连接。

可把该学习规则概括为：①如果一个突触（连接）两边的两个神经元被同时（同步）激活，则该突触的能量就被选择性地增加；②如果一个突触（连接）两边的两个神经元被异步激活，则该突触的能量就被有选择地消弱或者消除。用数学公式可描述如下。

若第 i 个神经元与第 j 个神经元同时处于兴奋状态，则它们之间的连接权应当加强，即

$$\Delta w_{ij}(n) = w_{ij}(n+1) - w_{ij}(n) = \eta x_i(n) y_j(n) \tag{3-16}$$

式中，$w_{ij}(n)$ 表示第 $n+1$ 次调整前的神经元 i 到神经元 j 之间的连接权值；$w_{ij}(n+1)$ 表示第 $n+1$ 次调整后的神经元 i 到神经元 j 之间的连接权值；η 为学习速率参数，$\eta > 0$；y_j 为节点 j 的输出，x_i 为节点 i 的输出，它是提供给节点 j 的输入之一。

式（3-16）表明，权值调整量与输入输出的乘积成正比。显然，经常出现的输入模式将对权向量有最大的影响。在这种情况下，赫布（Hebb）学习规则需预先设置权饱和值，以防止输入和输出正负始终一致时出现权值无约束增长。此外，要求权值初始化，即在学习开始前（$t=0$），先对 $W_j(0)$ 赋予零附近的小随机数。赫布（Hebb）学习规则代表一种纯前馈、无监督学习。如前所述，赫布（Hebb）学习规则的两种方式，既不精确也不等效。今天的人工智能研究人员用许多不同的方式来定义它，理论基础有可能是从物理学中得到的微分方程，也可能是贝叶斯概率理论。他们利用理论分析来比较和改进各种版本。

赫布（Hebb）学习规则与"条件反射"学说一致，已经得到了神经细胞学说的证实。赫布（Hebb）学习规则是人工神经网络学习的基本规则，几乎所有神经网络的学习规则都可以看作赫布（Hebb）学习规则的变形。该规则至今仍在各种神经网络模型中起着重要作用。为帮助读者理解赫布（Hebb）学习规则，下面通过一个简单的例子来说明赫布（Hebb）学习规则的应用。

例 3.1

设有一个 4 输入单输出的人工神经网络，从输入层至输出层的初始连接权向量为 $W(0)=(1,1,-1,-1)^T$，输出层神经元的阈值为 $\theta=0$，假设学习速率 $\eta=1$，有 2 个输入样本模式分别为 $X^1=(1,-1,1,-1)^T$，$X^2=(-1,1,1,-1)^T$，若采用符号函数作为神经元的转移函数，请使用 Hebb 学习规则，计算第 2 个样本输入后的连接权向量。

解： 设输出神经元为 j，s_j 表示输出神经元的输入加权和，x_j 表示输出神经元的状态，则输入各个样本模式时，网络连接权向量的调整过程如下：

$n=0$ $\quad W(0) = (1,1,-1,-1)^T$

$n=1$ $\quad s_j = W(0)^T W^1 = (1,1,-1,-1)(1,-1,1,-1)^T = 0$ $\quad x_j = -1$

$W(1) = W(0) + \eta x_j X^1 = (1,1,-1,-1)^T - (1,-1,1,-1)^T = (0,2,-2,0)^T$

$n=2$ $\quad s_j = W(1)^T X^2 = (0,2,-2,0)(-1,1,1,-1)^T = 0$ $\quad x_j = -1$

$W(2) = W(1) + \eta x_j X^2 = (0,2,-2,0)^T - (-1,1,1,-1)^T = (1,1,-3,1)^T$

2.δ 学习规则（误差纠正规则）

δ 学习规则应用在采用有监督学习方式的人工神经网络模型中，根据输出节点的外

部反馈（期望输出）调整连接权，使得网络输出节点的实际输出与外部的期望输出一致，学习训练时需要大量的训练样本，因此训练时的收敛速度较慢。部分误差纠正学习规则存在"局部极小值"问题，不能保证一定收敛于全局最小点。

误差纠正学习规则是根据神经网络的输出误差对神经元的连接强度进行修正，属于有监督学习。

权值调整公式：

$$\Delta w_{ij}(n) = w_{ij}(n+1) - w_{ij}(n) = \eta x_i(n)(d_j - y_j) f'\left(W_j^{\mathrm{T}} X\right) X \tag{3-17}$$

调整目标是使神经元 j 的期望输出与实际输出之间的平方误差最小：

$$E = \frac{1}{2}(d_j - y_j)^2 = \frac{1}{2}[d_j - f\left(W_j^{\mathrm{T}} X\right)]^2 \tag{3-18}$$

式中，误差 E 是连接权向量 W_j 的函数。欲使误差 E 最小，连接权向量 W_j 应与误差的负梯度成正比，即

∵误差 E 梯度为

$$\nabla E = -(d_j - y_j) f'\left(W_j^{\mathrm{T}} X\right) X \tag{3-19}$$

$$\therefore \nabla W_j = -\eta \nabla \mathrm{E} = \eta(d_j - y_j) f'\left(W_j^{\mathrm{T}} X\right) X \tag{3-20}$$

由此可得到公式（3-17）。

前面几节讨论了神经网络学习的三种主要方式——有监督学习、无监督学习和增强学习，介绍了神经网络学习的经典算法，其实神经网络还有其他一些算法，可根据应用场景的不同，选用合适的算法，可以说新一代人工智能的创新主要依赖算法的创新，下面介绍人工神经网络算法的基本要求与计算特点。

3.5.3　人工神经网络算法基本要求

什么是算法（Algorithm）？算法是指对解题方案准确而完整的描述，是一系列解决问题的清晰指令，算法代表着用系统的方法描述解决问题的策略机制。也就是说，它能够对一定规范的输入，在有限时间内获得所要求的输出。如果一个算法有缺陷，或不适合某个问题，执行这个算法将不会解决这个问题。不同的算法可能用不同的时间、空间或效率来完成同样的任务。一个算法的优劣可以用空间复杂度与时间复杂度来衡量。算法中的指令描述的是一个计算，当其运行时能从一个初始状态和（可能为空的）初始输入开始，经过一系列有限而清晰定义的状态，最终产生输出并停止于一个终态。一个状态到另一个状态的转移不一定是确定的。包括随机化算法在内的一些算法，包含了一些随机输入。对于一个神经网络的学习算法，可以提出下列几项最基本的要求。

1．准确性

神经网络通过学习以后，可以准确地完成希望它实现的分类、联想或其他功能。所谓准确是指按照某种标准而言，神经网络的实际输出与理想输出之间的误差（如均方误差或分类误差）达到最小值，或者必须达到某个最低标准。

2．自适应性

整个学习过程无需外界参与，也就是说，网络所有参数的调整，在学习中不能受到人为的干预。

3．收敛性与收敛速度

随着学习的进展，神经网络的参数应收敛到唯一的一组解上，不能在多组解之间跳来跳去。同时还应保证学习的时间不是太长，在一定的时间范围内就能达到收敛点，否则学习的开销无法接受。

4．必须规定是有监督学习还是无监督的（自组织）学习

对于前者，在赋予神经网络学习样本（或称为训练样本）时，必须同时给定网络的输入和输出；对于后者则不必。

5．可推广性

在网络进行学习时必须赋予它足够多个训练样本。但是，无论训练样本的数量有多么大，在神经网络实际投入工作时总会遇到大量与训练样本不同的输入矢量，这时它仍能够可靠地完成其功能。

3.5.4　神经网络计算特点

与神经网络方法相比，传统方法对所求的问题需收集大量能符合计算机要求的初始数据，完成对这些数据的系统分析和建模工作，而且数学模型的质量在很大程度上受到人为支配，不同的数学模型伴随复杂和烦琐的数学分析与求解，不能解决自适应问题。而神经网络是由大量简单处理单元广泛链接而构成的复杂非线性系统，从微观上对人脑的智能行为进行描述，网络智能存在于其结构及自适应规则之中。神经网络通过对大量样本监督学习和训练，不仅可以解决一个问题或适应于一个应用，而且还可以推广到整个同类问题中，并通过在通用计算机硬件上的模拟，或利用专用的神经网络硬件来实现神经网络系统。神经网络计算的具体特点如下。

1．可避免数据的分析工作和建模工作

通过观测样本，神经网络完全能够发现其隐含的信息，经过学习，神经网络建立一个规则，该规则最小程度地受到人为支配，这样就避免了数据的分析工作和建模工作。

2．非编程自适应的信息处理方式

基于神经网络可以设计非编程自适应信息处理系统，该系统不断变化以响应周围环境改变，通过学习，网络将逐渐适应信息或信号处理的各种操作。

3．完成复杂的输入与输出非线性映射

一个 3 层结构的神经网络，其中，输入层包含 p 个神经元，隐含层具有（$m+1$）个神经元，输出层有 n 个神经元，通过选择一定的非线性和链接强度调节规则，就可以解决复杂的信息处理问题。

4.　信息存储与处理合二为一

与传统的信息处理方式不同，神经网络信息处理系统运行时，存储与处理兼而有之，而不是绝对分离的。经过处理，信息的隐含性特征和规则分布于神经网络之间的链接强度上，通常有冗余性。针对这样的不完全信息或噪声信息输入量，神经网络可以根据这些分布式的记忆对输入信息进行处理，恢复全部信息。

3.6　人工神经网络的特点

神经网络是由存储在网络内部的大量神经元通过节点连接权组成的一种信息响应网状拓扑结构，它采用了并行分布式的信号处理机制，因而具有较快的处理速度和较强的容错能力。

（1）神经网络模型用于模拟人脑神经元的活动过程，其中包括对信息的加工、处理、存储和搜索等过程。人工神经网络具有如下基本特点。

①高度的并行性：人工神经网络由许多相同的简单处理单元并联组合而成，虽然每一个神经元的功能简单，但大量简单神经元并行处理能力和效果却十分惊人。

②高度的非线性全局作用：人工神经网络每个神经元接收大量其他神经元的输入，并通过并行网络产生输出，影响其他神经元，网络之间的这种互相制约和互相影响，实现了从输入状态到输出状态空间的非线性映射，从全局的观点来看，网络整体性能不是网络局部性能的叠加，而是表现出某种集体性的行为。

③联想记忆功能和良好的容错性：人工神经网络通过自身的特有网络结构将处理的数据信息存储在神经元之间的权值中，具有联想记忆功能，从单一的某个权值并不能看出其所记忆的信息内容，因而是分布式的存储形式，这就使得网络有很好的容错性，并可以进行特征提取、缺损模式复原、聚类分析等模式信息处理工作，又可以进行模式联想、分类、识别工作。它可以从不完善的数据和图形中进行学习并做出决定。

④良好的自适应、自学习功能：人工神经网络通过学习训练获得网络的权值与结构，呈现出很强的自学习能力和对环境的自适应能力。

⑤知识的分布存储：在神经网络中，知识不是存储在特定的存储单元中，而是分布在整个系统中，要存储多个知识就需要很多链接。

⑥非凸性：一个系统的演化方向，在一定条件下将取决于某个特定的状态函数。如能量函数，它的极值对应于系统比较稳定的状态。非凸性是指这种函数有多个极值，故系统具有多个较稳定的平衡态，这将导致系统演化的多样性。

（2）人工神经网络是一种旨在模仿人脑结构及其功能的信息处理系统。因此，它在功能上具有某些智能特点。

①联想记忆：由于神经网络具有分布存储信息和并行计算的性能，因此它具有对外界刺激和输入信息进行联想记忆的能力。

②分类与识别：神经网络对外界输入样本有很强的识别与分类能力。对输入样本的分类实际上是在样本空间找出符合分类要求的分割区域，每个区域内的样本属于一类。

③优化计算：优化计算是指在已知的约束条件下，寻找一组参数组合，使该组合确定的目标函数达到最小。

④非线性映射：系统的输入与输出之间存在复杂的非线性关系，对于这类系统，往往难以用传统的数理方程建立其数学模型。

3.7 神经网络基本概念与功能

神经网络构成了深度学习的支柱。神经网络的目标是找到一个未知函数的近似值，它由相互联系的神经元形成。这些神经元具有权重和在网络训练期间根据错误来进行更新的偏差。激活函数将非线性变换置于线性组合，而这个线性组合稍后会生成输出。激活的神经元的组合会给出输出值。

定义 3.1

神经网络由许多相互关联的概念化的人造神经元组成，它们之间传递相互数据，并且具有根据网络"经验"调整的相关权重。神经元具有激活阈值，如果通过其相关权重的组合和传递给它们的数据满足这个阈值，其将被激活；发射神经元的组合导致"学习"。

神经网络作为深度学习的基础，相关的基本概念对进一步学习非常重要，现把本章有关神经网络的基本概念、神经网络的基本功能汇总如下。

3.7.1 几个基本概念

由于一个 PDP（Parallel Distributed Processing，并行分布处理）模型相当于一个神经网络，而神经网络的功能是特化的，因此 PDP 模型是专用的，通常是一个模型解决一个问题。在人脑中，估计有成千上万个网络，因此 PDP 模型必然是多种多样的。实际上，人们已经提出了大量的 PDP 模型，每个模型在具体细节上有所不同，但它们又都反映了 PDP 思想的某个侧面。毫无疑问，在这些 PDP 模型之间必然有许多共同的特性。因此有必要给出一个能包容所有具体模型的总体框架，作为我们了解神经信息处理的基础。1986 年鲁梅尔哈特（Rumelhart）列举了研究 PDP 模型的八个方面，从这些方面来说明各种神经网络的构成原理与特征，为便于以后进一步学习，涉及的基本概念如下。

1. 一组处理单元

一组处理单元包括输入单元（接收来自系统外部的输入信号）、输出单元（向系统外部发送信号）、隐单元（其输入和输出都在系统内部，从外部看不到），处理单元的数目用 N 表示。

2. 激活

所谓激活是指在指定的时间指定的处理单元所具有的状态，也称激活状态。设单元 i 在 t 时刻的激活值为 $\alpha_i(t)$，系统的状态由 N 维实向量 $\alpha_i(t)$ 表示。激活状态可取连续值，也可取离散值。

3. 输出函数

各单元的输出函数，将激活状态 $\alpha_i(t)$ 映射为各单元的输出 $O_i(t)$

$$O_i(t) = f_0\left[\alpha_i(t)\right] \tag{3-21}$$

此处，函数 f_0 可有不同规律，最简单的情况是恒同函数，即 $f_0(x)=x$。一般情况下 f_0 为阈值函数（如 sgn 函数）或概率统计函数。

4．互连模式

单元互连模式指各单元之间相互连接的规律，特定的规律决定了网络的功能特征，或者说构成了系统具有的知识。通常，利用连接矩阵描述互连模式。

5．传播规则

输出矢量 $O(t)$ 与连接矩阵 W 给出了各处理单元的输入信号，对每个单元综合各输入信号得到净出入 Net（或用 I 表示），描述此作用的规则称为传播规则。

6．激活规则

激活规则指净输入与当前激活状态通过函数 F 的作用共同决定一个新的激活状态。对第 i 个处理单元，激活规则可表示为

$$\alpha_i(t+1) = F\big[\alpha_i(t), \mathrm{Net}_i(t)\big] \tag{3-22}$$

7．学习规则

学习规则修改单元间的互连模式，可以改变系统的知识结构。各种形式的修改都是通过样本识别给出的经验来调整互连强度（权重）的，描述此过程的规则称为学习规则。

8．系统工作环境

系统工作环境指系统输入信号分布特性的统计规律。

一般，往往无须考虑以上 8 个方面的细节，而是将它们归结为神经元功能函数、神经元之间的连接形式和学习（训练）3 个主要问题。

9．正向传播（Forward Propagation）

正向传播是指输入通过隐含层到输出层的运动。在正向传播中，信息沿着一个单一方向前进。输入层将输入提供给隐含层，然后生成输出。这个过程中是没有反向运动的。

10．成本函数（Cost Function）

当建立一个网络时，网络试图将输出预测得尽可能靠近实际值。使用成本/损失函数来衡量网络的准确性。而成本或损失函数会在发生错误时尝试惩罚网络。

网络运行的目标是提高预测精度并减少误差，从而最大限度地降低成本。最优化的输出是成本或损失函数值最小的输出。

如果将成本函数定义为均方误差，则可以写为：$C = \dfrac{1}{m}\sum(y-a)^2$。其中，$m$ 是训练输入的数量，a 是预测值，y 是该特定示例的实际值。学习过程围绕最小化成本来进行。

11．梯度下降（Gradient Descent）

梯度下降是一种最小化成本的优化算法。直观地想，在爬山的时候，应该采取小步一步一步走下来，而不是一下子跳下来。因此，梯度下降所做的就是，如果从一个点 x 开始，向下移动一点，即 Δh，将位置更新为 $x - \Delta h$，并且继续保持一致，直到达到底部。考虑最低成本点，在数学上，为了找到函数的局部最小值，通常采取与函数梯度的负数成比例的步长。

12．学习率（Learning Rate）

学习率被定义为每次迭代中成本函数中最小化的量。简单来说，下降到成本函数最小值的速率是学习率。我们应该非常仔细地选择学习率，因为它不应该是非常大的，会导致错过最佳解决方案，也不应该非常低。

13．反向传播（Backpropagation）

当定义神经网络时，为节点分配随机权重和偏差值。一旦收到单次迭代的输出，就可以计算出网络的错误。然后将该错误与成本函数的梯度一起反馈给网络以更新网络的权重。最后更新这些权重，以便减少后续迭代中的错误。使用成本函数梯度权重的更新被称为反向传播。在反向传播中，网络的运动是向后的，错误随着梯度从外层通过隐含层流回，权重被更新。

14．丢弃（Dropout）

丢弃是一种正则化技术，可防止网络过度拟合。顾名思义，在训练期间，隐含层中一定数量的神经元被随机地丢弃。这意味着训练发生在神经网络不同组合的几个架构上。可以将丢弃视为一种综合技术，然后将多个网络的输出用于产生最终输出，如图 3-18 所示。

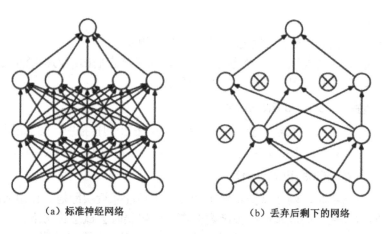

（a）标准神经网络　　　　　　　（b）丢弃后剩下的网络

图 3-18　丢弃前后神经网络对比

15．数据增强（Data Augmentation）

在深度学习中，为了避免出现过拟合（Overfitting），通常需要输入充足的数据量。数据增强，简单来说，是增强数据在训练中的作用。顾名思义，数据增强的根本宗旨是在给定有限的数据集上对数据进行各种"变化"使其增多。而这个变化要尽可能的合理，像是自然生成的。一般来讲，数据增强是通过用少量的计算从原始数据变换得到新的训练数据来实现的。

不同的任务背景下，可以通过图像的几何变换，使用以下一种或多种组合数据增强变换来增加输入数据的量，如数字图像处理方法中的旋转/反射变换（rotation/reflection）、翻转变换（flip）、缩放变换（zoom）、平移变换（shift）、尺度变换（scale）、对比度变换

（contrast）、噪声扰动（noise）、颜色变换（color）等。

数据增强有利于预测的准确性。例如，如果你使光线变亮，可能更容易地在较暗的图像中看到猫；再比如，图像识别中，数字 9 可能会稍微倾斜，在这种情况下，通过旋转变换会提高对数字 9 识别的的准确性。这种增亮或者旋转的变换就是一种数据增强的方法。

3.7.2　基本功能

构成人工神经网络的目的往往是实现下列某种功能。

1．非线性映射功能

在许多实际问题中，如过程控制、系统辨识、故障诊断、机器人控制等诸多领域，系统的输入与输出之间存在复杂的非线性关系，对于这类系统，往往难以用传统的数理方程建立其数学模型。神经网络在这方面有独到的优势，设计合理的神经网络，通过对系统输入输出样本进行训练学习，从理论上讲，能够以任意精度逼近任意复杂的非线性函数。神经网络的这一优良性能使其可以作为多维非线性函数的通用数学模型。

2．知识获取与表示

传统的知识获取与表示方法适合能够对明确定义的概念和模型进行描述的知识。但在很多情况下，知识常常无法用明确的概念和模型表达，甚至用于解决问题的信息是不完整的或不精确的，对于这类问题，可以采用神经网络技术对知识进行获取和表示。神经网络能够在没有任何先验知识的情况下自动从输入数据中提取特征、发现规律，并通过自组织过程构建网络，使其适用于表达所发现的规律。

3．联想记忆

由于神经网络具有分布存储信息和并行计算的性能，因此它具有对外界刺激和输入信息进行联想记忆的能力。这种能力是通过神经元之间的协同结构及信息处理的集体行为而实现的。神经网络通过预先存储信息和学习机制进行自适应训练，可以从不完整的信息和噪声干扰中恢复原始的完整的信息。这一功能使神经网络在图像复原、语音处理、模式识别与分类方面具有重要的应用前景。

有 M 个样本矢量 $X^{(S)}$，其中 $S=0,1,2,\cdots,M-1$，若输入 $X'=X^{S_1}+\Delta$，X^{S_1} 表示第 S_1 个样本，Δ 是由于噪声、干扰或图形缺损等因素引起的偏差，要求输出 $Y=X^{(S_1)}$，也即去除偏差使信号按样本复原。系统具有的这种功能称为"联想记忆"（Associative Memory，AM）（或"协同记忆"）。联想记忆可划分为自联想（Auto-AM）与异联想（Hetero-AM）两种类型。自联想功能如上所述。异联想功能涉及两组样本，若样本 $X^{(S)}$ 与样本 $Z^{(S)}$ 一一对应，当具有偏差的输入信号为 $X'=X^{S_1}+\Delta$ 时，输出 $Y=Z^{S_1}$，此功能称为异联想。例如样本 X 为一组照片，而样本 Z 是对应的姓名。

4．识别、聚类和分类（classifier）

神经网络对外界输入样本有很强的识别、聚类和分类能力。人工神经网络的计算能力使任何一个输入样本，都有相应的输出，这个输出就是神经网络识别出的模式。神经

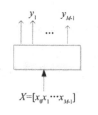

图 3-19　分类器示意图

网络具有自动寻找样本中的内在规律和本质属性，将相关样本聚集成组的聚类功能。对输入样本的分类实际上是在样本空间找出符合分类要求的分割区域，每个区域内的样本属于一类。

假定系统输入 X 有 M 类样本，样本元素为 N，输出 y_k 相应于 M 类样本之一，$k=0,1,2,\cdots,M-1$。X 与 y_k 的关系如图 3-19 所示。

对于 $X \in R_j$，

$$y_k = f(x) = \begin{cases} 1 & k=j \\ 0 & k \neq j \end{cases}$$

此关系式表明，当输入样本与标准样本匹配时即可归类，系统完成分类功能。

5. 优化计算（优化决策）

优化计算是指在已知的约束条件下，寻找一组参数组合，使该组合确定的目标函数达到最小。将优化约束信息（与目标函数有关）存储于神经网络的连接矩阵 W 中，网络的工作状态以动态系统方程式描述。设置一组随机数据作为起始条件，当系统的状态趋于稳定时，网络方程的解就作为输出，即优化结果，如著名的"旅行商最优路径"（TSP）求解及生产调度问题等。

Δ下面介绍一些实现上述功能的人工神经网络应用实例。

神经网络可以完成各种逻辑代数运算。由于逻辑代数的"与""或""非""异或"运算是一个双输入、单输出的分类问题，如果感知机能够表达它们，那么感知机的输入应该是一个二维向量，输出则为标量，因此可以采用只有两个输入神经元的感知机。根据图 3-10，含有两个输入神经元的感知机网络结构如图 3-20（a）所示。

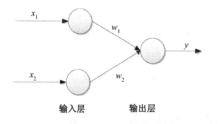

（a）两个输入神经元的感知机网络结构示意图

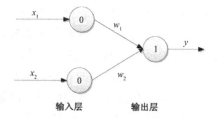

（b）两个输入神经元的感知机实现"与"

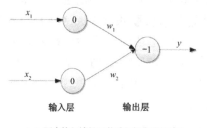

（c）两个输入神经元的感知机实现"或"

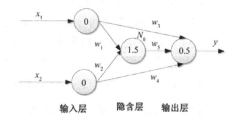

（d）两个输入神经元含隐含层感知机实现"异或"

图 3-20　神经元网络实现简单逻辑功能

实现"与"运算。"与"运算真值表如图 3-21（a）所示,感知机网络结构如图 3-20（b）所示。假定输入二维矢量 $\boldsymbol{X}=\begin{bmatrix}x_0,x_1\end{bmatrix}$,为完成上述运算,令 $w_1=1$, $w_2=1$,阈值 $b_k=1$,输出 y 的表达式为:

$$y_{AND}=\operatorname{sgn}[x_0+x_1-1] \tag{3-23}$$

实现"或"运算。"或"运算真值表如图 3-21（b）所示,感知机网络结构如图 3-20（c）所示。假定输入二维矢量 $\boldsymbol{X}=\begin{bmatrix}x_0,x_1\end{bmatrix}$,为完成上述运算,令 $w_1=1$, $w_2=1$,阈值 $b_k=-1$,输出 y 的表达式为:

$$y_{OR}=\operatorname{sgn}[x_0+x_1+1] \tag{3-24}$$

不难看出,实现与、或运算的神经网络都是分类器。它们分别按照与、或逻辑的要求把输入矢量划分为两类,相应于两类的输出分别为+1 和-1。

实现"异或"运算。借助分类器也可进行"异或"（Exclusive OR,XOR）逻辑运算。然而,利用一个线性阈值神经元不能实现异或功能。简单证明如下。

如上所述,"异或"运算是一个双输入、单输出的分类问题,可以用只有两个输入神经元的感知机表示。假设其他条件不变,试用图 3-20（a）的单个神经元网络来实现异或逻辑（XOR）。显然要实现异或逻辑,网络必须满足如下关系:

$$\begin{cases}1\cdot w_1+1\cdot w_2<t\\1\cdot w_1+0\cdot w_2\geqslant t\\0\cdot w_1+1\cdot w_2\geqslant t\\0\cdot w_1+0\cdot w_2<t\end{cases}\Rightarrow\begin{cases}w_1+w_2<t\\w_1\geqslant t\\w_2\geqslant t\\0<t\end{cases}\Rightarrow\begin{cases}w_1+w_2<t<2t\\w_1+w_2\geqslant 2t\\\\0<t\end{cases}$$

由推导的结果可知:满足上述的 t 值是不存在的,即两层网络结构不能实现"异或逻辑"。如果网络的输入层和输出层之间加入一个隐含层,如图 3-20（d）所示,取权值向量 (w_1,w_2,w_3,w_4,w_5) 为 $(1,1,1,1,-2)$,输入层偏值为 0,0,输出层偏值为 0.5,隐含层偏值为 1.5,那么按照网络的输入输出关系:

$$y=f\left(x_1\cdot w_3+x_2\cdot w_4+z\cdot w_5-0.5\right)$$

这里 z 为隐含节点 N_h 的输出,$z=f\left(x_1\cdot w_1+x_2\cdot w_2-1.5\right)$,$f(\cdot)$ 为输入输出关系函数。其分类关系验证如表 3-1 所示。

x_0	x_1	y_{AND}	x_0	x_1	y_{OR}	x_0	x_1	y_{XOR}
+1	+1	+1	+1	+1	+1	+1	-1	+1
+1	-1	-1	+1	-1	+1	-1	+1	+1
-1	+1	-1	-1	+1	+1	+1	+1	-1
-1	-1	-1	-1	-1	-1	-1	-1	-1
（a）"与"逻辑真值表			（b）"或"逻辑真值表			（c）"异或"逻辑真值表		

图 3-21　数字逻辑运算真值表

表 3-1　异或逻辑分类关系验证表

x_0	x_1	z	y	x_0	x_1	z	y
1	1	1	-1	-1	1	-1	1
1	-1	-1	1	-1	-1	-1	-1

显然，为实现此功能可选择的 b_k、w 值并不唯一，网络结构也可有多种形式，如图 3-22 所示。网络的每个节点本身带有一个起调整作用的阈值常量。各节点关系 $f(\cdot)$ 为阈值函数。

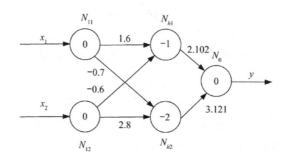

图 3-22　异或逻辑的神经网络表示

$$N_{h1} = f\left(x_1 \times 1.6 + x_2 \times (-0.6) - 1\right)$$
$$N_{h2} = f\left(x_1 \times (-0.7) + x_2 \times 2.8 - 2.0\right)$$
$$y = N_0 = f\left(N_{h1} \times 2.102 + N_{h2} \times 3.121\right)$$

如何表示这些网络呢？在有些神经网络系统中，知识是用神经网络所对应的有向权图的邻接矩阵及阈值向量表示的。对图 3-22 所示的实现异或逻辑的神经网络来说，其邻接矩阵为

$$\begin{array}{c} \\ N_{11} \\ N_{12} \\ N_{h1} \\ N_{h2} \\ N_0 \end{array}\begin{array}{ccccc} N_{11} & N_{12} & N_{h1} & N_{h2} & N_0 \\ \begin{bmatrix} 0 & 0 & 1.6 & -0.7 & 0 \\ 0 & 0 & -0.6 & 2.8 & 0 \\ 0 & 0 & 0 & 0 & 2.102 \\ 0 & 0 & 0 & 0 & 3.121 \\ 0 & 0 & 0 & 0 & 0 \end{bmatrix} \end{array}$$

相应的阈值向量为：$(0,0,-1,-2,0)$。

此外，神经网络的表示还有很多种方法，这里仅仅以邻接矩阵为例。对于网络的不同表示，其相应的运算处理方法也随之改变。近年来，很多学者将神经网络的权值和结构统一编码表示成一维向量，结合进化算法对其进行处理，取得了很好的效果。

如果利用多项式阈值单元，只需一个神经元即可解决"异或"逻辑分类问题。实现"异或"功能的多项式阈值单元特性应满足

$$y_{\text{XOR}} = \text{sgn}\left[x_1 x_0\right] \tag{3-25}$$

在人工神经网络研究的发展历史过程中，"异或"逻辑运算的求解曾引起人们的巨大兴趣。20 世纪 60 年代末，明斯基（Minsky）未能正确认识和圆满解决用单层神经网络实现"异或"逻辑运算的求解问题，因而引起人们对神经网络应用的疑虑。现在，利用 BP 算法可给出实现"异或"功能神经网络的满意解答。

3.7.3　感知机的局限性

两层网络结构不能实现"异或逻辑"可以进一步给予几何解释。图 3-21 中，逻辑"异或"共有 4 个输入输出模式对，构成了图 3-23 所示的二维空间。异或逻辑的 4 个输入模式可分为 2 类（空心点和实心点），但是从图 3-23 中可以看出，任何一条直线都不能将两类样本分开，也就是说单层感知机模型不能解决"异或"问题。其主要原因是"异或"问题是一个线性不可分问题。

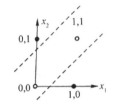

图 3-23　"异或"函数分类

定义 3.2

如果两类样本可以用直线、平面或超平面分开，就称其线性可分，否则就称为线性不可分。具体地，线性可分就是指一个区域可以通过一条直线分为两类；而线性不可分就是指必须通过各个不同直线的组合才能将一个区域划分为由直线段围成的两个不同的类。如图 3-23 中两条虚线围成的带状区域，可成功将样本划分为两类。

下面介绍感知机模型的局限性。

单层感知机模型仅对线性可分问题具有分类能力。多层感知机模型只允许调节一层连接权值。对多层感知机，输入层与隐含层之间的连接权值是预先设定的固定值，不能调整，只有隐含层与输出层之间的连接权值才是可以调整的。多层感知机模型的这一局限性说明简单的感知机学习算法不能让隐含层处理单元具有学习能力，也正是对这一问题的不断研究才产生了最小均方差、误差反向传播、卷积神经网络、深度置信网络、循环（递归）神经网络、密集连接的卷积神经网络（DenseNet）[1]等神经网络学习算法。感知机模型采用阈值型函数作为激活函数，最终只有 0/1 或-1/1 这样离散的输出，限制了感知机模型的分类能力。如果采用非线性函数代替阈值型函数，会使分类时的区域边界线变成连续的光滑曲线，进而可以提高感知机模型的分类能力。显然随着感知机层数的增加，其分类能力呈现逐渐增强的趋势。这也很好说明了感知机由单层结构向多层结构发展的趋势。一般来说，复杂神经网络结构意味着网络表达和处理信息能力更强。增加模型复杂度有两种方法，一种是增加隐含层神经元的数目（模型宽度）；另一种是增加隐含层数目（模型深度）。从增加模型复杂度的角度看，增加隐含层的数目比增加隐含层神经元的数目更有效。这是因为增加隐含层数不仅增加了拥有激活函数的神经元数目，还增加了激活函数嵌套的层数。复杂模型的难点表现在多隐含层网络难以直接用经典算法（如标准 BP 算法）进行训练，因为误差在多隐含层内逆传播时，往往会"发散"而不能收敛到稳定状态。复杂模型训练方法是预训练和微调。所谓预训练是指监督逐层训练，是多隐含层网络训练的有效手段，每训练一层隐含层节点时将上一层隐含层节点的输出作为输入，而本层隐含层节点的输出作为下一层隐含层节点的输入，这称为"预训练"。所谓微调是指在预训练全部完成后，再对整个网络进行微调训练。微调一般使用 BP 算法。下面讨论得到成功应用的复杂网络模型的代表——深度学习模型。

---

1. http://openaccess.thecvf.com/content_cvpr_2017/papers/Huang_Densely_Connected_Convolutional_CVPR_2017_paper.pdf.

3.8 深度学习其他网络结构

3.7 节初步介绍了神经网络的基本概念，尤其是前馈神经网络的重要概念。受人脑视觉机理的启发，现代深度学习为监督学习提供了一个强大的框架。通过添加更多层及向层内添加更多单元，深度网络可以表示复杂性不断增加的函数。给定足够大的模型和足够大的标注训练数据集，可以通过深度学习将输入向量映射到输出向量，完成大多数对人来说能迅速处理的任务。其他任务，如不能被描述为一个向量与另一个相关联的任务，或者对于一个人来说足够困难并需要时间思考和反复琢磨才能完成的任务，目前仍然超出了深度学习的能力范围。下面描述用于表示这些函数的深度前馈网络模型。

深度前馈网络（Deep Feedforward Network），也叫前馈神经网络（Feedforward Neural Network）或者多层感知机（Multilayer Perceptron，MLP），是典型的深度学习模型。前馈网络的目标是近似某个函数 f^*。例如，对于分类器，$y=f^*(x)$ 将输入 x 映射到一个类别 y。前馈网络定义了一个映射 $y=f(x；\theta)$，并且学习参数 θ 的值，使它能够得到最佳的函数近似。

前馈神经网络被称作网络是因为它们通常用许多不同函数复合在一起来表示。该模型与一个有向无环图相关联，而图描述了函数是如何复合在一起的。例如，有三个函数 $f^{(1)}$，$f^{(2)}$ 和 $f^{(3)}$ 连接在一个链上形成 $f(x)=f^3(f^2(f^1(x)))$，这些链式结构是神经网络中最常用的结构。在这种情况下，$f^{(1)}$ 被称为网络的第一层（first layer），$f^{(2)}$ 被称为第二层（second layer），以此类推。链的全长称为模型的深度（depth）。正是因为这个术语才出现了"深度学习"这个名字。前馈网络的最后一层被称为输出层（output layer）。在神经网络训练的过程中，我们让 $f(x)$ 去匹配 $f^*(x)$ 的值。训练数据提供了在不同训练点上取值的、含有噪声的 $f^*(x)$ 的近似实例。每个样本 x 都伴随着一个标签 $y≈f^*(x)$。训练样本直接指明了输出层在每一点上 x 必须做什么；它必须产生一个接近 y 的值。但是训练数据并没有直接指明其他层应该怎么做。学习算法必须决定如何使用这些层来产生想要的输出，但是训练数据并没有说每个单独的层应该做什么。相反，学习算法必须决定如何使用这些层来最好地实现 f^* 的近似。因为训练数据并没有给出这些层中的每一层所需的输出，所以这些层被称为隐含层。

3.8.1 深度学习的定义及特点

现代的神经网络研究更多的是受来自数学和工程学科的指引，并且神经网络的目标并不是完美地给大脑建模。最好将前馈神经网络想成是为了实现统计泛化而设计出的函数近似机器，它偶尔从大脑中提取灵感，但并不是大脑功能的模型。

实际生活中，人们为了实现对象的分类，必须做的事情是表达一个对象，即必须抽取一些特征来表示一个对象。例如，区分人和猴子的一个重要特征是有没有尾巴。特征选取的好坏对最终结果的影响非常大。

1. 深度学习的定义

深度学习的概念由 Hinton 等人于 2006 年提出，其基于深度置信网络（DBN）提出非监督贪心逐层训练算法，为解决深层结构相关的优化难题带来了希望，随后又提出多层自动编码器深层结构。Yann LeCun 等人提出的卷积神经网络是第一个真正的多层结构学习算法，它利用空间相对关系减少参数数目来提高训练性能。

定义 3.3

深度学习算法是一类基于生物学对人脑的认识，将神经—中枢—人脑的工作原理设计成一个不断迭代、不断抽象的过程，以便得到最优数据特征表示的机器学习算法；该算法从原始信号开始，先做底层抽象，然后逐渐向高层抽象迭代，由此组成深度学习算法的基本框架。

2．深度学习的一般特点

一般来说，深度学习算法具有如下特点。

（1）使用链式结构非线性变换对数据进行多层抽象。深度学习框架将特征提取和分类器结合到一个框架中，用数据去学习特征，在使用中减少了手工设计特征的巨大工作量。这种链式结构模型中，后继层的数据输入由其前一层的输出数据充当。按学习类型，该类算法又可分为自下而上的无监督学习过程（就是从底层开始，一层一层地往顶层训练），采用无标定数据（有标定数据也可）分层训练各层参数，这一步可以看作是一个无监督训练过程，是和传统神经网络区别最大的部分（这个过程可以看作特征学习过程）；自顶向下的监督学习过程（就是通过带标签的数据去训练，误差自顶向下传输，对网络进行微调。由于深度学习的无监督学习过程不是随机初始化，而是通过学习输入数据的结构得到的，因而这个初值更接近全局最优，从而能够取得更好的效果；所以深度学习效果好很大程度上归功于第一步的特征学习过程。

（2）以寻求更适合待解决问题的概念表示方法为目标。由于深度学习采用链式结构，高层特征值由底层特征值通过推演归纳得到，每一层的特征数据对应着相关问题的整体知识或概念在不同程度、层次上的抽象，例如，对于分类任务，高层次的表达能够强化输入数据的区分能力，同时削弱不相关因素。同时由于模型的层次深（通常有 5 层、6 层，甚至 10 多层的隐含层节点）、表达能力强，因此其有能力表示大规模数据。

（3）形成一类具有代表性的特征表示学习方法。特征表示学习方法是一套给机器灌入原始数据，然后能自动发现需要进行检测和分类的表达方法。深度学习就是一种特征表示学习方法，其把原始数据通过一些简单的、但是非线性的模型转变成更高层次的、更加抽象的表达。通过足够多的转换组合，非常复杂的函数也可以被学习。深度学习通过学习一种深层非线性网络结构，只需简单的网络结构即可实现复杂函数的逼近，并展现了强大的从大量无标注样本集中学习数据集本质特征的能力。深度学习能够更好地表示数据的特征。例如，对于图像、语音这种特征不明显（需要手工设计且很多没有直观的物理含义）的问题，深度模型能够在大规模训练数据上取得更好的效果。尤其是在语音识别方面，深度学习使得错误率下降了大约 30%，取得了显著的进步。相比于传统的神经网络，深度神经网络做出了重大的改进，在训练上的难度（如梯度弥散问题）可以通过"逐层预训练"来有效降低。深层前馈神经网络是指每层神经元与下一层神经元全互联，神经元之间不存在同层连接，也不存在跨层连接。

3．深度学习的优点

深度学习具有如下优点。

（1）概念提取可以由简单到复杂。深层是指神经网络包含很多隐含层。多层前馈神经网络有强大的表示能力，只需要一个包含足够多神经元的隐含层，多层前馈神经网络就能以任意精度逼近任意复杂度的连续函数。

（2）每一层中非线性处理单元的构成方式取决于要解决的问题。每一层中学习模式也可按需求灵活调整为监督学习或者无监督学习，有利于调整学习策略，从而提高效率。

（3）学习无标记数据优势明显。很多深度学习算法通常采用无监督学习形式来处理其他算法很难处理的无标记数据，更具实用价值。

4．深度学习的局限性

在深度学习刚开始流行，但是没有像如今这么成熟的时候（2011 年），Hinton 等人就已经开始思考一个问题：深度学习依赖的反向传播算法在生物学上是很难成立的，很难相信神经系统能够自动形成与正向传播对应的反向传播结构（这需要精准地求导数，对矩阵转置，利用链式法则，并且解剖学上也从来没有发现这样的系统存在的证据）。

另外，神经系统是分层的（比如视觉系统有 V1、V2 等分层），但是层数不可能像现在的大型神经网络一样有成百上千层（生物学上也不支持，神经传导速度很慢，不像用 GPU 计算一层神经网络可能在微秒量级，生物系统传导一次一般在毫秒量级，这么多层数不可能支持我们现在这样的反应速度，并且同步也存在问题）。

深度学习在自然图像理解和语音识别等多个领域产生了深远的影响，但深度学习也面临诸多的局限性。

第一，缺乏理论支持。对于深度学习架构，存在一系列的疑问：卷积神经网络为什么是一个好的架构（事实上其存在梯度散射等缺点）？深度学习的结构需要多少隐含层？在一个大的卷积神经网络中到底需要多少有效的参数（很多权重相互之间似乎都存在冗余）？虽然深度学习在很多实际的应用中取得了突出的效果，但这些问题一直困扰着深度学习的研究人员。深度学习方法常常被视为黑盒子，不知道为什么能取得好的效果，以及不知如何有针对性地去具体改进，而这有可能成为产品升级过程中的阻碍。由于可解释性不强，大多数的结论确认都由经验而非理论来确定。不管是为了构建更好的深度学习系统，还是为了提供更好的解释，深度学习都还需要更完善的理论支撑。

第二，缺乏推理能力。深度学习技术缺乏表达因果关系的手段，缺乏进行逻辑推理的方法。解决这个问题的一种典型方法是将深度学习与结构化预测相结合。尽管深度学习和简单推理已经应用于语音和手写字识别很长一段时间了，我们仍需要在大的向量上使用新的范式来代替基于规则的字符表达式操作。最终，那些结合了复杂推理和表示学习的系统将为人工智能带来巨大的进步。

第三，缺乏短时记忆能力。人类的大脑有着惊人的记忆功能，不仅能够识别个体案例，更能分析输入信息之间的整体逻辑序列。这些信息序列富含大量的内容，信息彼此间有着复杂的时间关联性。例如，在自然语言理解的许多任务（如问答系统）中，需要一种方法来临时存储分隔的片段，正确解释视频中的事件并能够回答有关它的问题需要记住视频中发生的事件的抽象表示。包括递归神经网络在内的深度学习系统，都不能很好地存储多个时间序列上的记忆。研究人员提出在神经网络中增加独立的记忆模块，如LSTM，记忆网络（Memory Networks）、神经图灵机（Neural Turing Machines）和 Stack增强 RNN（stack-Augmented RNN）。虽然这些方法很有意思，也取得了一定的成果，但在未来仍需要更多新的思路。

第四，多层前馈神经网络局限性表现在神经网络由于强大的表示能力，经常遭遇过拟合。表现为训练误差持续降低，但测试误差却可能上升。如何设置隐含层神经元的个数仍然是个未解问题。

最后，缺乏执行无监督学习的能力。无监督学习在人类和动物的学习中占据主导地位，我们通过观察能够发现世界的内在结构，而不是被告知每一个客观事物的名称。有趣的是，在机器学习领域，神经网络的复兴恰恰是在无监督学习取得不断进度的时期，虽然无监督学习可以帮助特定的深度网络进行"预训练"，但最终绝大部分能够应用于实践的深度学习方法都使用了纯粹的监督学习。这并不代表无监督学习在深度学习中没有作用，其反而具有非常大的潜力，因为我们拥有的非标记数据比标记数据多得多，只是我们还没有找到合适的无监督学习算法，无监督学习在未来存在巨大的研究空间。毫无疑问，今后计算机视觉的进步有赖于在无监督学习上得突破，尤其是对于视频的理解。

深度学习可以让那些拥有多个处理层的计算模型来学习具有多层次抽象的数据表示。这些方法在许多方面都带来了显著的改善，包括最先进的语音识别、视觉对象识别、对象检测等。

实际应用中通常使用"试错法"调整（整理参考自文献[12]）。

缓解过拟合的策略为①早停：在训练过程中，若训练误差降低，但验证误差升高，则停止训练；②正则化：在误差目标函数中增加一项描述网络复杂程度的部分，如连接权值与阈值的平方和。

值得指出的是，神经网络（如采用误差反向传播算法）在层次深的情况下性能变得很不理想（传播时容易出现所谓的梯度弥散（Gradient Diffusion），根源在于非凸目标代价函数导致求解陷入局部最优，且这种情况随着网络层数的增加而更加严重），所以只能转而处理浅层结构（小于等于 3），从而限制了性能。于是，20 世纪 90 年代，有更多各式各样的浅层模型相继被提出，比如只有一层隐含层节点的支撑向量机（Support Vector Machine，SVM）和 Boosting，以及没有隐含层节点的最大熵方法（如 Logistic Regression，LR）等，在很多应用领域取代了传统的神经网络。

那么"跳出"局部最小可采取哪些策略？

基于梯度的搜索是使用最为广泛的参数寻优方法。如果误差函数仅有一个局部极小，那么此时找到的局部极小就是全局最小；然而，如果误差函数具有多个局部极小，则不能保证找到的解是全局最小。在现实任务中，通常采用以下策略"跳出"局部极小，从而进一步达到全局最小。

- 多组不同的初始参数优化神经网络，选取误差最小的解作为最终参数。

- 模拟退火技术。每一步都以一定的概率接收比当前解更差的结果，从而有助于跳出局部极小。
- 随机梯度下降法。与标准梯度下降法精确计算梯度不同，随机梯度下降法在计算梯度时加入了随机因素。
- 遗传算法。遗传算法也常用来训练神经网络，以更好地逼近全局极小。

值得注意的是，像很多其他方法一样，深度学习需要结合特定领域的先验知识，需要和其他模型结合才能得到最好的结果。当然，还少不了需要针对自己的项目去仔细地调参数，这也往往令人诟病。此外，类似于神经网络，深度学习的另一局限性是可解释性不强，像个"黑箱子"一样不知为什么能取得好的效果，以及不知如何有针对性地去具体改进，而这有可能成为产品升级过程中的阻碍。

深度学习通过很多数学和工程技巧增加隐含层的层数，如果隐含层足够多（也就是深），选择适当的连接函数和架构，就能获得很强的表达能力。但是，常用的模型训练算法反向传播（Back Propagation）仍然对计算量有很高的要求。而近年来，得益于大数据、计算机速度的提升、基于 MapReduce 的大规模集群技术的兴起、GPU 的应用及众多优化算法的出现，耗时数月的训练过程可缩短为数天甚至数小时，深度学习才在实践中有了用武之地。

值得一提的是，深度学习的诞生并非一帆风顺。虽然 Yann LeCun 在 1998 年提出的卷积神经网络（Convolutional Neural Network，CNN）是第一个真正成功训练多层网络结构的学习算法，但应用效果一直欠佳。直到 2006 年，Geoffrey Hinton 基于深度置信网（Deep Belief Net，DBN）——其由一系列受限玻尔兹曼机（Restricted Boltzmann Machine，RBM）组成，提出非监督贪心逐层训练（Layerwise Pre-Training）算法，应用效果才取得突破性进展，在其之后 Ruslan Salakhutdinov 提出的深度玻尔兹曼机（Deep Boltzmann Machine，DBM）重新点燃了人工智能领域对于神经网络（Neural Network）和玻尔兹曼机（Boltzmann Machine）的热情，由此掀起了深度学习的浪潮。区别于传统的浅层学习，深度学习的不同在于：强调了模型结构的深度，通常有 5 层、6 层，甚至更多层的隐含层节点；明确突出了特征学习的重要性，也就是说通过逐层特征变换，将样本在原空间的特征表示变换到一个新特征空间，从而使分类或预测更加容易；与人工规则构造特征的方法相比，利用大数据来学习特征，更能够刻画数据的丰富内在信息。常见的深度学习模型包含自动编码器（Auto Encoder，AE）、受限玻尔兹曼机、深度置信网、卷积神经网络、循环神经网络（Recurrent Neural Networks，RNNs）、胶囊网络（Capsules Net；CapsNet）——胶囊间的动态路由（Dynamic Routing Between Capsules，BRBC）等。接下来将讨论深度学习的几个具体的模型，如 CNN、DenseNet 等。

3.8.2　卷积神经网络

卷积网络，也叫作卷积神经网络（CNN），是一种专门用来处理具有类似网格结构数据的神经网络，如时间序列数据（可以认为是在时间轴上有规律地采样形成的一维网格）和图像数据（可以看作是二维的像素网格）。卷积网络在诸多应用领域都表现优异，如行人检测、人脸识别、信号处理等。"卷积神经网络"一词表明该网络使用了卷积

（convolution）这种数学运算。卷积是一种特殊的线性运算。卷积网络是指那些至少在网络的一层中使用卷积运算来代替一般的矩阵乘法运算的神经网络。本小节中，首先说明什么是卷积运算；接着，解释在神经网络中使用卷积运算的原因；然后介绍池化（pooling），这是一种几乎所有的卷积网络都会用到的操作。通常来说，卷积神经网络中用到的卷积运算和其他领域（如工程领域及纯数学领域）中的定义并不完全一致。后面会对神经网络实践中广泛应用的几种卷积函数的变体进行说明。卷积网络是神经科学原理影响深度学习的典型代表。我们前面讨论了这些神经科学的原理。本章没有涉及如何为卷积网络选择合适的结构，以及针对具体场景的具体算法，因为本章的目标是说明卷积网络提供的各种工具。后面章节将会对如何在具体环境中选择使用相应的工具给出通用的准则。在机器学习领域，卷积神经网络（Convolutional Neural Network，CNN）属于前馈神经网络的一种，网络结构与普通的多层感知机相似，但是受到动物视觉皮层组织方式的启发，神经元间不再是全连接的模式，而是应用了被称为局部感受区域的策略。此外，卷积神经网络引入了权值共享及降采样的概念，大幅减少了训练参数的数量，在提高训练速度的同时有效防止过拟合。下面对卷积神经网络的三个主要特点进行介绍。

1. 卷积运算

卷积的定义：设有两个函数 $x(t)$ 和 $w(t)$，积分

$$s(t) = \int_{-\infty}^{+\infty} x(a)w(t-a)\mathrm{d}a \tag{3-26}$$

这种运算称为两个函数 $x(t)$ 和 $w(t)$ 的卷积积分，简称卷积（convolution），记为

$$s(t) = x(t) * w(t) \tag{3-27}$$

在卷积网络的术语中，卷积的第一个参数（函数 x）通常叫作输入（input），第二个参数（函数 ww）叫作核函数（kernel function）（简称核）。输出有时被称作特征映射（feature map）。

上述是连续卷积的定义，工程上应用离散形式的卷积更为普遍和切合实际。假设上述两个函数都定义在整数时刻，就可以定义离散形式的卷积：

$$s(t) = x(t) * w(t) = \sum_{a=-\infty}^{\infty} x(a)w(t-a) \tag{3-28}$$

在机器学习的应用中，输入通常是多维数组的数据，而核函数通常是由学习算法优化得到的多维数组的参数。这些多维数组叫作张量。因为在输入与核函数中的每一个元素都必须明确地分开存储，通常假设在存储了数值的有限点集以外，这些函数的值都为零。这意味着在实际操作中，可以通过对有限个数组元素的求和来实现无限求和。

另外，经常一次在多个维度上进行卷积运算。例如，如果把一张二维的图像 I 作为输入，可以使用一个二维的核函数 K：

$$S(i,j) = (I*K)(i,j) = \sum_m \sum_n I(m,n)K(i-m,j-n) \tag{3-29}$$

根据卷积的交换律，在机器学习中，经常等价地写作：

$$S(i,j) = (I*K)(i,j) = \sum_m \sum_n I(i-m,j-n)K(m,n) \tag{3-30}$$

卷积运算的可交换性可以理解为将核函数相对输入进行了翻转（flip），从 m 增大的角度来看，输入的索引在增大，但是核函数的索引在减小。将核函数翻转的唯一目的是实现可交换性。尽管可交换性在证明时很有用，但在神经网络的应用中却不是一个重要的性质。与之不同的是，许多神经网络库会实现一个相关的函数，称为互相关函数（cross-correlation），它和卷积运算几乎一样，但是并没有对核函数进行翻转，根据互相关函数的定义，上述两个函数的互相关

$$R(i,j) = \sum_m \sum_n I(i+m, j+n) K(m,n) \tag{3-31}$$

许多机器学习库实现的是互相关函数，但是称之为卷积。在本书中，我们遵循把两种运算都叫作卷积这个传统，在与核翻转有关的上下文中，我们会特别指明是否对核进行了翻转。在机器学习中，学习算法会在核合适的位置学得恰当的值，所以一个基于核翻转的卷积运算的学习算法所学得的核，是对未进行翻转的算法学得的核的翻转。单独使用卷积运算在机器学习中是很少见的，卷积经常与其他的函数一起使用，无论卷积运算是否对它的核进行了翻转，这些函数的组合通常是不可交换的。

2. 卷积为何能够改善机器学习

卷积运算通过三个重要的思想来帮助改进机器学习系统：稀疏交互（Sparse Interactions）、参数共享（Parameter Sharing）、等变表示（Equivariant Representations）。另外，卷积提供了一种处理大小可变的输入的方法。下面依次介绍这些思想。

稀疏交互（Sparse Interactions）：传统的神经网络使用矩阵乘法来建立输入与输出的连接关系。其中，参数矩阵中每一个单独的参数都描述了一个输入单元与一个输出单元间的交互。这意味着每一个输出单元与每一个输入单元都产生交互。然而，卷积网络具有稀疏交互（也叫作稀疏连接（Sparse Connectivity）或者稀疏权重（Sparse Weights））的特征。这是通过使核的大小远小于输入的大小来达到的。举个例子，当处理一张图像时，输入的图像可能包含成千上万个像素点，但是可以通过只占用几十到上百个像素点的核来检测一些小的有意义的特征，如图像的边缘。这意味着需要存储的参数更少，不仅减少了模型的存储需求，而且提高了它的统计效率。这也意味着为了得到输出只需要更少的计算量。这些效率上的提高往往是很显著的。如果有 m 个输入和 n 个输出，那么矩阵乘法需要 $m \times n$ 个参数，并且相应算法的时间复杂度为 $O(m \times n)$（对于每一个例子）。如果限制每一个输出拥有的连接数为 k，那么稀疏的连接方法只需要 $k \times n$ 个参数及 $O(k \times n)$ 的运行时间。在很多实际应用中，只需保持 k 比 m 小几个数量级，就能在机器学习的任务中取得好的表现。这一思想充分利用了卷积运算的抽取特性，切合了 3.1.4 节人脑的视觉分层特性。

参数共享（Parameter Sharing）：卷积运算的参数共享，在卷积网络中也称为权值共享，是指在一个模型的多个函数中使用相同的参数。在传统的神经网络中，当计算一层的输出时，权重矩阵的每一个元素只使用一次，当它乘以输入的一个元素后就再也不会被用到了。作为参数共享的同义词，可以说一个网络含有绑定的权重（tied weights），因为用于一个输入的权重也会被绑定在其他的权重上。在卷积神经网络中，核的每一个元素都作用在输入的每一个位置上（是否考虑边界像素取决于对边界决策的设计）。卷

积运算中的参数共享保证了只需要学习一个参数集合，而不是对于每一个位置都需要学习一个单独的参数集合。这虽然没有改变前向传播的运行时间（仍然是 $O(k \times n)$），但它显著地把模型的存储需求降低至 k 个参数，并且 k 通常要比 m 小很多个数量级。因为 m 和 n 通常有着大致相同的大小，k 在实际中相对于 $m \times n$ 是很小的。因此，卷积在存储需求和统计效率方面极大地优于稠密矩阵的乘法运算。局部连接的卷积核会对全部图像数据进行滑动扫描，权值共享的思想就是一个卷积层中的所有神经元均是由同一个卷积核对不同区域数据响应而得到的，即共享同一个卷积核（权值向量及偏置），使得卷积层训练参数的数量急剧减少，提高了网络的泛化能力。

等变表示（Equivariant Representations）：对于卷积，参数共享的特殊形式使得神经网络层具有对平移等变（equivariance）的性质。也就意味着一个卷积层中的神经元均在检测同一种特征，与所处位置无关，所以，具有平移不变性。

定义 3.4

如果一个函数满足输入改变，输出也以同样的方式改变这一性质，就说它是等变（equivariant）的。特别地，如果函数 $f(x)$ 与 $g(x)$ 满足 $f(g(x))=g(f(x))$，就说 $f(x)$ 对于变换 g 具有等变性。对于卷积来说，如果令 g 是输入的任意平移函数，那么卷积函数对于 g 具有等变性。

举个例子，令 B 表示图像在整数坐标上的亮度函数，g 表示图像函数的变换函数（把一个图像函数映射到另一个图像函数的函数），使得 $B'=g(B)$，其中图像函数 B' 满足 $B'(x, y) = B(x-1, y)$。这个函数把 B 中的每个像素向右移动一个单位。如果先对 B 进行这种变换然后进行卷积操作所得到的结果，与先对 B 进行卷积然后再对输出使用平移函数 g 得到的结果是一样的，当处理时间序列数据时，这意味着通过卷积可以得到一个由输入中出现不同特征的时刻所组成的时间轴。如果把输入中的一个事件向后延时，在输出中仍然会有完全相同的表示，只是时间延后了。图像与之类似，卷积产生了一个二维映射来表明某些特征在输入中出现的位置。如果移动输入中的对象，它的表示也会在输出中移动同样的量。当处理多个输入位置时，一些作用在邻居像素的函数是很有用的。例如，在处理图像时，在卷积网络的第一层进行图像的边缘检测是很有用的。相同的边缘或多或少地散落在图像的各处，所以应当对整个图像进行参数共享。但在某些情况下，并不希望对整幅图进行参数共享。例如，在处理已经通过剪裁而使其居中的人脸图像时，我们可能想要提取不同位置上的不同特征（处理人脸上部的部分网络需要去搜寻眉毛，处理人脸下部的部分网络就需要去搜寻下巴了）。

卷积对其他的一些变换并不是天然等变的，例如，对于图像的放缩或者旋转变换，需要其他的一些机制来处理这些变换。

3. 池化技术

卷积网络中一个典型层包含三级（见图 3-24）。在第一级中，这一层并行地计算多个卷积产生一组线性激活响应。在第二级中，每一个线性激活响应将会通过一个非线性的激活函数，如整流线性激活函数。这一级有时也被称为探测级（Detectorstage）。在第三级中，使用池化函数来进一步调整这一层的输出。

一个典型卷积神经网络层的组件，有两组常用的术语用于描述这些层。图 3-24（左）在这组术语中，卷积网络被视为少量相对复杂的层，每层具有许多"级"。在这组术语中，核张量与网络层之间存在一一对应关系。本书中，我们通常使用这组术语。

图 3-24（右）在这组术语中，卷积网络被视为更多数量的简单层；每一个处理步骤都被认为是一个独立的层。这意味着不是每一"层"都有参数。

池化函数使用某一位置的相邻输出的总体统计特征来代替网络在该位置的输出。例如，最大池化（Max Pooling）函数（Zhou and Chellappa，1988）给出相邻矩形区域内的最大值。其他常用的池化函数包括相邻矩形区域内的平均值、L^2 范数等。

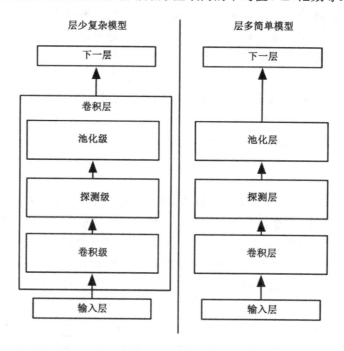

图 3-24　一个典型卷积神经网络层的组件示意图

池化层亦称"汇合层"，其作用是基于局部相关性原理进行降采样，从而在减少数据量的同时保留有用信息。池化技术是仿照人的视觉系统进行降维（降采样），用更高层的抽象表示图像特征，这一部分内容从 Hubel 和 Wiesel 视觉神经研究到 Fukushima 提出，再到的 LeNet 首次采用并使用 BP 进行求解，是一条线上的内容，原始推动力其实就是仿生，仿照真正的神经网络构建人工网络。

例如，做窗口滑动卷积时，卷积值就代表了整个窗口的特征。因为滑动的窗口间有大量重叠区域，出来的卷积值有冗余，进行最大池化或者平均池化就是减少冗余。减少冗余的同时，池化也丢掉了局部位置信息，是一种有损压缩，所以局部有微小形变，结果也是一样的。就像图片上的字母 A，局部出现微小变化，也能够被识别成 A。加上椒盐噪声，就是字母 A 上有很多小洞，同样能够被识别出来。而平移不变性，就是一个特征，无论出现在图片的哪个位置，都会识别出来。所以平移不变性不是池化带来的，而是层层的权重共享带来的。

一般在卷积层后面会进行降采样操作（也叫池化操作），对卷积层提取的特征进行聚合统计。一般的做法是将前一层的局部区域值映射为单个数值，与卷积层不同的是，降采样区域一般不存在重叠现象。降采样简化了卷积层的输出信息，进一步减少了训练参数的数量，增强了网络的泛化能力。

以最大池化为例，最大池化的滤波器大小为 2×2，步长为 2。整个过程可以看作一个 2×2 窗口（滤波器），以大小为 2 的步长从 4×4 的图像中扫过，每扫过一个区域，取区域最大像素值，最后得到一个 2×2 的结果图。最大池化示意如图 3-25 所示。

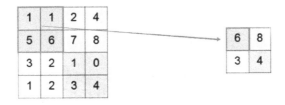

图 3-25　最大池化示意

不管采用什么样的池化函数，当输入作出少量平移时，池化能够帮助输入的表示近似不变（Invariant）。对于平移的不变性是指当对输入进行少量平移时，经过池化函数后的大多数输出并不会发生改变。局部平移不变性是一个很有用的性质，尤其是当关心某个特征是否出现而不关心它出现的具体位置时。例如，当判定一张图像中是否包含人脸时，并不需要知道眼睛的精确像素位置，只需要知道有一只眼睛在脸的左边，有一只在右边就行了。

比较典型的卷积神经网络架构有 LeNet、AlexNet、GoogLeNet、VGGNet、ResNet、DenseNet 等，其中由康奈尔大学博士后黄高博士（Gao Huang）、清华大学刘壮（Zhuang Liu）等人在 CVPR 2017 上提出的密集连接的卷积网（DenseNet）具有开创性意义，下面结合该网络架构介绍卷积神经网络中的主要构件。

图 3-26 所示为 DenseNet 的基本结构示意图。

DenseNet 是一种具有密集连接的卷积神经网络。在该网络中，任何两层之间都有直接的连接，也就是说，网络每一层的输入都是前面所有层输出的并集，而该层所学习的特征图也会被直接传给其后面所有层作为输入。

如果记第 L 层的变换函数为 H_l（通常对应于一组或两组 Batch-Normalization，ReLU 和 Convolution 的操作），输出为 X_l，那么可以用一个非常简单的式子描述 DenseNet 每一层的变换：

$$X_l=H_l([X_0, X,\cdots, X_{l-1}]) \tag{3-32}$$

可以看到，DenseNet 的思想非常简单，从理解到实现都不难（代码已经开源，并且 GitHub 上有用各种框架写的第三方实现）。

DenseNet 是受什么启发提出来的？

DenseNet 的想法很大程度上源于随机深度网络（Deep networks with stochastic depth）工作。随机深度网络采用了一种类似于 Dropout 的方法来改进 ResNet。在训练过程中的每一步都随机地"扔掉"（drop）一些层，可以显著地提高 ResNet 的泛化性能。这个方法的成功至少带来两点启发。

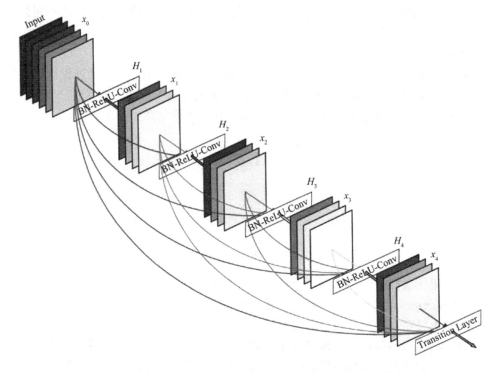

图 3-26　DenseNet 的基本结构

首先，它说明了神经网络其实并不一定要是一个递进层级结构，也就是说网络中的某一层可以不仅仅依赖于紧邻的上一层的特征，而可以依赖于更前面层学习的特征。想象一下在随机深度网络中，当第 L 层被扔掉之后，第 $L+1$ 层就被直接连到了第 $L-1$ 层；当第 2 到第 L 层都被扔掉之后，第 $L+1$ 层就直接用到了第 1 层的特征。因此，随机深度网络其实可以看成一个具有随机密集连接的 DenseNet。

其次，训练的过程中随机扔掉很多层也不会破坏算法的收敛，说明了 ResNet 具有比较明显的冗余性，网络中的每一层都只提取了很少的特征（所谓的残差）。实际上，将训练好的 ResNet 随机地去掉几层，对网络的预测结果也不会产生太大的影响。既然每一层学习的特征这么少，能不能降低它的计算量来减小冗余呢？

DenseNet 的设计正是基于以上两点观察。让网络中的每一层都直接与其前面层相连，实现特征的重复利用；同时把网络的每一层设计得特别窄，即只学习非常少的特征图（最极端情况就是每一层只学习一个特征图），达到降低冗余性的目的。这两点也是 DenseNet 与其他网络最主要的不同。需要强调的是，第一点是第二点的前提，没有密集连接，是不可能把网络设计得太窄的，否则训练会出现欠拟合（under-fitting）现象，即使 ResNet 也是如此。

DenseNet 主要的贡献是提出了一种全新的卷积神经网络架构 DenseNet，显著地提升了模型在图片识别任务上的准确率。卷积神经网络（Convolutional Neural Networks，CNN）是深度学习与计算机视觉研究中最重要的模型之一。先前的研究中，在 CNN 中加入短路连接被证实为提升模型准确度最有效的方法之一，但是传统网络中每层网络仅与其前后相邻两层相连。在刘壮与合作者的研究中，CNN 中的短路连接被发挥到极致，使得网络中每两层都相连，这样得到的网络模型称为密集连接的卷积网络（Densely Connected Convolutional Networks，DenseNets）。DenseNet 的优点包括缓解了训练神经网络中著名的梯度消失现象，加强了特征的前向传播和重利用，以及大大提高了参数利用效率。在一系列图片分类数据集上，DenseNet 在参数使用较少的情况下，均取得了显著的效果提升。

卷积神经网络一般结构是由卷基层、采样层和连接层构成。

卷基层：每个卷基层包含多个特征映射，每个特征映射是一个由多个神经元构成的"平面"，通过一种卷积滤波器提取一种特征。

采样层：亦称"汇合层"，其作用是基于局部相关性原理进行亚采样，从而在减少数据量的同时保留有用信息。

连接层：每个神经元被全连接到上一层每个神经元，本质就是传统的神经网络，其目的是通过连接层和输出层的连接完成识别任务。

卷积神经网络训练。CNN 可以用 BP 进行训练，但在训练中，无论是卷积层还是采样层，每一组神经元都用相同的连接权，从而大幅减少了需要训练的参数数目。

3.8.3　循环（递归）神经网络

传统神经网络及之前介绍的深度神经网络都是"静态的"，本质上是从输入到输出的静态映射，即输出仅与当前输入有关，没有考虑先前的输入和网络状态对当前输出的影响，可以视作对静态系统的模拟。这些典型的前馈神经网络不会对内部状态进行存储，所以，无法对动态系统进行描述。

循环神经网络（Recurrent Neural Networks，RNNs）与典型前馈神经网络的最大区别在于网络中存在环形结构，隐含层内部的神经元是互相连接的，可以存储网络的内部状态，其中包含序列输入的历史信息，实现了对时序动态行为的描述。图 3-27 所示为 RNN 示意图。

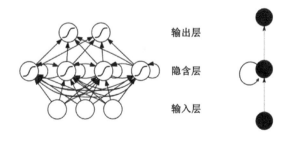

输出层

隐含层

输入层

图 3-27　RNN 示意图

循环神经网络是一种专门用于处理时序数据的神经网络，这里的时序并非仅仅指代时间概念上的顺序，也可以理解为序列化数据间的相对位置，如语音中的发音顺序、某个英语单词的拼写顺序，等等，序列化输入的任务都可以应用循环神经网络来处理，如语音、文本、视频等。对于序列化数据，每次处理时输入为序列中的一个元素，比如单个字符、单词、音节，期望输出为该输入在序列数据中的后续元素。循环神经网络可以处理任意长度的序列化数据。图 3-28 所示为 RNN 网络架构展开示意图。

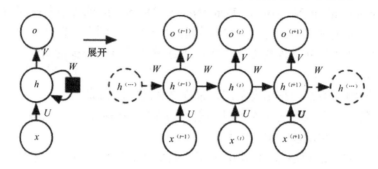

图 3-28　RNN 网络架构展开示意图

如果将循环神经网络按时序状态展开，可以更好地理解它的实现机制。如图 3-29 所示，可以将循环神经网络视作深层前馈神经网络，但是前后状态的隐含层之间存在连接，隐含层的输出循环反馈作为后续状态的输入，将先前状态信息进行传递。所以，在循环神经网络中，t 时刻的输出不仅与该时刻的输入有关，还与 $t-1$ 时刻的网络内部状态有关，而内部状态存储了所有先前输入的信息，所以，t 时刻的输出受到所有先前输入的影响。网络结构的数学表达为

$$a^{(t)} = b + Wh^{(t-1)} + Ux^{(t)} \tag{3-33}$$

$$h^{(t)} = \tanh\left(a^{(t)}\right) \tag{3-34}$$

$$o^{(t)} = c + Vh^{(t)} \tag{3-35}$$

其中，x 表示输出神经元数值，h 表示隐含层神经元激活值，o 表示输出层神经元数值，W 为 $t-1$ 时刻隐含层到 t 时刻隐含层参数，U 为同一时刻输入层到隐含层参数，V 为同一时刻隐含层到输出层参数，b 和 c 表示偏置。上述式子表明，t 时刻隐含层由 t 时刻输入和 $t-1$ 时刻隐含层输出计算得出，实现动态系统描述。

由图示及数学表达式可以看出，各时间状态共用相同的参数（U、V、W），即参数共享。与卷积神经网络在空间域共享参数不同，循环神经网络在时间域共享参数，输出由先前输入通过相同的更新规则产生，这种参数共享策略使得循环神经网络可以处理任意长度的序列化数据。

循环神经网络中，输入序列数据中某一元素的输出误差是其先前序列元素所有输出误差的总和，网络的总体误差就是整个输入序列数据的误差总和，训练的任务就是使网络总体误差最小化。用于训练前馈神经网络的 BP 算法也可以用来训练循环神经网络，由于误差在时间域的累积，BP 算法需要在时间域进行误差反馈，称为时间域反向传播算法（Back Propagation Through Time，BPTT）。

循环神经网络可以用于语音识别、机器翻译、连写手写字识别等。另外，循环神经网络和卷积神经网络结合可用于图像描述，将卷积神经网络用作"解码器"，检测并识

别图像中的物体，将循环神经网络用作"编码器"，以识别出的物体名称为输入，生成合理的语句，从而实现对图像内容的描述。

最后再回到大数据这个时代背景上来。2012 年 6 月，《纽约时报》披露了 Google Brain 项目，吸引了公众的广泛关注。这个项目是由著名的斯坦福大学的机器学习教授 Andrew Ng 和在大规模计算机系统方面的世界顶尖专家 Jeff Dean 共同主导的，用 16000 个 CPU Core 的并行计算平台去训练含有 10 亿个节点的深度神经网络（Deep Neural Networks，DNN），使其能够自我训练，对 2 万个不同物体的 1400 万张图片进行辨识。在开始分析数据前，并不需要向系统手工输入任何诸如"脸、肢体、猫的长相是什么样子"这类特征。Jeff Dean 说："我们在训练的时候从来不会告诉机器：'这是一只猫'，即无标注样本。系统其实是自己发明或领悟了'猫'的概念。"

2017 年 7 月 5 日，Baidu Create 2017 百度 AI 开发者大会在中国北京国家会议中心举办，DuerOS 开放平台、Apollo 开放平台等百度 AI 生态重要战略、技术、业务进展、解决方案，首次面向开发者及各行业合作伙伴集中展现。这次大会亮点之一就是，Apollo 计划开启"智能驾驶"盛宴，百度 Apollo 生态已经囊括了超过 50 个初始合作伙伴，包括 13 家中国汽车制造商和两家世界汽车制造商（福特和戴姆勒）；世界一流的供应商和晶片公司、传感器公司、地图公司、云服务公司、创业公司、研究机构；中国众多的城市合作伙伴；中兴通讯、长安汽车、长城汽车、福田汽车、东风汽车、路畅科技、金龙汽车等 A 股上市公司，新三板挂牌企业神州优车。百度董事会副主席、集团总裁兼首席运营官陆奇指出，AI 是新一代的计算平台，是中国的历史性机遇，也是百度的机会，"百度将 All-In AI"。百度 AI 生态战略的方向是，建立和引领新一代的 AI 计算平台。在前端，百度将提供 DuerOS，它是中国领先的基于自然语言的新一代交互平台，能让每一个设备、器件都能听得懂、交互、提供有效的服务。在百度战略上还有一个特殊的端是汽车，百度将提供 Apollo——全球第一个自动驾驶开放平台；在后端，百度将提供百度大脑和百度智能云，为开发者提供一流的 AI 开发工具和有效的 AI 行业解决方案。

虽然 AI（特别是以深度学习为代表）取得了非常大的成功，但它也面临着很多挑战。对于初学者、研究者而言，不仅要看它取得了哪些成绩，还要看它存在哪些问题，有哪些方向需要进行研究和推进。在大数据情况下，也许只有比较复杂的模型，或者说表达能力强的模型，才能充分发掘海量数据中蕴藏的有价值信息。更重要的是，深度学习可以自动学习特征，而不必像以前那样还要请专家手工构造特征，极大地推进了智能自动化。新一代 AI 就是大数据加上深度学习。当前人工智能的发展异常火爆，但主要是体现在感知功能上的弱人工智能（深度学习方法），离具有理解和思考能力的强人工智能还相差甚远。通向强人工智能有两条可能的路径，其一是由现有的弱人工智能技术出发，向强人工智能过渡。其二是参考弱人工智能技术，但从脑科学入手，研究大脑模型和类脑计算方法，从而实现强人工智能。两者相比较，前者的在当下的应用性较好，但其缺乏有效的理论和模仿的对象，发展前景具有较大的不确定性。后者虽然看起来要求更高、难度也更大些，但事实上，伴随着高性能计算机及脑科学相关领域近年来在国际上的飞速发展，它也有可能是通向强人工智能的捷径。

习题

1. 目前类脑智能的发展面临哪三大瓶颈？何谓人工智能研究的两个方向？试述生物神经元的结构特征和功能特性。

2. 在人工神经元的形式化描述中，是如何体现生物神经元的信息处理特性的？

3. 试述常见的人工神经元模型采用的转移函数的区别。

4. 如图 3-5 所示，假设神经元 k 的四个输入分别为-1，-6，4，5，对应的权值分别为 1.4，-0.4，-0.8，0.2。如果采用非线性分段函数、阶跃函数、符号函数和 sigmoid 函数作为转移函数，试求神经元 k 的输出（函数参数可自行确定）。

5. 假设一个人工神经网络采用无反馈的层内无互连层次结构，其中：输入层包含 8 个节点，输出层包含 2 个节点，2 个隐含层分别包含 3 个和 2 个节点，各层节点之间采用全连接方式。请给出该神经网络的拓扑结构图。

6. 假设一个人工神经网络采用有反馈的互连非层次结构，其中包含 6 个节点，节点之间采用全连接方式。请给出该神经网络的拓扑结构图。

7. 人工神经网络的学习方式中，无监督的学习方式和有监督的学习方式的区别是什么？试举例说明。

8. 试举例说明人工神经网络的学习过程。常用的人工神经网络学习规则有哪些？

9. 设有一个 4 输入单输出的人工神经网络，从输入层到输出层的初始连接权向量为 $w(0) = (1, -1, 0, 1)^T$，输出层神经元的阈值为 $\theta=0$，假设学习率 $\eta=1,3$ 个输入样本模式分别为 $X^1 = (1, -1, 1, -1)^T$，$X^2 = (1, -1, -1, -1)^T$，$X^3 = (-1, 1, -1, 1)^T$。若采用符号函数作为神经元的转移函数，请使用 Hebb 学习规则调整各个样本输入后的连接权向量。

10. 若采用双极连续变换函数 $f(x) = \dfrac{1 - e^{-x}}{1 + e^{-x}}$ 作为神经元的转移函数，请重新完成第 9 题，并比较二者的连接权调整过程。

11. 请设计一个神经网络来实现异或逻辑，并用邻接矩阵表示。

12. 何谓线性可分？简述感知机的局限性。

13. 简述神经网络的发展趋势及复杂神经网络的训练过程。

14. 你是如何理解深度学习的？

15. 何谓卷积神经网络？请简述你对池化技术的理解。

16. 何谓循环神经网络？

17. 深度学习的典型网络各自适合哪些场景的应用？

18. 请简述神经网络、深度学习、机器学习和人工智能之间的关系。

19. 简述卷积助力机器学习的思想。

参考文献

[1] 马锐. 人工神经网络[M]. 北京：机械工业出版社，2010.

[2] 熊和金，等. 智能信息处理[M]. 北京：国防工业出版社，2012.

[3] 秦涛. 对偶学习的对称之美[EB/OL]. 硬创公开课总结.

[4]　蔡自兴，等. 人工智能及其应用（第五版）[M]. 北京：清华大学出版社，2016.

[5]　Srivastava N, Hinton G, Krizhevsky A, et al. Dropout: a simple way to prevent neural networks from overfitting[J]. Journal of Machine Learning Research, 2014, 15(1):1929-1958.

[6]　He K, Zhang X, Ren S, et al. Deep Residual Learning for Image Recognition[J]. 2015:770-778.

[7]　Goodfellow I J, Pouget-Abadie J, Mirza M, et al. Generative adversarial nets[C]// International Conference on Neural Information Processing Systems. MIT Press, 2014:2672-2680.

[8]　Yoshua Bengio. Deep Learning. https://github.com/exacity/deeplearningbook-chinese, 2017.

[9]　Pitts W. A logical calculus of the ideas immanent in nervous activity[M]// Neurocomputing: foundations of research. MIT Press, 1988:115-133.

[10]　Rumelhart D, McClelland J. Parallel Distributed Processing[M]. MIT Press, Cambridge, 1986.

[11]　刘鹏. 大数据[M]. 北京：电子工业出版社出版，2017.

[12]　周志华. 机器学习[M]. 北京: 清华大学出版社，2016.

[13]　Lecun Y, Bottou L, Bengio Y, et al. Gradient-based learning applied to document recognition[J]. Proceedings of the IEEE, 1998, 86(11):2278-2324.

[14]　Krizhevsky A, Sutskever I, Hinton G E. ImageNet classification with deep convolutional neural networks[C]// International Conference on Neural Information Processing Systems. Curran Associates Inc. 2012:1097-1105.

[15]　Szegedy C, Liu W, Jia Y, et al. Going deeper with convolutions[C]// IEEE Conference on Computer Vision and Pattern Recognition. IEEE Computer Society, 2015:1-9.

[16]　Simonyan K, Zisserman A. Very Deep Convolutional Networks for Large-Scale Image Recognition[J]. Computer Science, 2014.

[17]　He K, Zhang X, Ren S, et al. Deep Residual Learning for Image Recognition[J]. 2015:770-778.

[18]　Huang G, Liu Z, Maaten L V D, et al. Densely Connected Convolutional Networks[J]. 2016.

[19]　Rumelhart D E, Hinton G E, Williams R J. Learning representations by back-propagating errors[M]// Neurocomputing: foundations of research. MIT Press, 1988:533-536.

[20]　Lecun Y. Generalization and Network Design Strategies[C]// Connectionism in Perspective. 1989.

[21]　Sabour S, Frosst N, Hinton G E. Dynamic Routing Between Capsules[J]. arXiv:1710.09829v2, 2017.

第4章 深度学习基本过程

深度学习的基本过程就是用神经网络的结构模型去训练数据并得到所需模型，它主要包括，正向学习和反向调整两个过程。正向学习的过程就是从输入层开始，自底向上进行特征学习，最后在输出层输出预测结果，主要是特征的学习过程。反向调整的过程是通过将带标签的数据和正向学习的结果做对比，将两者的误差自顶向下传输，对网络进行微调，主要是参数调整的过程。本章前两节讲述深度学习的正向学习过程和反向调整过程，最后一节详解 MNIST 手写体数字识别的例子，这个例子是 Caffe 自带的一个 0～9 阿拉伯数字手写体识别的例子，通过这个例子能完整并形象地介绍深度学习的基本过程，加深对深度学习基本过程的理解和对深度学习的认识。

4.1 正向学习过程

4.1.1 正向学习概述

在了解正向学习之前，先明确两点。

第一，深度学习的学习结构就是一个网络。网络有输入层、隐含层、输出层。中间的隐含层由多层网络组成，具体层数可视情况而定。每层节点之间没有连接，相邻层之间的节点相互连接。

第二，深度学习的模型训练分为两个过程，正向学习和反向调整。

正向学习，通常也叫作正向传播，过程如下：

样本数据经输入层传入第一层网络，网络学习到输入数据的自身结构，提取出更有表达力的特征，作为下一层网络的输入。以此类推，逐层向前提取特征，最后得到各层的参数，在输出层输出预测的结果。

正向学习的过程如图 4-1 所示。

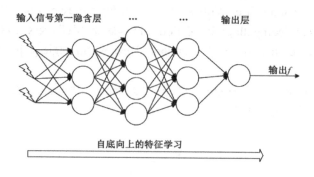

图 4-1 正向学习过程

4.1.2　正向传播的流程

首先，先对正向传播有一个整体的感知，正向传播是数据从输入层到输出层的一个处理过程。可以将其看作一个无监督训练的过程，也是"机器大脑"自我认知的过程，也就是我们常说的特征学习的过程。

可以把深度学习网络看作一个系统，系统由很多层组成，每层的功能固定，但是用参数可以调整功能的效果。这与深度学习网络中每层网络都由神经元构成，神经元的权值参数可调整相对应。系统最开始是输入层，结束是输出层，中间的各个层可以忽略其中的细节，暂且将其看作一个整体。正向传播的过程就相当于系统从输入到输出的过程。

假设系统为 S，如图 4-2 所示，它有 n 层（$S_1, \cdots, S_n$），它的输入是 I（input），输出是 O（output），形象地表示为：$I \Rightarrow S_1 \Rightarrow S_2 \Rightarrow \dots \Rightarrow S_n \Rightarrow O$，如果输出 O 等于输入 I，即输入 I 经过这个系统变化之后没有任何的信息损失，保持不变，那么可以认为系统找到了一个规律（$S_1 \Rightarrow S_2 \Rightarrow \dots \Rightarrow S_n$）来正确表达此次传播中的输入信息 I。传播的过程就对应着特征学习的过程，$S_1 \Rightarrow S_2 \Rightarrow \dots \Rightarrow S_n$ 中的一系列参数，就对应着在深度学习中训练的模型文件，这里将它叫作 model。

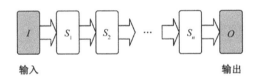

输入　　　　　　　　　　　　　　　　　　输出

图 4-2　类比网络结构的系统结构

当然深度学习的训练过程绝不是只有正向传播的过程。它的训练是个循环迭代、调整参数的过程。系统能够一次性正确表达输入的情况还是很少见的，所以当系统的输出与输入相差较大时，就需要根据误差对 model 进行参数调整了。参数调整的过程实际上就是反向传播的过程，本章 4.2 小节将会详细介绍，这里不再赘述。

4.1.3　正向传播的详细原理

知道了正向传播的作用是什么，接下来再深入了解一下正向传播的数学原理。

深度学习的网络是由人工神经网络发展过来的，可以将其理解为有很多隐含层的神经网络。每个神经元的结构如图 4-3 所示。

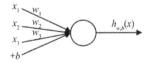

图 4-3　神经元结构

其输出 $h_{w,b}(x)$ 满足式（4-1），其中 x_1, x_2, x_3 为输入，b 为偏置，z 为输入的加权和，f 为非线性的激活函数，将线性关系转换为非线性关系。

$$h_{w,b}(x) = f(z) = f\left(\sum_{i=1}^{3} w_i x_i + b\right) \tag{4-1}$$

了解了神经元从输入到输出的传播方式，再看一个三层的神经网络结构。图 4-4 所示为三层神经网络结构图，图中参数未全部标出。

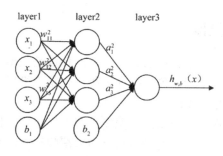

图 4-4　三层神经网络结构

同样，其中 x_1, x_2, x_3 为输入，$w_{11}^2, w_{12}^2, w_{13}^2$ 为一、二层之间的权值，b_1, b_2 为偏置，z 表示输入的加权和，a_1^2, a_2^2, a_3^2 分别为第二层的输出。我们仍然以 f 代表激活函数。则有

$$a_1^2 = f(z_1^2) = f(w_{11}^2 x_1 + w_{12}^2 x_2 + w_{13}^2 x_3 + b_1) \tag{4-2}$$

$$a_2^2 = f(z_2^2) = f(w_{21}^2 x_1 + w_{22}^2 x_2 + w_{23}^2 x_3 + b_1) \tag{4-3}$$

$$a_3^2 = f(z_3^2) = f(w_{31}^2 x_1 + w_{32}^2 x_2 + w_{33}^2 x_3 + b_1) \tag{4-4}$$

则第三层输出 a_1^3 为

$$a_1^3 = f(z_1^3) = f(w_{11}^3 a_1^2 + w_{12}^3 a_2^2 + w_{13}^3 a_3^2 + b_2) \tag{4-5}$$

以此类推，神经网络的层次较深时，假设第 $l-1$ 层共有 m 个神经元，则对于第 l 层的第 j 个神经元有：

$$a_j^l = f(z_j^l) = f(\sum_{i=0}^{m} w_{jk}^l a_k^{l-1} + b_j^l) \tag{4-6}$$

由上述推导过程可以看出，代数法的表述还是比较复杂的。如果使用矩阵法表示，过程会简洁得多。假设第 $l-1$ 层有 m 个神经元，第 l 层有 n 个神经元。则第 l 层的线性系数 w 组成了一个 $n \times m$ 的矩阵 $\boldsymbol{W}^l$，l 层的偏置组成了一个 $n \times 1$ 的矩阵 $\boldsymbol{b}^l$。$l-1$ 层的输出 a 组成了一个 $m \times 1$ 的向量 $\boldsymbol{a}^{l-1}$。第 l 层的输出加权和组成一个 $n \times 1$ 的向量 $\boldsymbol{z}^l$，第 l 层的输出 a 组成一个 $n \times 1$ 的矩阵 $\boldsymbol{a}^l$。则矩阵法表示如下：

$$\boldsymbol{a}^l = f(\boldsymbol{z}^l) = f(\boldsymbol{W}^l \boldsymbol{a}^{l-1} + \boldsymbol{b}^l) \tag{4-7}$$

有了以上的推导，深度学习向前传播的详细原理就更好理解了。前向传播是利用一系列的权重矩阵 $\boldsymbol{W}$ 和偏置向量 $\boldsymbol{b}$，对输入数据进行一系列的线性和非线性变换。数据从输入层开始，逐层传播，向后计算，最后通过一个激活函数如 softmax 输出预测的结果。这里 softmax 的作用可以简单理解为是将线性预测值转化为类别概率，当然 softmax 可以用其他激活函数代替。正向学习预测结果示意图如图 4-5 所示。

到网络在输出层输出预测结果为止，深度学习的正向学习过程已经讲完了。在正向学习的过程中，无数神经元组合在一起，发现了数据结构自身的规律，最后输出网络的预测结果。至于判断预测的结果是否正确，以及如何调整模型，将在下一节中介绍。

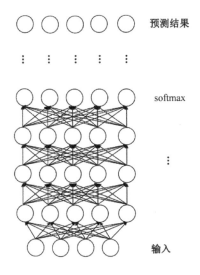

图 4-5　正向学习预测结果示意图

4.2　反向调整过程

4.2.1　反向调整概述

如果说正向传播是"机器大脑"接收信息、做出判断的过程，那么反向调整（也叫反向传播）便是它根据判断结果做出的反思和纠正。当重复且大量地进行这种调整时，"机器大脑"对学习对象的认知便更加准确、深刻。这也是深度学习的核心目标所在。

深度学习网络在正向传播的输入部分，是通过学习无标签数据得到初始值的，而传统神经网络则是采用随机初始化的方法。因此，深度学习的初始值比较接近全局最优。但是若只有正向传播，模型的效果达不到优化。深度学习通过有标签的数据与正向传播的输出结果做对比，得到两者误差，两者的误差表示为一个与各层参数相关的函数，将误差向输入层方向逆推，分摊到各层中去，修正各层的参数，从而达到优化模型，提高预测准确度的目的。

反向调整的过程如图 4-6 所示。

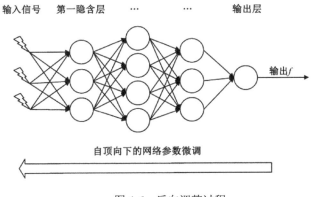

图 4-6　反向调整过程

4.2.2 反向传播过程详解

明白何为反向调整，接下来的问题便是如何进行调整。

代价函数实际上就是一个与各层权重、偏置等参数相关的误差函数。当代价函数取最小值时，模型最接近正确，此时，网络各层的参数为最优。

1. 反向传播算法原理

现在，问题转变成为"求每个连接对应的权重和参数取值"。对此可以使用著名的反向传播算法（Back Propagation）来解决。

反向传播算法是用以快速获得代价函数梯度的利器，它主要使用误差向后传播（Error BackPropagation）法和梯度下降法调整网络各层的权重。它通过对比正向传播的输出与期望输出，得到两者误差；再利用链式求导，将误差向前传播，分摊到各层；各层根据所得误差，进行参数的调整，优化模型效果。

2. 梯度下降法

反向传播算法中有一个重要的概念——梯度，梯度方向可以通过对函数求导得到，它始终指向函数值上升最快的方向。所以梯度的反方向即函数值下降最快的方向。当沿着梯度相反方向修改参数值，结果就能落在函数的最小值附近。梯度下降法是很多模型的基础，在深度学习中运用广泛且卓有成效。

为了帮助读者理解梯度下降的概念，可以利用现实中的例子进行类比。可以把代价函数想象成一块盆地（见图 4-7），现在我们置身其中，目标就是抵达盆地的最低点（全局最小值）。

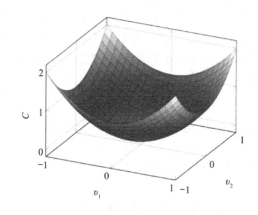

图 4-7 代价函数具象化示例

如此表示我们一眼就看到的最低点。然而这只是一个简化的模型，对于可能更加复杂的多元函数，我们甚至都无法用图像表现它。更何况，神经网络根本没有"眼睛"，对盆地的整体认知只能通过走（计算）得到。那么现在的情况便是：四周大雾弥漫，也没有重力牵引我们向下掉落，该如何抵达盆地最底端？

这样看来，沿着最陡峭的方向向下走便是最好的判断准则了，只沿着海拔下降最快的路走，最后总能抵达最底端。

神经网络对函数陡峭程度的认识，便是通过对函数求导获得的变化率。当得到代价函数梯度时，也就得知了当前所处位置最陡峭的方向。当然，在快接近最底端的时候，我们会选择减慢步伐，小心试探。因为很有可能因为步子太大，跨过了最低点。以上的过程中，神经元节点 i 到节点 j 连接的权重 w_{ji} 更新如下：

$$w_{ji}{'} = w_{ji} - \eta \nabla f(x) \tag{4-8}$$

其中，η 为学习率，是很小的常数，用于控制向底端滑动的步长，根据训练进度的变化可以进行调整。$\nabla f(x)$ 为 $f(x)$ 的梯度。该式即梯度下降法，通过它就可以更新所有连接的权重，实现反向调整的目的。

有两种计算梯度的方法，一是数值梯度（numerical gradient），二是解析梯度（analytic gradient）。

数值梯度是对每个维度，在原始值上加上一个很小的数值（步长），然后计算这个维度的偏导，最后组合在一起，得到梯度。数值梯度下降较慢，也比较简单。

与数值梯度相反，解析梯度的下降速度非常快，但也容易出错。

3．一次尝试：推导反向传播算法示例

以下内容旨在更加详细地展现反向调整过程，数学基础相对薄弱的读者，可以选择暂时跳过本部分，也不影响之后的阅读。

现在结合例子尝试推导一个神经网络的反向传播算法。现有如图 4-8 所示的神经网络，设它的神经元激活函数采用 Sigmoid 函数。当然，除此以外激活函数还有许多其他类型，实际应用时需根据实际情况进行推导。

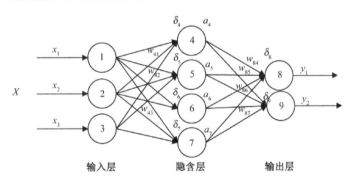

图 4-8　神经网络示例

图 4-8 中 X 为输入，w 为连接的权重，δ 为误差项。对于该模型采用均方误差（MSE）作为目标函数，如式（4-9）所示，其中 C 为目标函数。代价函数的定义也有很多，根据需要亦可以采用其他统计学公式。

$$C \equiv \frac{1}{2} \sum_{i \in \text{outputs}} (t_i - y_i)^2 \tag{4-9}$$

使用梯度下降法进行推导，结合式（4-9）可以得到式（4-10）。

$$w_{ji} \rightarrow w_{ji}{'} = w_{ji} - \eta \frac{\partial C}{\partial w_{ji}} \tag{4-10}$$

通过观察网络结构，可以发现权重 w_{ji} 是通过控制节点 j 的输入进而影响到后续网络

结构的，这里我们设 net_j 为节点 j 的加权输入，那么

$$\text{net}_j = \boldsymbol{w}_j \cdot \boldsymbol{x}_j = \sum_i w_{ji} x_{ji} \tag{4-11}$$

w_{ji} 为节点 j 连接节点 i 的权重，x_{ji} 为节点 j 从节点 i 获得的输入值，根据链式求导法则：

$$\begin{aligned}
\frac{\partial C}{\partial w_{ji}} &= \frac{\partial C}{\partial \text{net}_j} \frac{\partial \text{net}_j}{\partial w_{ji}} \\
&= \frac{\partial C}{\partial \text{net}_j} \frac{\partial \sum_i w_{ji} x_{ji}}{\partial w_{ji}} \\
&= \frac{\partial C}{\partial \text{net}_j} x_{ji}
\end{aligned} \tag{4-12}$$

由于隐含层和输出层的输出对总误差 C 的影响程度不同，所以两种情况需要分别推导。对于输出层节点来说，输出 y_j 即 $y_j = \text{sigmoid}(\text{net}_j)$，所以根据链式求导法则先求输出层梯度：

$$\begin{aligned}
\frac{\partial C}{\partial \text{net}_j} &= \frac{\partial C}{\partial y_j} \frac{\partial y_j}{\partial \text{net}_j} \\
&= (\frac{\partial}{\partial y_j} \frac{1}{2}(t_j - y_j)^2)(\frac{\partial \text{sigmoid}(\text{net}_j)}{\partial \text{net}_j}) \\
&= -(t_j - y_j) y_j (1 - y_j)
\end{aligned} \tag{4-13}$$

获得了输出层连接的梯度，将 $\delta_j = (t_j - y_j) y_j (1 - y_j) = -\dfrac{\partial C}{\partial \text{net}_j}$ 代入梯度下降公式，可得：

$$w_{ji} \rightarrow w_{ji}{}' = w_{ji} - \eta \frac{\partial C}{\partial w_{ji}} = w_{ji} + \eta \delta_j x_{ji} \tag{4-14}$$

这样就可以完成对输出层连接的权重更新。对于隐含层节点来说，输出 y_j 会影响后续所有与其相连的节点，为方便公式书写，定义下游所有节点的集合为 Outputs。

$$\begin{aligned}
\frac{\partial C}{\partial \text{net}_j} &= \sum_{k \in \text{outputs}} \frac{\partial C}{\partial \text{net}_k} \frac{\partial \text{net}_k}{\partial \text{net}_j} \\
&= \sum_{k \in \text{outputs}} -\delta_k \frac{\partial \text{net}_k}{\partial \text{net}_j} = \sum_{k \in \text{outputs}} -\frac{\partial \text{net}_k}{\partial a_j} \frac{\partial a_j}{\partial \text{net}_j} \\
&= \sum_{k \in \text{outputs}} -\delta_k w_{kj} \frac{\partial a_j}{\partial \text{net}_j} \\
&= \sum_{k \in \text{outputs}} -\delta_k w_{kj} a_j (1 - a_j) \\
&= -a_j (1 - a_j) \sum_{k \in \text{outputs}} \delta_k w_{kj}
\end{aligned} \tag{4-15}$$

令 $\delta_j = -\dfrac{\partial C}{\partial \text{net}_j}$，代入式（4-14）后，便可以更新隐含层的权重了。

通过以上步骤的处理，所有连接的 w 均得到了重置。再进行正向传播，代价函数的输出结果必然是更小的，重复进行这个流程，模型就更加准确可靠。

4.2.3　深层模型反向调整的问题与对策

1．梯度弥散/梯度膨胀

按照上面的方法，乐观的人或许已经产生了这样的想法——只要尽可能多地反向调整，模型就可以无限接近绝对准确的完美状态了。然而随着研究的深入，发现现实并没有那么简单，伴随着神经网络层数的增加，反向传播算法对模型的调整效果开始变差了。

由于 sigmod 函数在趋于无限大时，梯度会逐渐消失，我们会发现随着传播深度的增加（如 7 层以上），残差传播到底层时已经变得太小，梯度的幅度也会急剧减小，导致浅层神经元的权重更新非常缓慢，无法有效进行学习。深层模型也就变成了前几层几乎固定，只能调节后几层的浅层模型，形成梯度弥散（vanishing gradient）。

另外，深层模型的每个神经元都是非线性变换，代价函数是高度非凸函数，与浅层模型的目标函数不同。所以采用梯度下降法容易陷入局部最优。如果套用之前的类比，就相当于我们走到了盆地坡面上的坑里，在坑的底部已经没有更陡峭的路走了，然而我们没有到达真正的最低点。

此问题正是深层模型训练的难点所在。究其根本，其实是梯度不稳定造成的。

对于这个问题，Geoffrey Hinton 提出了"逐层初始化"的解决方法。具体流程为：给定原始输入后，先训练模型的第一层编码器，将原始输入编码为第一层的初级特征，形成一种"认知"。同时引入一个对应的解码器，用来实现模型的"生成"，可以验证编码器提取的特征是否能够抽象地表示输入，且没有丢失太多信息。将原始输入编码再解码，可以大致还原为原始输入，如此就实现了让认知和生成达成一致。因此将原始输入与其编码再解码之后的误差定义为目标函数，同时训练编码器和解码器。训练收敛后，编码器就是我们要的第一层模型。接下来原始输入映射成第一层抽象，作为输入便可以继续训练出第二层模型。以此类推，直至训练出最高层模型。逐层初始化完成后，就可以用有标签的数据，采用反向传播算法对模型进行训练。"逐层初始化"避免了深层模型陷入局部最优解，而是接近全局最优解。

模型初始化的位置很大程度上决定最终模型的质量，所以在反向调整前务必要注意这一点。

2．梯度下降的效率

在实践中，训练样本数量如果不够大，会导致分类器构造过于精细复杂，判断规则过于严格，深度学习为了防止这类过度拟合（overfitting）问题的出现，往往会采用大规模数量的样本进行训练，避免与样本稍有不同的输入被认为不属于此类别的情况。此时若每个训练输入都单独地计算梯度值 ∇Cx 然后求平均值，将付出极大的时间开销，使学习速度变得相当缓慢。

对此，我们选择随机梯度下降法来加速学习。随机梯度下降的思想是：通过随机选取小量训练输入样本来计算 ∇Cx，进而估算梯度 ∇C。通过计算少量样本的平均值可以快速得到一个对于实际梯度∇C 很好的估算，这有助于加速梯度下降，进而加速学习过程。

更准确地说，随机梯度下降通过随机选取相对少量的 m 个输入来训练模型。我们将这些随机的训练输入称为一个小批量数据（mini-batch）。假设样本数量 m 足够，∇Cx_j 的平均值是约等于整个 ∇Cx 的平均值的，所以仅仅计算随机选取的小批量数据的梯度即可估算整体的梯度。

标准的随机梯度下降，有时会出现在谷底来回振荡，不能停止的情况，导致其收敛得比较缓慢。在下降的过程中，有一个超参数 momentum，叫作动量。它是一种方法，相当于物理意义上的摩擦，它降低了下降的速度，促使目标函数更快地向谷底逼近。其取值范围一般为[0.5，0.9，0.95，0.99]，常见的做法是在迭代初始的时候设置为 0.5，经过若干次迭代后，将其更新到 0.99。

4.3 手写体数字识别实例

手写体数字识别是利用机器或计算机自动辨认手写体阿拉伯数字的一种技术。由于阿拉伯数字通用，并且数字识别和处理也常是一些自动化系统的核心和关键，所以对手写体数字识别的研究通用性强，且意义重大。

本节我们将通过 Caffe 自带的 MNIST 实例，详细介绍深度学习的网络如何通过正向传播、反向调整识别出手写体数字。具体流程主要分为四个部分：数据准备、网络设计、模型训练和模型测试。详细过程在下面将会一一介绍。在环境搭建部分，Caffe 安装可以参见第 6 章 6.1.1 小节，如果有 NVIDIA GPU，需要参照第六章 6.1.2 小节安装 Nvidia GPU 的驱动及开发包，若没有则可以跳过，直接安装 Caffe。

4.3.1 数据准备

Caffe 中自带了 MNIST 的例子。MNIST 是 Modified National Institute of Standards and Technology 的缩写，是一个手写体数字数据集，包含了 0～9 十个数字，其中包含了 60000 多个训练样本和 10000 个测试样本。其中图片的大小为 28×28。数据可以通过 Caffe 中的脚本直接下载。

MNIST 手写数字图片如图 4-9 所示。

图 4-9　MNIST 手写数字图片

1．下载原始数据

首先，需要从网上下载数据，在 Caffe 根目录下执行如下命令：

```
./data/mnist/get_mnist.sh
```

get_mnist.sh 这个文件用于获取数据，文件在 caffe/data/mnist/ 目录下，具体代码如下：

```
#!/usr/bin/env sh
# This scripts downloads the mnist data and unzips it.

DIR="$( cd "$(dirname "$0")" ; pwd -P )"
cd $DIR

echo "Downloading..."    #输出提示信息，下载训练与测试样本数据

wget --no-check-certificate http://yann.lecun.com/exdb/mnist/train-images-idx3-ubyte.gz
wget --no-check-certificate http://yann.lecun.com/exdb/mnist/train-labels-idx1-ubyte.gz
wget --no-check-certificate http://yann.lecun.com/exdb/mnist/t10k-images-idx3-ubyte.gz
wget --no-check-certificate http://yann.lecun.com/exdb/mnist/t10k-labels-idx1-ubyte.gz

echo "Unzipping..."    # 下载完成后解压

gunzip train-images-idx3-ubyte.gz
gunzip train-labels-idx1-ubyte.gz
gunzip t10k-images-idx3-ubyte.gz
gunzip t10k-labels-idx1-ubyte.gz

# Creation is split out because leveldb sometimes causes segfault
# and needs to be re-created.

echo "Done."
```

运行成功后，在 caffe/data/mnist 下就会出现如下四个文件：t10k-images-idx3-ubyte，t10k-labels-idx1-ubyte，train-images-idx3-ubyte，train-labels-idx1-ubyte，图片以二进制的格式存储其中。不管是二进制还是图像格式，都不能在 Caffe 中直接使用，需要将其转换为 Caffe 接受的 LMDB 格式。

2. 转化为 LMDB 格式

接下来在 Caffe 根目录下执行如下命令：

```
./examples/mnist/create_mnist.sh
```

create_mnist.sh 的作用是将原始数据转换成 LMDB 格式或 LEVELDB 格式，具体代码如下：

```
#!/usr/bin/env sh
# This script converts the mnist data into lmdb/leveldb format,
# depending on the value assigned to $BACKEND.

EXAMPLE=examples/mnist    #转换成功后数据存位置
DATA=data/mnist      #原始数据位置
BUILD=build/examples/mnist    #执行数据转换程序所在的位置

BACKEND="lmdb"       #指定数据格式

echo "Creating ${BACKEND}..."    #输出提示信息,$在 shell 中,表示引用变量
```

```
rm -rf $EXAMPLE/mnist_train_${BACKEND}   #如果已经存在转换成功的数据,删除
rm -rf $EXAMPLE/mnist_test_${BACKEND}

#开始训练数据转换
$BUILD/convert_mnist_data.bin $DATA/train-images-idx3-ubyte \
    $DATA/train-labels-idx1-ubyte $EXAMPLE/mnist_train_${BACKEND} --backend=${BACKEND}
#开始测试数据转换
$BUILD/convert_mnist_data.bin $DATA/t10k-images-idx3-ubyte \
    $DATA/t10k-labels-idx1-ubyte $EXAMPLE/mnist_test_${BACKEND} --backend=${BACKEND}

echo "Done."
```

数据转换中用到的 convert_mnist_data.bin 是由 convert_minst_data.cpp 编译生成的可执行文件,这个编译过程就是在 Caffe 安装的时候完成的,这个函数接受四个参数:

$DATA/train-images-idx3-ubyte:手写数字源文件

$DATA/train-labels-idx1-ubyte:手写数字标签文件

$EXAMPLE/mnist_train_${BACKEND}:转换后数据的存储位置

--backend=${BACKEND}:宏定义,转换数据的格式 LMDB 或 LEVELDB

执行成功之后,会在 caffe/examples/mnist 下生成两个文件:mnist_train_lmdb,mnist_test_lmdb 。这就是训练模型时,可以直接输入网络的训练数据集和测试数据集。

4.3.2 网络设计

这个实验中使用的模型是 LeNet,其模型结构如图 4-10 所示。

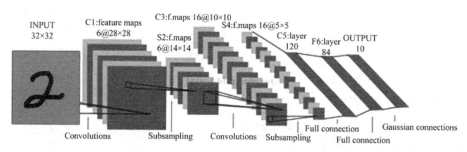

图 4-10 LeNet 模型结构图

这个网络包含两个卷积层(Convolutions),两个池化层(Subsampling),用于逐层提取特征。两个全连接层(Full connection)用于表示数据的高层特征表示,最后一层用于分类。

训练数据时,其网络结构定义在 caffe/examples/mnist/lenet_train_test.prototxt 中,定义了各个层的一些参数。具体代码如下:

```
name: "LeNet"                    #定义网络的名字是 LeNet
layer {                          #定义一个层(layer)
  name: "mnist"                  #层的名字叫 mnist
  type: "Data"                   #层的类型是数据层(Data)
  top: "data"                    #这一层有两个输出 data 和 label
  top: "label"0
```

```
include {
    phase: TRAIN                        #这个层仅在 train 阶段
}
transform_param {                       #数据的预处理，可以将数据变换到定义的范围内
    scale: 0.00390625
}
data_param {                            #数据层参数
    source: "examples/mnist/mnist_train_lmdb"
    batch_size: 64                      #每次处理的数据个数，这里是 64
    backend: LMDB                       #选择是采用 LevelDB 还是 LMDB，默认是 LEVELDB
}
}
layer {
    name: "mnist"
    type: "Data"
    top: "data"
    top: "label"
    include {
        phase: TEST                     #这个层仅在 test 阶段
    }
    transform_param {
        scale: 0.00390625
    }
    data_param {
        source: "examples/mnist/mnist_test_lmdb"
        batch_size: 100                 #测试数据 100 张为一批
        backend: LMDB
    }
}
layer {                                 #conv1(产生图上 C1 数据）层是一个卷积层
    name: "conv1"
    type: "Convolution"
    bottom: "data"
    top: "conv1"
    param {
        lr_mult: 1
    }
    param {
        lr_mult: 2
    }
    convolution_param {
        num_output: 20                  #卷积和的个数 produces outputs of 20 channels
        kernel_size: 5                  #卷积核的大小是 5*5
        stride: 1                       #卷积步长为 1
        weight_filler {
            type: "xavier"
        }
        bias_filler {                   #偏置初始化为常数，0
            type: "constant"
```

```
    }
  }
}
layer {                        #pool1（产生 S2 数据）是一个降采样层
  name: "pool1"
  type: "Pooling"
  bottom: "conv1"
  top: "pool1"
  pooling_param {
    pool: MAX                  # max pooling
    kernel_size: 2             #降采样的核是 2*2 的
    stride: 2                  #步长为 2
  }
}
layer {                        #conv2（产生 C3 数据）是卷积层
  name: "conv2"
  type: "Convolution"
  bottom: "pool1"
  top: "conv2"
  param {
    lr_mult: 1                 #第一个表示权值的学习率
  }
  param {
    lr_mult: 2                 #第二个表示偏置项的学习率
  }
  convolution_param {
    num_output: 50             #50 个特征
    kernel_size: 5
    stride: 1
    weight_filler {
      type: "xavier"
    }
    bias_filler {
      type: "constant"
    }
  }
}
layer {                        #pool2（产生 S3 数据）是降采样层，降采样核为 2*2，则#数据变成 4*4
  name: "pool2"
  type: "Pooling"              #池化层
  bottom: "conv2"
  top: "pool2"
  pooling_param {
    pool: MAX                  #池化方法，默认为 MAX
    kernel_size: 2             #池化的核大小
    stride: 2                  #池化的步长，默认为 1。一般设置为 2，即不重叠
  }
}
layer {                        #ip1 是全连接层（产生 C5 的数据）。某个程度上可以认为是卷积层
```

```
      name: "ip1"
      type: "InnerProduct"
      bottom: "pool2"
      top: "ip1"
      param {
        lr_mult: 1
      }
      param {
        lr_mult: 2
      }
      inner_product_param {
        num_output: 500
        weight_filler {          # 权值初始化。　默认为"constant",值全为 0
          type: "xavier"
        }
        bias_filler {             #偏置项的初始化。一般设置为"constant",值全为 0
          type: "constant"
        }
      }
    }
    layer {                      #线性修正函数
      name: "relu1"
      type: "ReLU"
      bottom: "ip1"
      top: "ip1"
    }
    layer {                      #内积层，ip2 是第二个全连接层，输出为 10，直接输出结果
      name: "ip2"
      type: "InnerProduct"
      bottom: "ip1"
      top: "ip2"
      param {                    #学习率的系数
        lr_mult: 1
      }
      param {
        lr_mult: 2
      }
      inner_product_param {
        num_output: 10           #10 对应最后输出了 10 个分类：0-9
        weight_filler {
          type: "xavier"
        }
        bias_filler {
          type: "constant"
        }
      }
    }
    layer {                      #输出分类（预测）精确度，只有 test 阶段才有，因此需要加#入 include 参数
      name: "accuracy"
```

113

```
    type: "Accuracy"
    bottom: "ip2"
    bottom: "label"
    top: "accuracy"
    include {
        phase: TEST
    }
}
layer {
    name: "loss"
    type: "SoftmaxWithLoss"
    bottom: "ip2"
    bottom: "label"
    top: "loss"
}
```

模型描述文件给出来后，下面给出模型文件对应的网络示意图。图 4-11 所示为 LeNet 网络模型示意图。

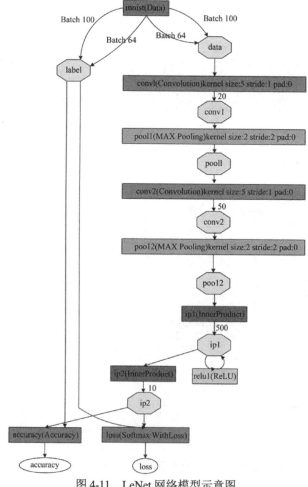

图 4-11　LeNet 网络模型示意图

模型训练的过程就是正向传播和反向传播不断调整、不断迭代的过程。

LeNet 中向前传播的过程，即为得到网络损失值（loss）的过程。数据由数据层（data）传入，经过两对卷积层（conv）和池化层（pool），逐层提取特征，再经过两个全连接层将提取的特征用于分类。最后，将标签的数据和全连接层的数据做比较，输出向前传播的网络损失值（loss）和准确率（accuracy）。

正向传播中的网络损失值可理解为之前所讲的关于网络各层参数的误差函数。得到误差后，就是反向传播，调整网络权值的过程。这里通过计算 loss 关于网络权值的偏导，调整网络参数，实现模型性能的优化。

如此正向传播，反向调整，不断迭代，直到达到迭代次数上限，得到最终的模型。

了解了 LeNet 模型正向学习，反向调整优化模型参数的过程，接下来介绍模型训练部分。

4.3.3　模型训练

训练模型的执行文件在 ./examples/mnist/train_lenet.sh 路径下，具体内容如下：

```
#!/usr/bin/env sh
./build/tools/caffe train --solver=examples/mnist/lenet_solver.prototxt
```

可以看到这里指定了训练超参数文件 examples/mnist/lenet_solver.prototxt。这个文件在 caffe/examples/mnist/lenet_solver.prototxt 路径下，配置一些参数信息。文件内容如下：

```
# The train/test net protocol buffer definition
net: "examples/mnist/lenet_train_test.prototxt" #网络模型文件路径
# test_iter specifies how many forward passes the test should carry out.
# In the case of MNIST, we have test batch size 100 and 100 test iterations,
# covering the full 10,000 testing images.
test_iter: 100              #test 的迭代次数，批处理大小为 100，100*100 为测试集个数
# Carry out testing every 500 training iterations.
test_interval: 500          #训练时每迭代 500 次测试一次
# The base learning rate, momentum and the weight decay of the network.
base_lr: 0.01          #学习率
momentum: 0.9          #动量
weight_decay: 0.0005         #权重衰减
# The learning rate policy#学习率策略
lr_policy: "inv"
gamma: 0.0001
power: 0.75
# Display every 100 iterations       #每迭代 100 次显示
display: 100
# The maximum number of iterations
max_iter: 10000   #最大迭代次数
# snapshot intermediate results
snapshot: 5000
snapshot_prefix: "examples/mnist/lenet"
```

```
# solver mode: CPU or GPU
solver_mode: GPU        #使用 GPU 训练，没有 GPU 则设置为 CPU
```

一切准备好之后，在 Caffe 根目录下输入：

```
./examples/mnist/train_lenet.sh
```

即可开始训练模型啦！

训练结束后，得到 4 个文件：lenet_iter_5000.solverstate，lenet_iter_5000.caffemodel，lenet_iter_10000.solverstate，lenet_iter_10000.caffemodel，保存在 examples/mnist/目录下。其中模型的训练状态保存在.solverstate 中，权值文件保存在.caffemodel 中，5000 和 10000 分别表示迭代的次数。

4.3.4　模型测试

1．测试模型准确率

模型出来后，可以用模型对测试数据集进行预测，得到模型的准确率。命令如下。

```
./build/tools/caffe.bin test \
-model examples/mnist/lenet_train_test.prototxt \
-weights examples/mnist/lenet_iter_10000.caffemodel \
-iterations 100
```

命令表示，只进行模型的预测，不进行参数更新。即只进行正向传播，不进行反向调整。模型迭代次数为 100 次。

部分结果如下。

```
//......前面输出结果省略
//......
I0503 11:04:39.931432 40149 data_layer.cpp:73] Restarting data prefetching from start.
I0503 11:04:39.959033 40102 caffe.cpp:313] Batch 96, accuracy = 0.97
I0503 11:04:39.959059 40102 caffe.cpp:313] Batch 96, loss = 0.056842
I0503 11:04:39.988090 40102 caffe.cpp:313] Batch 97, accuracy = 0.97
I0503 11:04:39.988124 40102 caffe.cpp:313] Batch 97, loss = 0.144585
I0503 11:04:40.015979 40102 caffe.cpp:313] Batch 98, accuracy = 1
I0503 11:04:40.015998 40102 caffe.cpp:313] Batch 98, loss = 0.00624959
I0503 11:04:40.043428 40102 caffe.cpp:313] Batch 99, accuracy = 0.99
I0503 11:04:40.043447 40102 caffe.cpp:313] Batch 99, loss = 0.0184017
I0503 11:04:40.043455 40102 caffe.cpp:318] Loss: 0.0290574
I0503 11:04:40.043540 40102 caffe.cpp:330] accuracy = 0.9903
I0503 11:04:40.043563 40102 caffe.cpp:330] loss = 0.0290574 (* 1 = 0.0290574 loss)
```

可以看到，模型最终的准确率达到了 99%以上。

2．测试模型分类效果

模型出来后，用模型来测试一下自己的手写数字图片，看看模型的分类效果。测试所需文件如下。

1）网络描述文件

模型测试的时候需要有一个定义网络的文件，在 examples/mnist/lenet.prototxt 路径下。它与模型训练时的网络描述文件 examples/mnist/lenet_train_test.prototxt 差不多，只在首尾有些许区别。具体内容如下。

```
name: "LeNet"
layer {
  name: "data"
  type: "Input"
  top: "data"
  input_param { shape: { dim: 1 dim: 1 dim: 28 dim: 28 } } #输入的测试样本每次为 1，通道为 1 通道，
大小为 28 * 28
}
layer {
  name: "conv1"
  type: "Convolution"
  bottom: "data"
  top: "conv1"
  param {
    lr_mult: 1
  }
  param {
    lr_mult: 2
  }
  convolution_param {
    num_output: 20
    kernel_size: 5
    stride: 1
    weight_filler {
      type: "xavier"
    }
    bias_filler {
      type: "constant"
    }
  }
}
layer {
  name: "pool1"
  type: "Pooling"
  bottom: "conv1"
  top: "pool1"
  pooling_param {
    pool: MAX
    kernel_size: 2
    stride: 2
  }
}
layer {
```

```
    name: "conv2"
    type: "Convolution"
    bottom: "pool1"
    top: "conv2"
    param {
      lr_mult: 1
    }
    param {
      lr_mult: 2
    }
    convolution_param {
      num_output: 50
      kernel_size: 5
      stride: 1
      weight_filler {
        type: "xavier"
      }
      bias_filler {
        type: "constant"
      }
    }
  }
layer {
    name: "pool2"
    type: "Pooling"
    bottom: "conv2"
    top: "pool2"
    pooling_param {
      pool: MAX
      kernel_size: 2
      stride: 2
    }
  }
layer {
    name: "ip1"
    type: "InnerProduct"
    bottom: "pool2"
    top: "ip1"
    param {
      lr_mult: 1
    }
    param {
      lr_mult: 2
    }
    inner_product_param {
      num_output: 500
```

```
      weight_filler {
        type: "xavier"
      }
      bias_filler {
        type: "constant"
      }
    }
  }
layer {
    name: "relu1"
    type: "ReLU"
    bottom: "ip1"
    top: "ip1"
  }
layer {
    name: "ip2"
    type: "InnerProduct"
    bottom: "ip1"
    top: "ip2"
    param {
      lr_mult: 1
    }
    param {
      lr_mult: 2
    }
    inner_product_param {
      num_output: 10          #输出 10 类
      weight_filler {
        type: "xavier"
      }
      bias_filler {
        type: "constant"
      }
    }
  }
layer {
    name: "prob"
    type: "Softmax"
    bottom: "ip2"
    top: "prob"
  }
```

2）模型文件

上面训练模型时，模型文件已经生成，为 example/mnist/ lenet_iter_10000. caffemodel。

3）均值文件

测试时，如果不想修改分类文件的代码，需要生成均值文件。测试单张分类命令的参数需要均值文件，执行命令如下。

```
build/tools/compute_image_mean \
examples/mnist/mnist_train_lmdb \
examples/mnist/mean.binaryproto
```

命令生成 mnist_train_lmdb 的均值文件 mean.binaryproto，保存在 examples/mnist 下。

4）标签文件

在 examples/mnist 下 vim 创建一个标签文件 label.txt，输入 0～9 十个数字，每个数字占一行。

标签文件用于 label.txt 的如下。

```
0
1
2
3
4
5
6
7
8
9
```

5）测试图片

现在，除了待测试的图片，所有测试相关的文件都准备好了。我们准备一张手写数字的灰度图 。图片可以通过网上搜索"MNIST 数据集"相关，下载一张手写体数字灰度图得到。将测试图片"2"放到 examples/mnist 下命名为 mytest.bmp。

下面，开始测试，在 Caffe 根目录下输入测试命令，命令如下。

```
./build/examples/cpp_classification/classification.bin \
examples/mnist/lenet.prototxt \
examples/mnist/model/lenet_iter_10000.caffemodel \
examples/mnist/mean.binaryproto \
examples/mnist/label.txt \
examples/mnist/mytest.bmp
```

输出相似度，结果如图 4-12 所示。

```
---------- Prediction for examples/mnist/mytest.bmp ----------
1.0000 - "2"
0.0000 - "0"
0.0000 - "3"
0.0000 - "1"
0.0000 - "4"
```

图 4-12　模型测试相似度结果图

由结果可以看到，2 的相似度为 100%，正确分类出测试图片。

至此 MNIST 项目实例就结束了，训练好的模型可以在自己写的程序中调用，实现手写体数字的识别。如果要训练自己的文本分类模型，如汉字识别之类的，也可以借鉴这个实例。弄明白 LeNet 是怎么实现数字分类的，举一反三，训练自己的模型就相对简单多了。

习题

1. 正向传播过程中为什么不能调整参数？
2. 梯度下降法在反向调整过程中起什么作用？
3. 使用不同的网络训练手写体识别模型，比较不同网络训练出来的模型效果。
4. Caffe 数据为什么要转换成 LMDB、LEVELDB 格式，而不能直接使用原始数据？
5. 深度学习对人类现实社会的影响有哪些？

参考文献

[1] http://www.cnblogs.com/pinard/p/6418668.html.

[2] Michael A N. Neural Networks and Deep Learning [M]. Determination Press, 2015.

[3] https://www.zybuluo.com/hanbingtao/note/476663.

第5章　深度学习主流模型

目前的深度学习模型属于神经网络，早期的神经网络是一个浅层的学习模型（包含一个输入层、一个隐含层及一个输出层），它有大量的参数，在训练集上有较好的表现，但实际应用时其识别率并没有比其他模型（如支持向量机、Boosting 等）体现出明显的优势。神经网络在训练时采用误差反向传播算法（Back Propagation，简称 BP 算法），使用梯度下降法在训练过程中修正权重减少网络误差。在层次深的情况下性能变得很不理想，传播时容易出现所谓的梯度弥散（Gradient Diffusion）或称为梯度消失（Vanishing Gradient Problem），根源在于非凸目标代价函数导致求解陷入局部最优，且这种情况随着网络层数的增加而更加严重，即随着梯度的逐层不断消散导致其对网络权重调整的作用越来越小。所以只能转而处理浅层结构（通常小于等于 3），从而限制了神经网络的大范围应用。

传统的神经网络在理论分析及训练方式上都存在一定的难度，于是自 20 世纪 90 年代开始，神经网络逐步走入低潮。这种现象直到 2006 年 Hinton 提出深度学习后才被打破，深度神经网络的复兴存在多方面的原因，其一，大规模的训练样本可以缓解过拟合问题；其二，网络模型的训练方法也有了显著的进步；其三，计算机硬件的飞速发展（如英伟达显卡的出现）使得训练效率能够以几倍、十几倍的幅度提升。此外，深度神经网络具有强大的特征学习能力，过去几十年中，手工设计特征一直占据着主导地位，特征的好坏直接影响到系统的性能。面对一个新的任务，如果采用手工设计的方式，往往需要很长时间，而深度学习能很快提取到具有代表性的特征。另外，随着分类任务复杂性的增加，需要用到越来越多的参数及样本，虽然浅层神经网络也能模拟出与深度学习相同的分类函数，但其所需的参数要多出几个数量级，以至于很难实现。

深度神经网络是一个包含多个隐含层的人工神经网络，发展到今天，学术界已经提出了多种深度学习模型，其中影响力较大的有以下几种。

（1）卷积神经网络：该网络一般包含三种类型的层，分别是卷积层、下采样层及全连接层。通过卷积核与上一层输出进行卷积作为卷积层的输出，这样可以达到权值共享的目的；下采样层是在卷积层的基础上，在一个固定区域中采样一个点，使得整个网络具有一定的缩放、平移及形变不变性。

（2）循环神经网络：该网络与传统前馈网络的区别在于，隐含层的输入不仅包括输入层的数据，还包括前一时刻的隐含层数据。这种结构的网络能有效处理序列数据，如自然语言处理。

（3）深度置信网络：该网络由若干层受限玻尔兹曼机及一个反向传播网络组成。其训练过程分为两步，首先利用贪婪算法无监督地训练每一层受限玻尔兹曼机，然后将上一步训练得到的数据作为网络初始值，利用 BP 算法有监督地训练整个网络。

深度学习是一个快速发展的领域，新的网络模型、分支及算法不断被提出，例如，由 DBN 改进而来的深度玻尔兹曼机，卷积深度置信网络和深度能量模型，以及由 RNN 改进而来的双向循环网络、深度循环网络和回声状态网络等。这些改进模型都在各自的应用领域中产生了深远的影响。本章在接下来的几节中将详细描述深度学习的几个具体模型，如卷积神经网络 CNN、循环神经网络 RNN 等。

5.1　卷积神经网络

近年来，卷积神经网络（Convolutional Neural Networks，CNN）已在图像理解领域得到了广泛的应用，特别是随着大规模图像数据的产生及计算机硬件（特别是 GPU）的飞速发展，卷积神经网络及其改进方法在图像理解中取得了突破性的成果，引发了研究的热潮。卷积神经网络是一种前馈神经网络，它的人工神经元可以响应一部分覆盖范围内的周围单元，对于大型图像处理有出色表现。卷积神经网络是一种多层神经网络结构，具有较强的容错、自学习及并行处理能力，最初是为识别二维图像而设计的多层感知器，其两个特殊性类似于生物神经网络，区别于大家所熟知的普通神经网络。一个是与大家所熟悉的神经网络不同，其神经元的连接是非全连接的，另一个是在卷积层中神经元之间的连接权值是共享的。这种模型降低了网络模型的复杂度，减少了权值的数量，使网络对于输入具备一定的不变性。由 Yann LeCun 发表于 1989 年的 Backpropagation applied to handwritten zip code recognition（Neural Computation）被业界立为经典，并被引用近千次。

5.1.1　CNN 概念

一般的卷积神经网络分为四层，分别为输入层、卷积层、抽样层、输出层。网络输入为二维图像，作为网络中间的卷积层和抽样层交替出现，这两层也是至关重要的两层。网络输出层为前馈网络的全连接方式，输出层的维数为分类任务中的类别数。图 5-1 为一种卷积神经网络整体结构图。

1. 输入层

卷积神经网络的输入层直接接收二维视觉模式，如二维图像。可以不再需要人工参与提取合适的特征作为输入，它自动地从原始图像数据提取特征、学习分类器，可大大减少开发的复杂性，有助于学习与当前分类任务最为有效的视觉特征。在实际应用中，输入层可以是一幅灰度图、多幅灰度图、彩色图像、视频多帧图像等。

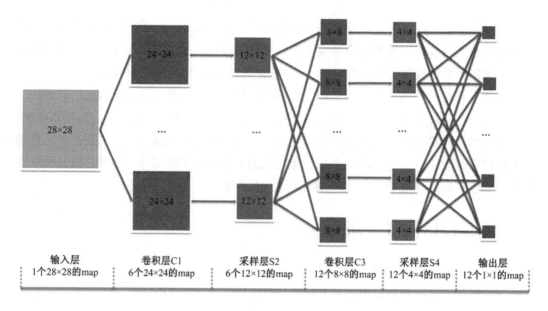

图 5-1　卷积神经网络整体结构图

2. 卷积层（C 层）

卷积层处于中间层中，用于特征提取。

图像中的卷积定义如下。

图像中的卷积可理解为加权求和的过程，源图像是 $f(x)$，模板是 $g(x)$，然后模板在源图像中移动，每到一个位置，就把 $f(x)$ 与 $g(x)$ 的定义域相交的元素进行乘积并求和，得到目标图像中的一点，以生成被卷积后的图像。模板又称为卷积核，通常把卷积核写成矩形形状。使用图像卷积计算目标像素值的过程如图 5-2 所示。图像卷积效果示意图如图 5-3 所示。

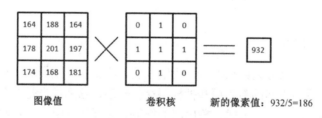

图 5-2　图像卷积计算目标像素值

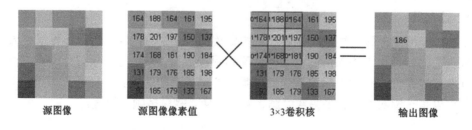

图 5-3　图像卷积效果示意图

每个卷积层中包含多个卷积神经元（C 元），每个 C 元和前一层网络对应位置的局部感受域相连，并提取这部分的图像特征，具体提取的特征体现在该神经元与前一层局部感受域的连接权重之上。相对于一般的神经网络，卷积神经网络的局部连接方式大大减少了网络参数。

为了进一步减少网络参数，卷积神经网络同时限制同一个卷积层不同神经元与前一层网络不同位置相连的权重均相等，即一个卷积层只用来提取前一层网络中不同位置处的同一特征，这种限制策略称为权值共享。通过设计这种权值共享连接方式，不仅可进一步减少网络参数，而且也可以促使网络学习与位置无关的鲁棒视觉特征，用于分类，就是最终学到的某个特征无论出现在图像什么位置，网络总能抽取到该特征并将其用于分类。

卷积计算的输出值通常需要通过激励函数，实现非线性变换。否则神经网络不论叠加多少层，叠加后也还是线性变换。激励函数可以引入非线性因素。激励函数也称激活函数。常用的激励函数包括如下几个。

（1）Sigmoid 函数（Sigmoid Function），Sigmoid 是常用的非线性的激活函数，它的数学形式如下：

$$f(x)=\frac{1}{1+e^{-x}}$$

Sigmoid 函数如图 5-4 所示，它能把实数 $(-\infty,+\infty)$ 压缩到区间$(0,1)$之间。

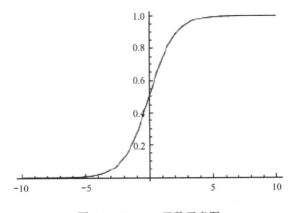

图 5-4　Sigmoid 函数示意图

（2）ReLU（Rectified Linear Units）函数，它的数学表达式如下：

$$f(x)=\max(0,x)$$

从图 5-5 中可以看到，1 维的情况下，当 $x<0$ 时，输出为 0；当 $x>0$ 时，输出等于输入。ReLU 激励函数变得越来越受欢迎。ReLU 的有效性体现在两个方面：

（1）克服梯度消失的问题；

（2）加快训练速度。

这两个方面是相辅相成的，因为克服了梯度消失问题，

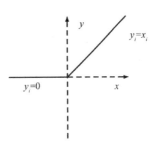

图 5-5　ReLU 函数示意图

所以训练才会快。

在深层卷积神经网络中，可以设计多个卷积层，不同层可以提取到不同类型的特征用于最终分类任务。图 5-6 所示为多核卷积提取特征。

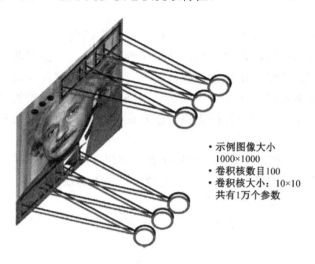

- 示例图像大小 1000×1000
- 卷积核数目100
- 卷积核大小：10×10 共有1万个参数

图 5-6　多核卷积提取特征

3. 池化层

池化层也属于中间层，也称采样层或抽样层，为特征映射层。一般在卷积层后使用。因此，为了描述大的特征图像，一个很自然的想法就是对不同位置的特征进行聚合统计，例如，可以计算图像一个区域上的某个特定特征的平均值（或最大值）。这些概要统计特征不仅具有低得多的维度，同时还会改善结果（不容易过拟合）。这种聚合的操作就叫作池化（pooling），主要是为了让输入的特征更易于使用而进行下采样和压缩。每个池化层包含多个抽样神经元（S 元），S 元仅与前一层网络对应位置的局部感受域相连。与 C 元不同，每个 S 元与前一层网络局部感受域连接的所有权重都固定为特征值，在网络训练过程中不再改变。

该层不仅不再产生新的训练参数，而且对前一层网络抽取得到的特征进行下采样，进一步降低了网络规模。通过对前层网络局部感受区的下采样，使网络对于输入图像的畸变处理更具鲁棒性。由于减少了参数数量，可以防止过学习，同时可以加快训练和检测速度。

池化层和卷积层主要用于特征提取，具有特征提取的能力。池化包括最大池化或平均池化。图 5-7 所示为在池化层中池化操作的示意图，此处是最大池化(max pooling)。

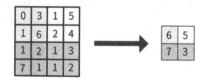

图 5-7　池化层中的池化操作

为了使池化层具有可学习性，一般使用参数 β 和 b 来计算：

$$S = \beta \mathrm{downsample}(C) + b$$

4．输出层

卷积神经网络的输出层与其他神经前馈神经网络一样，为全连接方式。最后一层隐含层所得到的特征被做成一维向量，与输出层采用全连接方式相连。

全连接方式一般在普通神经网络中采用，上一层的所有节点和下一层的所有节点相连接，如图 5-8 所示。其中每个连接具有权值，图中使用粗细来表示。输入一维向量，输出也是一维向量。全连接方式在卷积神经网络中最后一层使用，通过对输入特征进行组合，可以在下一层计算得到分类结果。另外输出层节点的数目往往和需要分类的类别总数一致，输出值往往代表属于对应类的概率值。

具体计算方法如图 5-9 所示，此处连接的权重分别是 w_1、w_2、w_3 和 w_4，输入特征值分别是 x_1、x_2、x_3 和 x_4，计算公式为 $y=f(w_1\times x_1+w_2\times x_2+w_3\times x_3+w_4\times x_4+b)$，此处 b 是阈值，f 函数是激励函数。

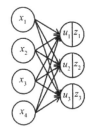 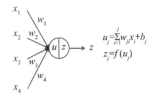

图 5-8　全连接方式示意图　　　　图 5-9　全连接方式中输出值的计算

全连接结构可充分挖掘网络最后抽取特征与输出类别标签之间的映射关系，在复杂应用中，输出层可设计为多层全连接结构。

5.1.2　CNN 常用算法

1．卷积神经网络的训练

神经网络有两类基本运算模式：前向传播和反向传播。前向传播是指输入信号通过前一层中一个或多个网络层传递信号，然后在输出层得到输出的过程。反向传播算法是神经网络有监督学习中的一种常用方法，其目标是根据训练样本和期望输出来估计网络参数。和全连接神经网络相比，卷积神经网络的训练要复杂一些。但训练的原理是一样的：利用链式求导计算损失函数对每个权重的偏导数（梯度），然后根据梯度下降公式更新权重。

训练算法依然是反向传播算法（BP）。对于卷积神经网络而言，主要是优化卷积核参数 k、下采样层网络权重参数 β、全连接层网络权重 w 和各层的偏置参数 b 等。反向传播算法主要基于梯度下降法，网络参数首先被初始化为随机值，然后通过梯度下降法向训练误差减小的方向调整。接下来，以多个"卷积层—采样层"连接多个全连接层的卷积神经网络（见图 5-1）为例介绍反向传播算法。

2．前向

前向传输计算时，输入层、卷积层、采样层、输出层的计算方式不相同。具体计算方法参见 5.1.1 节。

3．反向传输调整权重

反向传播过程是 CNN 最复杂的地方，虽然从宏观上来看基本思想跟 BP 一样，都是通过最小化残差来调整权重和偏置，但 CNN 的网络结构并不像 BP 网络那样单一，而且因为权重共享，使得计算残差变得很困难。

和 BP 一样，CNN 输出层的残差与中间层的残差计算方式不同，输出层的残差是输出值与类标签值的误差值，而中间各层的残差来源于下一层残差的加权和。本章以平方误差损失函数的多分类问题为例介绍反向传播算法。对于一个 C 个类和 N 个训练样本的例子，总误差可以如下给出：

$$E^N = \frac{1}{2} \sum_{n=1}^{N} \sum_{k=1}^{C} \left(t_k^n - y_k^n \right)^2 \tag{5-1}$$

此处 t_k^n 是第 n 个样本的标签向量的第 k 维的值。y_k^n 是使用第 n 个样本的输入神经网络后计算得到的向量的第 k 维的输出值，其中 k 表示第 k 维的输出值。对于多分类问题，输出类别标签常用一维向量表示，即输入样本对应的类别标签维度为正数，输出类别标签其他维的值为 0 或负数。具体取值取决于选择的激活函数类型，当激活函数选为 sigmoid，输出标签为 0。

网络第 l 层的灵敏度（Sensitivity）计算方法 [8,9]：

$$\delta^l = \frac{\partial E}{\partial u^l} \tag{5-2}$$

式（5-2）描述了总误差 E 怎样随着净激活值 u^l 而变化。反向传播算法实际上通过所有网络层的灵敏度建立总误差对所有网络参数的偏导数，从而计算使得训练误差减小的方向。

（1）卷积层：为计算卷积层 l 的灵敏度，需要用下一层池化层 $l+1$ 的灵敏度表示卷积层 l 的灵敏度。而卷积层 l 的特征图是从上一层池化层 $l-1$ 经过卷积计算得到的，所以还需要用到池化层 $l-1$ 的图像像素值来计算总误差 E 对卷积层 l 的参数（卷积核参数 k、偏置参数 b）的偏导数。

由于池化层的灵敏度矩阵维度小于卷积层的灵敏度矩阵维度，因此需要将池化层 $l+1$ 的灵敏度矩阵进行上采样（up-sampling），使得上采样后的灵敏度矩阵与卷积层 l 的灵敏度矩阵维度相同。然后将第 l 层激活函数偏导与从第 $l+1$ 层的上采样得到的灵敏度矩阵逐项相乘。分别由式（5-1）和式（5-2），通过链式求导得第 l 层中第 j 个通道的灵敏度。

$$\delta_j^l = \frac{\partial E}{\partial u_j^l} = f'(u_j^l) \cdot \text{upsamling}(\delta_j^{l+1}) \tag{5-3}$$

其中，upsampling() 表示一个上采样操作，· 是按元素（element-wise）相乘。若池化层采

样因子为 n，则 upsampling() 将每个像素在水平和垂直方向上复制 n 次，于是就可以从 $l+1$ 层的灵敏度上采样成卷积层 l 的灵敏度。函数 upsampling() 可以用 Kronecker 乘积 upsampling(x)=Kronecker($x,1_{n\times n}$) 来实现。然后，使用灵敏度计算卷积层 l 中的参数（卷积核参数 k、偏置参数 b）的偏导，分两种情况。

情况 1：对于总误差 E 对偏移量 b_j^l 的偏导，可以通过对卷积层 l 中所有节点的灵敏度进行求和来计算：

$$\frac{\partial E}{\partial b_j^l} = \sum_{u,v} (\delta_j^l)_{u,v} \tag{5-4}$$

情况 2：对于总误差关于卷积核参数的偏导，同样使用反向传播算法求导。只是在卷积层中，同样的卷积核参数被多处用来进行卷积运算。那么需要在该卷积核参数所有被利用的连接中计算其偏导数：

$$\frac{\partial E}{\partial K_{i,j}^l} = \sum_{u,v} (\delta_j^l)_{u,v} (p_i^{l-1})_{u,v} \tag{5-5}$$

其中，$(p_i^{l-1})_{u,v}$ 是在计算 x_j^l 时，与 $K_{i,j}^l$ 元素相乘过的所有 x_i^{l-1} 中的元素。

（2）池化层：为计算当前层池化层 l 的灵敏度，需要用下一层卷积层 $l+1$ 的灵敏度表示池化层 l 的灵敏度，然后计算总误差 E 对池化层参数（权重系数 β、偏置参数 b）的偏导数。

池化层的计算公式如下。

$$x_j^l = f(\beta_j^l \text{downsample}(x_j^{l-1}) + b_j^l) \tag{5-6}$$

此处的 downsample() 表示池化层的下采样（down sampling）函数。一般来说将 l 层中 $n\times n$ 块进行最大池化或平均池化操作，使得输出的图像维度在两个方向上都要小 n 倍。

为了计算池化层 l 的灵敏度矩阵，必须找到当前层灵敏度与下一层灵敏度的对应点，这样才能对灵敏度 σ 进行反向递推计算。此处假设池化层的上一层和下一层都是卷积层。如果下一层开始是全连接层，那么可以使用 BP 神经网络中的反向传播算法来计算灵敏度矩阵。另外，需要乘以输入特征图与输出特征图之间的连接权值，这个权值实际上就是卷积核的参数。这可以通过下面的卷积运算来实现，其中 · 是按元素(element-wise) 相乘：

$$\delta_j^l = f'(u_j^l) \cdot \text{conv2}(\delta_j^{l+1}, \text{rot180}(k_j^{l+1})', \text{full}') \tag{5-7}$$

其中，对卷积核旋转 180° 使用卷积函数计算互相关（在 Matlab 中，可用 conv2 函数实现，该函数可同时对卷积边界进行补零处理）。

总误差对偏移量 b 的偏导与前面卷积层的一样，只要对灵敏度中所有元素的灵敏度求和即可。

$$\frac{\partial E}{\partial b_j^l} = \sum_{u,v} (\delta_j^l)_{u,v} \tag{5-8}$$

对于下采样权重 β，先定义池化层算子 $d_j^l = \text{downsample}(x_j^{l-1})$，然后可通过公式（5-9）计算总误差 E 对 β 的偏导，其中 $\cdot$ 是按元素（element-wise）相乘。

$$\frac{\partial E}{\partial \beta_j^l} = \sum_{u,v} (\delta_j^l \cdot d_j^l)_{u,v} \tag{5-9}$$

（3）全连接层：在全连接网络中，如果使用 l 表示当前层，使用 L 表示输出层，那么可以使用如下式子来计算输入当前层的输出，此处输出激活函数 $f(\cdot)$ 一般选 sigmoid 函数或者 ReLU 函数，u^l 常称为当前神经单元的净激活值。

$$x^l = f(u^l), \text{with } u^l = W^l x^{l-1} + b^l$$

全连接层 l 的灵敏度可通过下式计算，其中 $\cdot$ 是按元素（element-wise）相乘：

$$\delta^l = (W^{l+1})^T \delta^{l+1} \cdot f'(u^l) \tag{5-10}$$

输出层的神经元灵敏度可由下面的公式计算，其中 $\cdot$ 是按元素（element-wise）相乘：

$$\delta^L = f'(u^L) \cdot (y^n - t^n) \tag{5-11}$$

总误差对偏移项的偏导如下：

$$\frac{\partial E}{\partial b^l} = \frac{\partial E}{\partial u^l} \frac{\partial u^l}{\partial b^l} = \delta^l \tag{5-12}$$

接下来可以对每个神经元运用灵敏度进行权值更新。对一个给定的全连接层 l，权值更新方向可用该层的输入 x^{l-1} 和灵敏度 δ^l 两向量相乘生成的积矩阵来表示：

$$\frac{\partial E}{\partial W^l} = \delta^l (x^{l-1})^T \tag{5-13}$$

4. 网络参数的更新过程

卷积层参数可用式（5-14）和式（5-15）更新：

$$\Delta k_{i,j}^l = -\tau \frac{\partial E}{\partial k_{i,j}^l} \tag{5-14}$$

$$\Delta b^l = -\tau \frac{\partial E}{\partial b^l} \tag{5-15}$$

池化层参数可用式（5-16）和式（5-17）更新：

$$\Delta \beta^l = -\tau \frac{\partial E}{\partial \beta^l} \tag{5-16}$$

$$\Delta b^l = -\tau \frac{\partial E}{\partial b^l} \tag{5-17}$$

全连接层参数可用下式更新：

$$\Delta W^l = -\tau \frac{\partial E}{\partial W^l} \tag{5-18}$$

其中，对于每个网络参数都有一个特定的学习率 τ。若学习率太小，则训练的速度缓慢；若学习率太大，则可导致无法收敛。在实际问题中，如果总误差在学习过程中发散，那么学习率调小；反之，如果学习速度过慢，那么将学习率调大。

5.1.3　CNN 训练技巧

1．卷积层训练技巧

传统卷积神经网络的卷积层采用线性滤波器与非线性激活函数，一种改进的方法是在卷积层使用多层感知机模型作为微型神经网络，通过在输入图像中滑动微型神经网络来得到特征图，该方法能够增加神经网络的表示能力，被称为 Network in network。为了解决既能够保证网络的稀疏性，又能够利用稠密矩阵的高性能计算，Szegedy 等提出了 Inception 网络，Inception 网络的一层含有一个池化操作和三类卷积操作：1×1、3×3、5×5 卷积。

2．池化层的选择

池化是卷积神经网络中一个重要的操作，它能够使特征减少，同时保持特征的局部不变性。常用的池化操作有：空间金字塔池化（Spatial Pyramid Pooling，SPP）、最大池化（Max Pooling）、平均池化（Mean Pooling）、随机池化（Stochastic Pooling）等，下采样层实际上也属于池化。

3．激活函数的选择

常用激活函数有：ReLU、Leakly ReLU、Parametric ReLU、Randomized ReLU、ELU 等。

Hinton 在 2012 年发表的 ImageNet，使用 ReLU 作为激活函数，改进了卷积神经网络的训练方式，能训练深层次的网络使其达到收敛，使错误率大大降低。其主要原因在于 ReLU 的导数在大于 0 的情况下为 1，如图 5-5 所示。它可以在误差反向传播（Back Propagation）的时候将梯度很好地传到较前面的网络，加速收敛。

4．损失函数的选择

损失函数的选择在卷积神经网络中起重要作用，代表性的损失函数有：平方误差损失、互熵损失（Cross entropy loss）、Hinge 损失等。

5．优化方法和技巧

卷积神经网络常用的优化方法包含随机梯度下降法（Stochastic Gradient Descent，SGD），常用的技巧有权值初始化、权值衰减（Weight decay）、Batch normalization 等。

6．卷积神经网络训练的优势

卷积神经网络在下采样层可以保持一定局部平移不变形，在卷积层通过感受野（Receptive Field）权值共享减少了神经网络需要训练的参数个数，每个神经元只需要感受局部的图像区域，在更高层将这些感受不同的局部区域的神经元综合起来就可以得到全局的信息。因此，可以减少网络连接的数目，即减少神经网络需要训练的权值参数个数。由于同一特征通道上的神经元权值相同，所以网络可以并行学习，这也是卷积网络相对于神经元彼此相连网络的一大优势。卷积神经网络以其权值共享的特殊结构在图像理解领域中有着独特的优越性，通过权值共享降低了网络的复杂性。因此，传统 BP 算法在卷积神经网络中可以执行。卷积神经网络采用监督学习算法，用梯度下降法来进行误差的校正，而每一个梯度步长需要进行完全的前向和后向传递，训练时需要大量时间。

为了降低训练时间，以及参数的初始化带来的局部极小问题，中间的特征提取的卷积核参数不再从头开始进行。可以采用如下办法：① 随机初始化卷积核参数；② 人为地设计这些特征的提取。比如卷积核第一层都是提取的边缘特征，那么可以设计一些边缘特征提取的卷积核参数，也可以使用无监督算法来学习卷积核。这种方法来学习特征，通过多层的特征感知进行预训练，可实现每层都是对特征的更高层次提取。

总之，卷积神经网络相比于一般神经网络在图像理解中有其特殊的优点：

（1）网络结构能较好适应图像的结构；

（2）同时进行特征提取和分类，使得特征提取有助于特征分类；

（3）权值共享可以减少网络的训练参数，使得神经网络结构变得更简单、适应性更强。

5.2 循环神经网络

循环神经网络（Recurrent Neural Networks，RNN）是用来处理序列数据的神经网络。在传统的神经网络模型中，是从输入层到隐含层再到输出层，层与层之间是连接的，而每层之间的节点是无连接的。这种网络模型并不能处理序列式的数据。例如需要预测句子的下一个单词是什么，一般需要用到前面的单词，因为一个句子中前后单词并不是独立的。循环神经网络出现于 20 世纪 80 年代，最近由于网络设计的推进和图形处理单元上计算能力的提升，循环神经网络变得越来越流行。这种网络尤其是对序列数据非常有用，因为每个神经元或者单元能用它的内部存储来保存之前输入的相关信息。RNN之所以称为循环神经网路，即一个序列当前的输出与前面的输出也有关。具体的表现形式为网络会对前面的信息进行记忆并应用于当前输出的计算中，并且隐含层的输入不仅包括输入层的输出，还包括上一时刻隐含层的输出。隐含层之间的节点不再无连接，而是有连接的。RNN 已经在实践中被证明对 NLP 是非常成功的，如词向量表达、语句合法性检查、词性标注等。

理论上，RNN 能够对任何长度的序列数据进行处理。但是在实践中，为了降低复杂性，往往假设当前的状态只与前面的几个状态相关。

5.2.1 RNN 结构

RNN 网络的隐含层节点之间是有连接的，隐含层节点的输入不仅包括输入层，还有上一时刻隐含层的输出。RNN 和其他网络一样也包含输入层、隐含层和输出层，如图 5-10 所示。这些隐含层的连接是 RNN 最主要的特色。

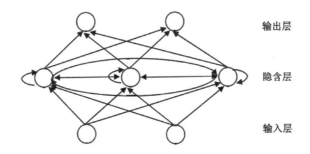

图 5-10　循环神经网络结构

在图 5-10 中可以看出，输入层节点和隐含层节点相互连接，隐含层输出到输出层，而隐含层节点之间相互影响，可以是上一个时间节点输出信息重新返回隐含层节点，还可以包含隐含层相邻节点相互连接，是一个动态的网络。生物神经网络都是一种循环网络，可以对序列式数据理解，因此 RNN 更加接近生物神经系统。目前 RNN 在语音识别、语言建模、翻译、图片描述等问题上的应用已经取得一定成功。

RNN 的基本构建单元是神经节点相互连接，之间的连接强度通过权重来反映。单个神经元的激发要受到激发函数的控制。RNN 模型有很多类型，比如离散时间模型是一种在时间上离散进行迭代的图结构，连续时间模型是通过一系列时间上的连续方程来定义的。

5.2.2　RNN 训练

RNN 的训练和对传统的 ANN 训练一样，同样使用 BP 算法，不过有一点儿区别。如果将 RNNs 进行网络展开，那么参数 W、U、V 是共享的，而传统神经网络却不是。并且在使用梯度下降法中，每一步的输出不仅依赖当前步的网络，还依赖前面若干步网络的状态。

前馈网络的 BP 算法不能直接转移到 RNN 网络，因为误差的反馈是以节点之间的连接没有环状结构为前提的。在 RNN 中使用 BPTT（Back Propagation Through Time）训练算法，它会沿着时间展开神经网络，重新指定网络中的连接来形成序列。它的基本原理和 BP 算法是一样的，也包含同样的三个步骤：

（1）前向计算每个神经元的输出值；

（2）反向计算每个神经元的误差项值，它是误差函数 E 对神经元 j 加权输入的偏导数；

（3）计算每个权重的梯度，最后再用随机梯度下降法更新权重。

图 5-11 表示一个带有自我反馈结构的网络，可以在不同的时间节点进行展开，得到一个前馈网络，此网络计算可以重复利用 BP 算法。在图 5-11 中，RNN 包含输入单元（Input units），输入集标记为 $\{u_{t-1}, u_t, u_{t+1}\}$，而输出单元（Output units）的输出集则被标记为 $\{y_{t-1}, y_t, y_{t+1}\}$。RNN 还包含隐藏单元（Hidden units），我们将其标记为 $\{S_{t-1}, S_t, S_{t+1}\}$。这些隐藏单元完成了最主要的工作。在图 5-11 中，有一条单向流动的信息流是从输入单元到达隐藏单元的，与此同时另一条单向流动的信息流从隐藏单元到达输出单元。在某些

情况下，RNN 会打破后者的限制，引导信息从输出单元返回隐藏单元，这些被称为"Back Projections"，并且隐含层的输入还包括上一隐含层的状态，即隐含层内的节点可以自连也可以互连。图 5-11 将循环神经网络进行展开成一个全神经网络。

在传统神经网络中，每一个网络层的参数是不共享的。而在 RNNs 中，每输入一步，每一层各自都共享参数 U、V、W。因此 RNNs 中的每一步计算函数项，只是输入值不同，因此极大地降低了网络中需要学习的参数；此处将 RNN 展开，就变成了多层的网络。如果这是一个多层的传统神经网络，那么 U_t 到 S_t 之间的 U 矩阵与 U_{t+1} 到 S_{t+1} 之间的 U 是不同的，而在 RNN 中它们却是一样的，同理对于 S 与 S 层之间的 W、S 层与输出层之间的 V 也是一样的。RNN 的关键之处在于隐含层，隐含层具有记忆能力，能够记忆序列信息。

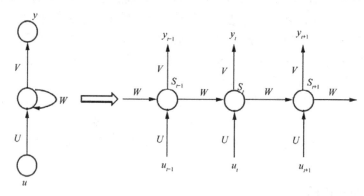

图 5-11　RNN 中的自我反馈结构

该网络展开后的权值矩阵都是相同的，加入教师信号 $u(n)$ 和 $v(n)$。

$$u(n) = (u_1(n), u_2(n), \cdots, u_k(n))'$$
$$v(n) = (v_1(n), v_2(n), \cdots, v_k(n))'$$ 　　　　（5-19）
$$n = 1, 2, \cdots, T$$

时间序列信号 $u(n)$ 作为输入，然后可以计算出中间结果 $x(n)$ 和最后的输出层结果 $y(n)$。最后的输出误差是：

$$E = \sum_{n=1}^{T} \|v(n) - y(n)\|^2 = \sum_{n=1}^{T} E(n)$$ 　　　　（5-20）

前向传递得到输出，沿着时间 $n = T, \cdots, 1$，误差回传，对于每一个时间点上节点的激发记作 $x_i(n), y_j(n)$ 误差项 $\delta_i(n)$。

$$\delta_j(T) = (v_j(T) - y_j(T)) \frac{\partial f(u)}{\partial u}\bigg|_{u = s_j(T)}$$ 　　　　（5-21）

$$\delta_i(T) = \left[\sum_{j=1}^{L} \delta_i(T) \right] \frac{\partial f(u)}{\partial u}\bigg|_{u = s_i(n)}$$ 　　　　（5-22）

$\delta_j(T)$ 是输出单元时刻 T 的误差，$\delta_i(T)$ 是中间节点 $x_i(T)$ 时刻 T 的误差，时刻 T 以前输出误差 $\delta_j(n)$ 和中间节点 $x_i(n)$ T 时刻以前误差 $\delta_i(n)$ 可计算如下：

$$\delta_j(n) = (v_j(T) - y_j(T) + \sum_{i=1}^{N} \delta_i(n+1)w_{ij}^{\text{back}}) \frac{\partial f(u)}{\partial u}\bigg|_{u=s_j(n)} \tag{5-23}$$

$$\delta_i(n) = \left[\sum_{j=1}^{N} \delta_j(n+1)W_{ij} + \sum_{j=1}^{L} \delta_j(n)W_{ij}^{\text{out}} \right] \frac{\partial f(u)}{\partial u}\bigg|_{u=s_i(n)} \tag{5-24}$$

根据 BP 算法原理可以计算出权值矩阵的更新：

$$w_{ij} = w_{ij} + \tau \sum_{n=1}^{T} \delta_i(n)x_j(n-1) \qquad x_j(n-1) = 0, n = 1 \tag{5-25}$$

$$w_{ij}^{\text{in}} = w_{ij}^{\text{in}} + \tau \sum_{n=1}^{T} \delta_i(n)u_j(n) \tag{5-26}$$

$$w_{ij}^{\text{out}} = w_{ij}^{\text{out}} + \tau \times \begin{cases} \sum_{n=1}^{T} \delta_i(n)u_j(n) \\ \sum_{n=1}^{T} \delta_i(n)x_j(n) \end{cases} \tag{5-27}$$

$$w_{ij}^{\text{back}} = w_{ij}^{\text{back}} + \tau \sum_{n=1}^{T} \delta_i(n)y_j(n-1) \qquad y_j(n-1) = 0, n = 1 \tag{5-28}$$

w_{ij}^{in} 代表输入层和隐含层之间的连接权值矩阵，w_{ij}^{out} 是隐含层和输出层的权值矩阵，w_{ij} 是隐含层节点沿时间展开的权值矩阵，w_{ij}^{back} 代表输出层返回隐含层的权值矩阵。

5.2.3　RNN 训练技巧

前面介绍 RNN 的训练算法 BPTT 无法解决长时依赖问题（当前的输出与前面很长的一段序列有关，一般超过十步就无能为力了），因为 BPTT 会带来所谓的梯度消失或梯度爆炸问题（vanishing/exploding gradient problem），这导致训练时梯度不能在较长序列中一直传递下去，从而使 RNN 无法捕捉到长距离的影响。

梯度爆炸更容易处理一些。因为梯度爆炸的时候，程序会收到 NaN 错误。也可以设置一个梯度阈值，当梯度超过这个阈值的时候可以直接截取。

梯度消失更难检测，而且也更难处理一些。总的来说，一般有三种方法应对梯度消失问题：

（1）合理地初始化权重值。初始化权重，使每个神经元尽可能不要取极大或极小值，以躲开梯度消失的区域；

（2）使用 ReLU 代替 sigmoid 和 tanh 作为激活函数；

（3）使用其他结构的 RNNs，比如长短时记忆（Long Short-Term Memory，LTSM）网络[15,16]和 Gated Recurrent Unit（GRU），这是最流行的做法。

至此，介绍了基本的循环神经网络、循环神经网络的训练算法 BPTT（Back Propagation Through Time）方法。基本的循环神经网络存在梯度爆炸和梯度消失问题，往往无法真正处理好长距离的依赖。真正得到广泛应用的是循环神经网络的一个变体：长短时记忆网络。该模型相对于一般的 RNNs，只是在隐含层内部有一些特殊的结构，可以很好地处理长距离的依赖。长短时记忆网络比标准的 RNN 在很多任务上都表现得更好。很多关于 RNN 的结果都是通过长短时记忆网络达到的。

习题

1. 深度神经网络流行发展的主要原因有哪些？
2. 卷积神经网络主要包括哪几层？
3. 循环神经网络和卷积神经网络应用方向有哪些不同？
4. 循环神经网络主要包括哪几层？
5. 简述循环神经网络训练中使用的 BPTT 方法。

参考文献

[1] Hinton G E, Osindero S, Teh Y W. A fast learning algorithm for deep belief nets[J]. Neural computation, 2006, 18(7): 1527-1554.

[2] Salakhutdinov R, Hinton G E. Deep Boltzmann machines[C]. International Conference on Artificial Intelligence and Statistics 2009. Brookline, MA 02446, USA: Microtome Publishing, 2009: 448-455.

[3] Socher R, Huval B, Bhat B, et al. Convolutional-Recursive Deep Learning for 3D Object Classification[C]. Advances in Neural Information Processing Systems 25. Nevada, USA: NIPS, 2012:665-673.

[4] Ngiam J, Chen Z, Koh P W, et al. Learning Deep Energy Models[C]//The 28th International Conference on Maching Learning. New York, NY, USA: ACM, 2011:1105-1112.

[5] Schuster M, Paliwal K K. Bidirectional recurrent neural networksf[J]. Signal Processing, IEEE Transactions on, 1997, 45(11): 2673-2681.

[6] Graves A, Mohamed A R, Hinton G. Speech Recognition with Deep Recurrent Neural Networks[C]. Acoustics Speech & Signal Processing. Icassp. International Conference on, 2013: 6645-6649.

[7] Jaeger H, Haas H. Harnessing nonlinearity: Predicting chaotic systems and saving energy in wireless communication[J]. Science, 2004, 304(5667): 78-80.

[8] Bouvrie J. Notes On Convolutional Neural Networks[R]. MIT CBCL Tech Report, Cambridge, MA, 2006.

[9] Duda R O, Hart P E, Stork D G. Pattern Classification[M]. John Wiley & Sons, Inc, 2003.

[10] Rmelhart D E, Hinton G E, and Williams R J. Learning internal representations by errorrpropagation[C]. In parallel distributed processing, MIT Press,1986(1): 318-362.

[11] Rmelhart D E, Hinton G E, Williams R J. Learning representations by back-propagating errors[J]. Nature,1986,323:533-536.

[12]　Lee S W, Song H H, A new recurrent neural network architecture for visual pattern recognition[J]. IEEE Transactions, 1997 8(2):331-340.

[13]　Cao J, Wang J. Global asymptotic and robust stability of recurrent neural networks with time delays[J]. IEEE Transaction, 2005 52(2):417-426.

[14]　Ankita M, Arnab R Tibarewala D N. A back propagation through time based recurrent neural network approach for classification of cognitive EEG states[J]. Engineering and Technology(ICETECH),2015.

[15]　Gers F A, Schraudolph N N, Schmidhuber J. Learning precise timing with LSTM recurrent networks[J]. JMLR 2002, 3:115-143.

[16]　Hochreiter S, Schmidhuber J. Long short-term memory[J]. Neural Computation,1997 9(8):1735-1780.

[17]　Alex K, Ilya S, Geoffrey E H. ImageNet Classification with Deep Convolutional Neural Networks[C], NIPS 2012, 2012.

第6章 深度学习的主流开源框架

深度学习发展至今，已经出现了许多经典好用的深度学习框架，利用框架可以快速实现自己的深度学习应用程序。

本章结合实际应用情况，介绍当前流行的几大深度学习开源框架。其中，详细介绍最常用的两种框架——Caffe、TensorFlow 的安装步骤和实际案例。让读者在了解深度学习理论知识的同时，能将其应用到实际中去。

6.1 Caffe

6.1.1 Caffe 框架

Caffe 全称是 Convolutional Architecture for Fast Feature Embedding（快速特征植入的卷积结构）。它是一个清晰、高效、开源的深度学习计算 CNN 相关算法的框架。它由加州大学伯克利的 PHD 贾扬清开发，是应用最广泛的深度学习框架之一。

Caffe 的核心语言是 C++，它支持命令行、Python、Matlab 接口。它提供了一个完整的工具包，用来训练、测试、微调和部署模型。其典型的功能计算方式如下：首先按照每一个大功能（可视化、损失函数、非线性激励、数据层）将功能分类并针对部分功能实现相应的父类，再将具体的功能实现成子类，或者直接继承层类。然后将不同的层组合起来就成了结构。在一个 K40 或者 Titan GPU 上，快速 CUDA 代码和 GPU 每天可以处理超过 4000 亿张图像，这适应了商业的需要，同时相同的模型可以在 CPU 或 GPU 模式用各种硬件运行。

Caffe 的特点如下。

（1）模块化：Caffe 从一开始就设计得尽可能模块化，允许对新数据格式、网络层和损失函数进行扩展。可以使用 Caffe 提供的各层类型来定义自己的模型。

（2）表示和实现分离：Caffe 的模型定义是用 Protocol Buffer 语言写进配置文件的，为任意有向无环图的形式，且支持网络架构。Caffe 会根据网络的需要来正确占用内存，通过一个函数调用，实现 CPU 和 GPU 之间的无缝切换。

（3）速度快：Caffe 利用了 OpenBlASt、cuBALS 等计算机库，支持 GPU 加速。

（4）易上手：Caffe 的代码组织性良好，可读性强。并且，Caffe 自带很多例子。初学者可以通过例子，快速了解 Caffe 模型的训练过程。

目前，Caffe 应用实践主要有数据整理、设计网络结构、训练结果、基于现有训练模型，使用其直接识别。同时也可以应用于视觉、语音识别、机器人、神经科学和天文学等领域。自从公布半年以来，Caffe 已经应用在伯克利分校等高校大量的研究项目中，伯克利大学成员 EECS 还与一些行业伙伴合作，如 Facebook 和 Adobe，通过使用 Caffe 获得了先进成果。

6.1.2　安装 Caffe

1．操作系统

操作系统为 CentOS 7.1。

2．安装 NVIDIA GPU 驱动

1）添加 ELRepo 源（见图 6-1）

ELRepo 是一个侧重于硬件相关的 CentOS7 第三方源，包括文件系统驱动、显卡驱动、网络驱动程序、声音驱动、摄像头和视频驱动程序等。

```
# rpm --import https://www.elrepo.org/RPM-GPG-KEY-elrepo.org
# rpm -Uvh http://www.elrepo.org/elrepo-release-7.0-2.el7.elrepo.noarch.rpm
```

图 6-1　ELRepo 源安装示意图

2）安装显卡驱动（见图 6-2）

```
# yum install nvidia-x11-drv nvidia-x11-drv-32bit
```

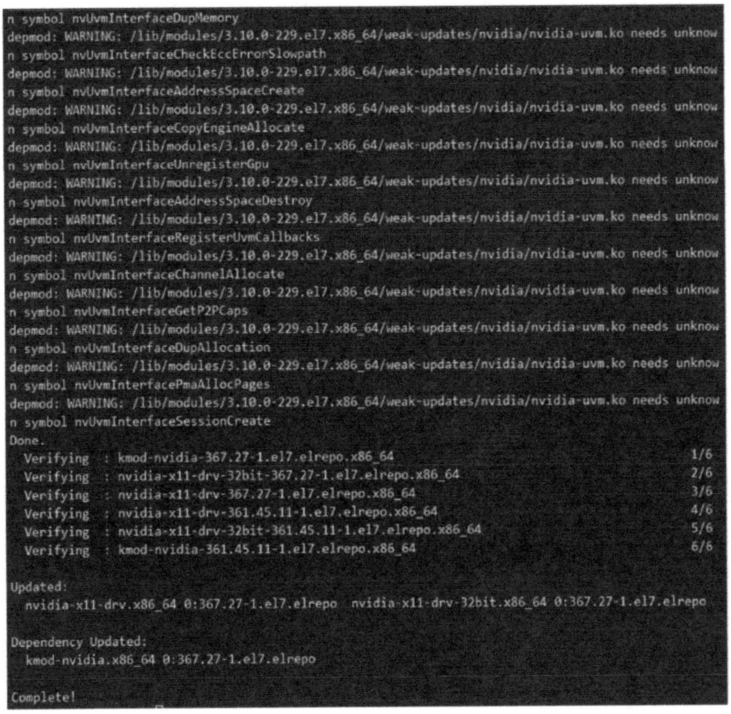

图 6-2　显卡驱动安装完成示意图

3）重启

```
# reboot
```

4）查看 GPU 信息（见图 6-3）

```
# nvidia-smi
```

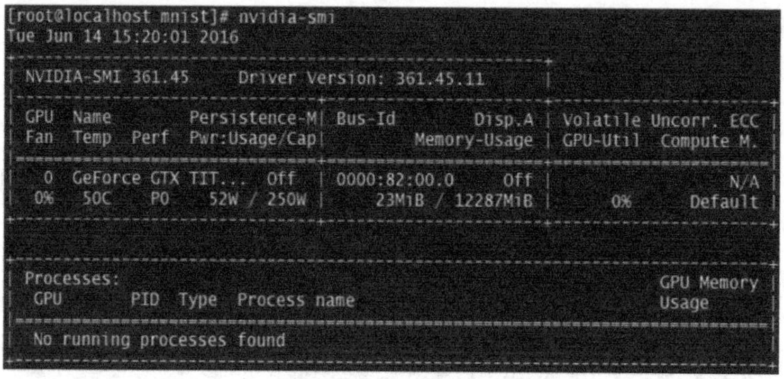

```
[root@localhost mnist]# nvidia-smi
Tue Jun 14 15:20:01 2016
+------------------------------------------------------+
| NVIDIA-SMI 361.45     Driver Version: 361.45.11      |
|-------------------------------+----------------------+----------------------+
| GPU  Name        Persistence-M| Bus-Id        Disp.A | Volatile Uncorr. ECC |
| Fan  Temp  Perf  Pwr:Usage/Cap|         Memory-Usage | GPU-Util  Compute M. |
|===============================+======================+======================|
|   0  GeForce GTX TIT...  Off  | 0000:82:00.0     Off |                  N/A |
|  0%   50C    P0    52W / 250W |     23MiB / 12287MiB |      0%      Default |
+-------------------------------+----------------------+----------------------+

+-----------------------------------------------------------------------------+
| Processes:                                                       GPU Memory |
|  GPU       PID  Type  Process name                               Usage      |
|=============================================================================|
|  No running processes found                                                 |
+-----------------------------------------------------------------------------+
```

图 6-3　GPU 信息图

5）安装 CUDA 7.5 Toolkit

CUDA 7.5 Toolkit 为 NVIDIA 工具包。该工具包包括 GPU 加速库、调试和优化工具、C / C ++编译器和运行库等。

```
# cd /root/cDeep/Nvidia/
# sh cuda_7.5.18_linux.run
```

安装选项（见图 6-4）：

```
Do you accept the previously read EULA? (accept/decline/quit): accept
（接受最终用户许可协议）
Install NVIDIA Accelerated Graphics Driver for Linux-x86_64 352.39? ((y)es/(n)o/(q)uit): n
（不安装 Nvidia 驱动，步骤 1 时已经安装）
Install the CUDA 7.5 Toolkit? ((y)es/(n)o/(q)uit): y
（安装 CUDA 7.5 Toolkit）
Enter Toolkit Location [ default is /usr/local/cuda-7.5 ]:
（回车键，使用默认安装路径）
Do you want to install a symbolic link at /usr/local/cuda? ((y)es/(n)o/(q)uit): y
（安装符号链接）
Install the CUDA 7.5 Samples? ((y)es/(n)o/(q)uit): y
（安装例程）
Enter CUDA Samples Location [ default is /root ]:
（回车键，使用默认安装路径）
```

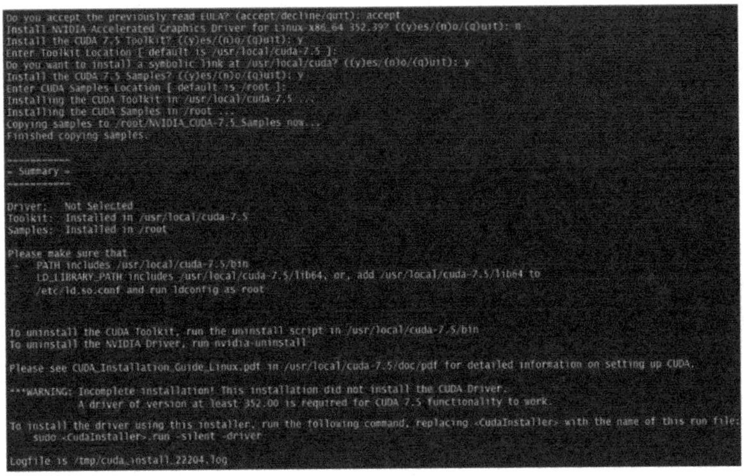

图 6-4　CUDA 安装选项示意图

6）安装 CuDNN v4

CuDNN 是专门针对 Deep Learning 框架设计的一套 GPU 计算加速方案。

```
# cd /root/cDeep/Nvidia/
# tar xvzf cudnn-7.0-linux-x64-v4.0-prod.tgz
# cp cuda/include/cudnn.h /usr/local/cuda-7.5/include
# cp cuda/lib64/libcudnn* /usr/local/cuda-7.5/lib64
# chmod a+r /usr/local/cuda-7.5/lib64/libcudnn*
```

7）配置环境变量

```
# vim /etc/profile
```

在文件最后添加：

```
export LD_LIBRARY_PATH="$LD_LIBRARY_PATH:/usr/local/cuda-7.5/lib64"
export CUDA_HOME=/usr/local/cuda-7.5
```

更新环境变量：

```
# source /etc/profile
```

3．Caffe 安装

1）安装依赖库

```
# source /etc/profile
# yum install protobuf-devel snappy-devel opencv-devel boost-devel
# cd /root/cDeep/Caffe/
# unzip leveldb-master.zip
# cd leveldb-master
# ./build_detect_platform build_config.mk ./
# make
# cp －r include/leveldb /usr/local/include
# cp /root/cDeep/Caffe/leveldb-master/out-static /libleveldb.a /usr/local/lib
```

2）安装 GCC 和 GCC++

GCC 和 GCC++为两款编程语言编译器。

```
# yum -y install gcc gcc-c++
```

3）安装 GIT 和 CMAKE

GIT 可从服务器上克隆完整的 Git 仓库（包括代码和版本信息）到单机。CMAKE 为一款跨平台的编译工具。

```
# yum -y install git
# yum -y install cmake
```

4）安装 GLOG

GLOG 是 google 的一款开源工具，用于打印日志。

```
# cd /root/cDeep/Caffe/
# tar zxvf glog-0.3.3.tar.gz
# cd glog-0.3.3
# ./configure
# make
# make install
```

5）安装 GFLAGS

GFLAGS 是 google 的一个开源处理命令行参数的库。

```
# cd /root/cDeep/Caffe/
# unzip gflags-master.zip
# cd gflags-master
# mkdir build
# cd build
# export CXXFLAGS="-fPIC" && cmake .. && make VERBOSE=1
# make
# make install
```

6）安装 LMDB

LMDB 是一个基于二叉树的数据库管理库。

```
# cd /root/cDeep/Caffe/
# unzip lmdb.zip
# cd lmdb-mdb.master/libraries/liblmdb
# make
# make install
```

7）安装 HDF5

HDF5 是一种能高效存储和分发科学数据的新型数据格式。

```
# cd /root/cDeep/Caffe/
# tar  − xf hdf5-1.8.17.tar
# cd hdf5-1.8.17
#./configure --prefix=/usr/local/hdf5
```

```
# make
# make install
```

8）安装 OpenBlas

OpenBlas 是一个优化的 Blas（基础线性代数程序集）库。

```
# cd /root/cDeep/Caffe/
# unzip OpenBLAS.zip
# cd xianyi-OpenBLAS-3f6398a
# make
# make PREFIX=/usr/local/openblas install
```

9）安装 OpenCV

OpenCV 是一个开源的计算机视觉库。

```
# cd /root/cDeep/Caffe/
# unzip opencv-2.4.13.zip
# cd opencv-2.4.13
# mkdir release
# cd release
# cmake -D CMAKE_BUILD_TYPE=RELEASE -D CMAKE_INSTALL_PREFIX=/usr/local -D
BUILD_PYTHON_SUPPORT=ON -D BUILD_EXAMPLES=ON ..
# make
# make install
```

10）修改配置文件

```
# cd /root/cDeep/Caffe/
# unzip caffe-master.zip
# cd caffe-master
# cp Makefile.config.example Makefile.config
# vim makefile.config
```

修改 makefile.config 文件里的信息：

（1）USE_CUDNN := 1　　　　　　　　　　　　　　　使用 cuda 进行加速

（2）OPENCV_VERSION := 2　　　　　　　　　对应 OpenCV 版本是 2.4.1～2.4.13

（3）CUDA_DIR := /usr/local/cuda-7.5　　　　　　　cuda 头文件及库目录

（4）BLAS := open　　　　　　　　　　　　　　　　使用 openblas

BLAS_INCLUDE := /usr/local/openblas/include　　　　设置头文件路径

BLAS_LIB := /usr/local/openblas/lib　　　　　　　　设置动态库路径

（5）INCLUDE_DIRS := /usr/local/include \

```
/usr/local/hdf5/include \
/usr/include/python2.7
```

（6）设置其他依赖库头文件路径：

```
LIBRARY_DIRS := /usr/local/lib \
                /usr/lib \
/usr/local/hdf5/lib        设置其他依赖库动态库路径
```

143

注：若没有 NVIDIA GPU，需要配置"CPU_ONLY :=1"，并注释"USE_CUDNN := 1"与"CUDA_DIR := /usr/local/cuda-7.5"。

11）Caffe 编译（见图 6-5 和图 6-6）

```
# cd /root/cDeep/Caffe/
# cd caffe-master
# make all  - j4
# make test
```

图 6-5　make test 示意图

```
# make runtest
```

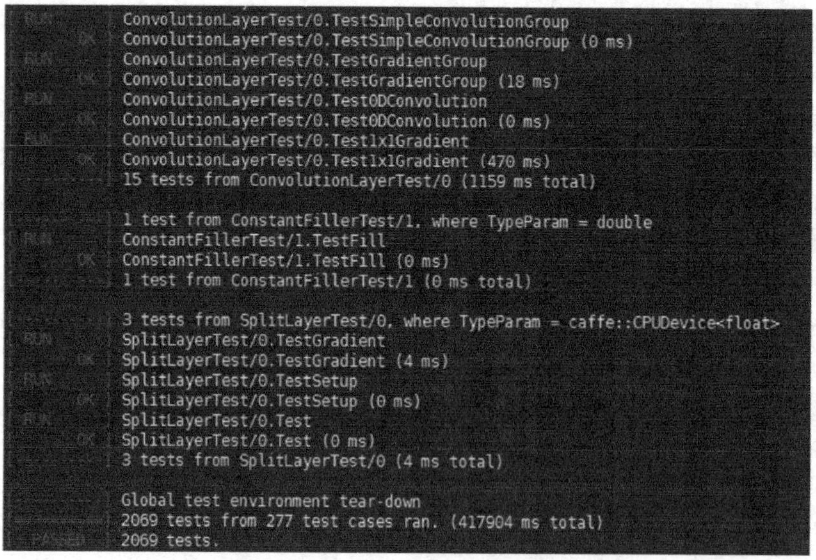

图 6-6　make runtest 示意图

6.1.3　案例：基于 Caffe 的目标识别

CIFAR-10 是由 Hinton 等人整理的用于目标识别的图像数据集。该数据集中总共有 10 类目标，包括 airplane、automobile、bird、cat、deer、dog、frog、horse、ship、truck。每一类由 6000 幅 32×32 的彩色图像组成，其中 50000 幅用于训练，每一类中随机选出 1000 幅用于测试。

1．获得 cifar-10 数据集

```
# cd ./data/cifar10
# ./get_cifar10.sh
```

如图 6-7 所示，共下载得到 6 个 batch 文件，其中 5 个用于训练，1 个用于测试。每个 batch 有 10000 幅图像。

```
-rw-r--r--. 1 2156 1103       61 Jun  5  2009 batches.meta.txt
-rw-r--r--. 1 2156 1103 30730000 Jun  5  2009 data_batch_1.bin
-rw-r--r--. 1 2156 1103 30730000 Jun  5  2009 data_batch_2.bin
-rw-r--r--. 1 2156 1103 30730000 Jun  5  2009 data_batch_3.bin
-rw-r--r--. 1 2156 1103 30730000 Jun  5  2009 data_batch_4.bin
-rw-r--r--. 1 2156 1103 30730000 Jun  5  2009 data_batch_5.bin
-rwxrwxrwx. 1 root root      504 Jun  2 15:56 get_cifar10.sh
-rw-r--r--. 1 2156 1103       88 Jun  5  2009 readme.html
-rw-r--r--. 1 2156 1103 30730000 Jun  5  2009 test_batch.bin
```

图 6-7　cifar-10 数据集

2．生成训练及测试数据，将样本转为 LEVELDB 格式

```
# cd ./examples/cifar10
# ./create_cifar10.sh
```

运行结果如图 6-8 所示，生成 cifar10_train_lmdb、cifar10_test_lmdb 两个目录及均值文件 mean.binaryproto。

```
drwxr--r--. 2 root root    36 Jun 24 17:18 cifar10_test_lmdb
drwxr--r--. 2 root root    36 Jun 24 17:18 cifar10_train_lmdb
-rwxrwxrwx. 1 root root  3677 Jun  2 15:56 convert_cifar_data.cpp
-rwxrwxrwx. 1 root root   508 Jun 24 17:18 create_cifar10.sh
-rw-r--r--. 1 root root 12299 Jun 24 17:18 mean.binaryproto
-rwxrwxrwx. 1 root root  5243 Jun  2 15:56 readme.md
```

图 6-8　生成目录图

3．训练及测试（见图 6-9）

```
# cd ./examples/cifar10
# ./train_full.sh
```

本次训练使用 50000 幅图像迭代了 68000 次，同时测试了识别 10000 幅图像，正确率为 81.51%。

```
I0627 11:54:55.960958 13600 solver.cpp:337] Iteration 67000, Testing net (#0)
I0627 11:54:56.297761 13600 solver.cpp:404]     Test net output #0: accuracy = 0.815
I0627 11:54:56.297785 13600 solver.cpp:404]     Test net output #1: loss = 0.534026 (* 1 = 0.534026 loss)
I0627 11:54:56.301308 13600 solver.cpp:228] Iteration 67000, loss = 0.307264
I0627 11:54:56.301329 13600 solver.cpp:244]     Train net output #0: loss = 0.307264 (* 1 = 0.307264 loss)
I0627 11:54:56.301349 13600 sgd_solver.cpp:106] Iteration 67000, lr = 1e-05
I0627 11:54:58.606628 13600 solver.cpp:228] Iteration 67200, loss = 0.420484
I0627 11:54:58.606654 13600 solver.cpp:244]     Train net output #0: loss = 0.420484 (* 1 = 0.420484 loss)
I0627 11:54:58.606663 13600 sgd_solver.cpp:106] Iteration 67200, lr = 1e-05
I0627 11:55:00.914706 13600 solver.cpp:228] Iteration 67400, loss = 0.309124
I0627 11:55:00.914757 13600 solver.cpp:244]     Train net output #0: loss = 0.309124 (* 1 = 0.309124 loss)
I0627 11:55:00.914767 13600 sgd_solver.cpp:106] Iteration 67400, lr = 1e-05
I0627 11:55:03.210448 13600 solver.cpp:228] Iteration 67600, loss = 0.318404
I0627 11:55:03.210533 13600 solver.cpp:244]     Train net output #0: loss = 0.318404 (* 1 = 0.318404 loss)
I0627 11:55:03.210544 13600 sgd_solver.cpp:106] Iteration 67600, lr = 1e-05
I0627 11:55:05.472537 13600 solver.cpp:228] Iteration 67800, loss = 0.308161
I0627 11:55:05.472561 13600 solver.cpp:244]     Train net output #0: loss = 0.308161 (* 1 = 0.308161 loss)
I0627 11:55:05.472570 13600 sgd_solver.cpp:106] Iteration 67800, lr = 1e-05
I0627 11:55:07.708394 13600 solver.cpp:337] Iteration 68000, Testing net (#0)
I0627 11:55:07.732182 13600 blocking_queue.cpp:50] Data layer prefetch queue empty
I0627 11:55:08.037986 13600 solver.cpp:404]     Test net output #0: accuracy = 0.8151
I0627 11:55:08.038010 13600 solver.cpp:404]     Test net output #1: loss = 0.534015 (* 1 = 0.534015 loss)
I0627 11:55:08.041465 13600 solver.cpp:228] Iteration 68000, loss = 0.306155
I0627 11:55:08.041487 13600 solver.cpp:244]     Train net output #0: loss = 0.306155 (* 1 = 0.306155 loss)
I0627 11:55:08.041496 13600 sgd_solver.cpp:106] Iteration 68000, lr = 1e-05
```

图 6-9   训练及测试结果图

6.2   TensorFlow

6.2.1   TensorFlow 框架

TensorFlow 是大规模机器学习的异构分布式系统，最初是由 Google Brain 小组（该小组隶属于 Google's Machine Intelligence 研究机构）的研究员和工程师开发出来的，开发目的是用于进行机器学习和深度神经网络的研究。但该系统的通用性足以使其广泛用于其他计算领域，例如，语言识别、计算机视觉、机器人、信息检索、自然语言理解、地理信息抽取等方面。

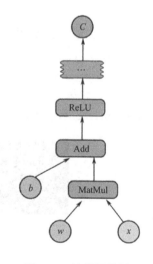

图 6-10   计算图示例

TensorFlow 是一个表达机器学习算法的接口，可以使用计算图来对各种网络架构进行实现。图 6-10 描述的是传统神经网络，x 为输入数据，w、b 为输入层与第一个隐含层之间的权重和偏置，均为可训练参数，其中 x、w 经过矩阵相乘运算（MatMul），然后与 b 进行相加运算（Add），最后经过修正线性单元的激活函数（ReLU），实现了输入层到第一个隐含层间的前向传播，省略部分与上述操作类似，组合起来实现整个神经网络的前向传播计算。最后的节点 C 表示损失函数，用来评估神经网络预测值与真实值之间的误差。如此完成了整个神经网络模型的描述，然后利用 TensorFlow 中自动求导的优化器即可以对网络进行训练。

TensorFlow 系统中的主要构件称为 client 端，通过会话（Session）接口与 master 端进行通信，其中 master 端包含至少一个 worker 进程，每个 worker 进程负责访问硬件设备（包括 CPU 及 GPU），并在其中运行计算图的节点操作。TensorFlow 实现了本地和分布式两种接口机制。如图 6-11（a）所示为本地实现机制，其中 client 端、master 端和 worker 均运行在同一个机器中；如图 6-11（b）所示为分布式实现机制，它与本地实现的代码基本相同，但是 client 端、master 端和 worker 进程一般运行在不同的机器中，所包含的不同任务由一个集群调度系统进行管理。

single process
client
session
run
master
execute
subgraph
worker
client
process
master
process
execute
subgraph
worker
process 1
worker
process 2
worker
process 3

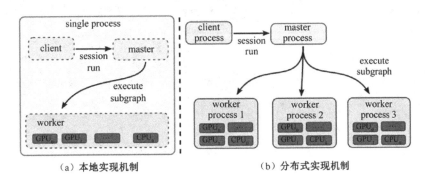

（a）本地实现机制　　（b）分布式实现机制

图 6-11　本地和分布式系统架构示意图

这种灵活的架构有如下优点。

（1）可以让使用者多样化地将计算部署在台式机、服务器或者移动设备的一个或多个 CPU 上，而且无须重写代码。

（2）可被任一基于梯度的机器学习算法借鉴。

（3）灵活的 Python 接口。

（4）可映射到不同硬件平台。

（5）支持分布式训练。

6.2.2 安装 TensorFlow

1. 安装 pip（见图 6-12）

pip 是一个安装和管理 Python 包的工具。

```
# cd /root/cDeep/Tensorflow/
# python get-pip.py
```

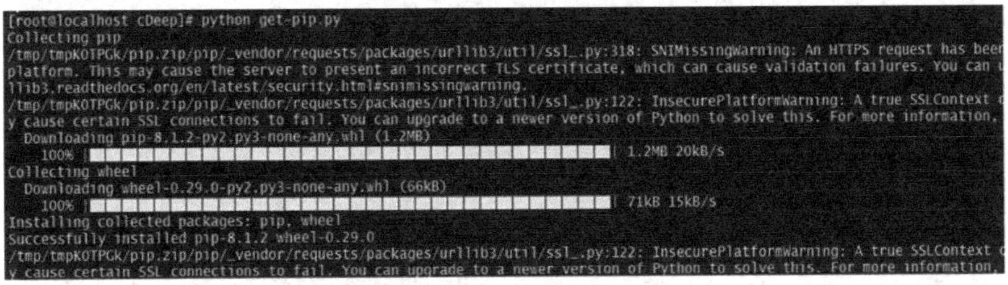

[root@localhost cDeep]# python get-pip.py
Collecting pip
/tmp/tmpKOTPGk/pip.zip/pip/_vendor/requests/packages/urllib3/util/ssl_.py:318: SNIMissingWarning: An HTTPS request has been
platform. This may cause the server to present an incorrect TLS certificate, which can cause validation failures. You can
llib3.readthedocs.org/en/latest/security.html#snimissingwarning.
/tmp/tmpKOTPGk/pip.zip/pip/_vendor/requests/packages/urllib3/util/ssl_.py:122: InsecurePlatformWarning: A true SSLContext
y cause certain SSL connections to fail. You can upgrade to a newer version of Python to solve this. For more information,
Downloading pip-8.1.2-py2.py3-none-any.whl (1.2MB)
100% | 1.2MB 20kB/s
Collecting wheel
Downloading wheel-0.29.0-py2.py3-none-any.whl (66kB)
100% | 71kB 15kB/s
Installing collected packages: pip, wheel
Successfully installed pip-8.1.2 wheel-0.29.0
/tmp/tmpKOTPGk/pip.zip/pip/_vendor/requests/packages/urllib3/util/ssl_.py:122: InsecurePlatformWarning: A true SSLContext
y cause certain SSL connections to fail. You can upgrade to a newer version of Python to solve this. For more information,

图 6-12　pip 安装示意图

2. 安装 TensorFlow（见图 6-13）

```
# cd /root/cDeep/Tensorflow/
# pip install --upgrade tensorflow-0.8.0-cp27-none-linux_x86_64.gpu.whl
```

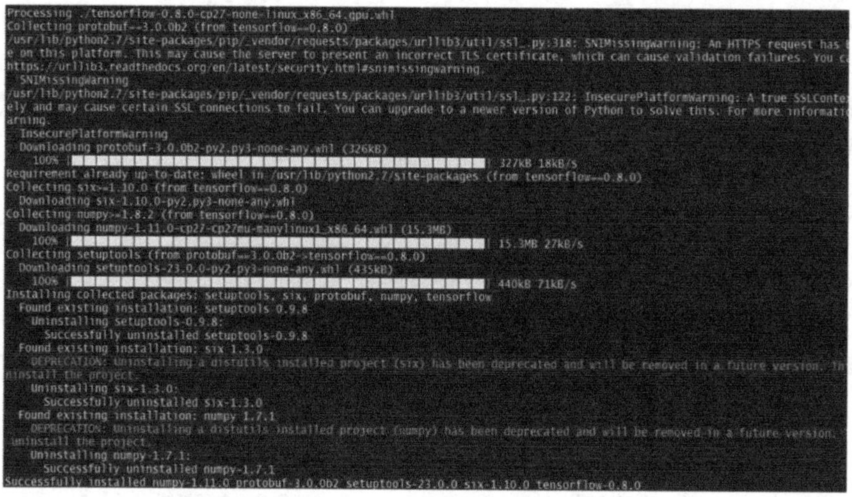

图 6-13　TensorFlow 安装示意图

3.　安装测试（见图 6-14）

```
# python
...
>>> import tensorflow as tf
>>> hello = tf.constant('Hello, TensorFlow!')
>>> sess = tf.Session()
>>> print(sess.run(hello))
Hello, TensorFlow!
>>> sess.close()
>>> exit()
```

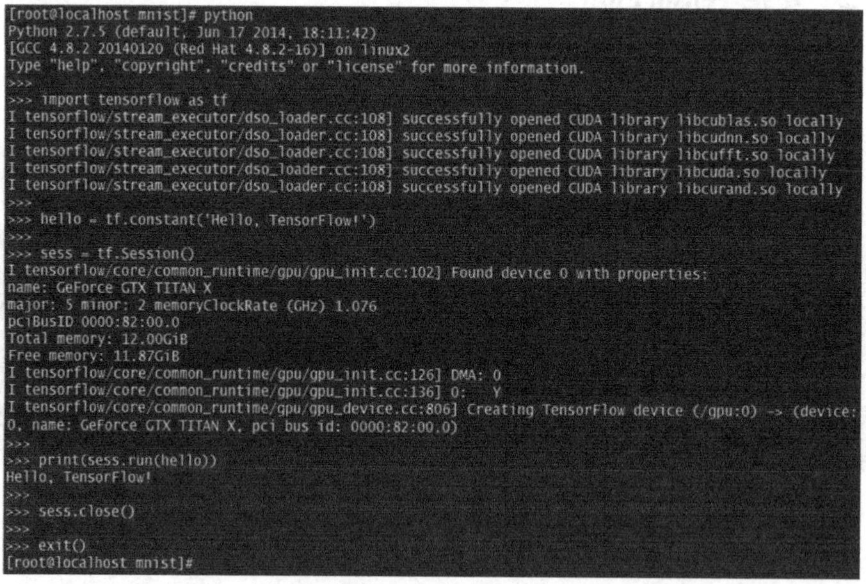

图 6-14　测试示意图

6.2.3　案例：基于 TensorFlow 的目标识别

TensorFlow 中的识别案例也采用 CIFAR-10。在 Caffe 的识别案例中已经介绍过 CIFAR-10，它是一个包含 10 个类别普通物体识别的数据集。

下载数据集：

```
wget http://www.cs.toronto.edu/~kriz/cifar-10-binary.tar.gz
tar -xzf cifar-10-python.tar.gz
```

如图 6-15 所示，共下载得到 6 个 batch 文件，其中 5 个用于训练，1 个用于测试。每个 batch 有 10000 幅图像。

```
total 181876
-rw-r--r--. 1 2156 1103        158 Mar 31  2009 batches.meta
-rw-r--r--. 1 2156 1103 31035704 Mar 31  2009 data_batch_1
-rw-r--r--. 1 2156 1103 31035320 Mar 31  2009 data_batch_2
-rw-r--r--. 1 2156 1103 31035999 Mar 31  2009 data_batch_3
-rw-r--r--. 1 2156 1103 31035696 Mar 31  2009 data_batch_4
-rw-r--r--. 1 2156 1103 31035623 Mar 31  2009 data_batch_5
-rw-r--r--. 1 2156 1103         88 Jun  5  2009 readme.html
-rw-r--r--. 1 2156 1103 31035526 Mar 31  2009 test_batch
```

图 6-15　CIFAR-10 数据集

```
# cd   /tensorflow/models/image/cifar10/
```

首先运行训练程序：

```
# python cifar10_train.py
```

稍后运行测试程序：

```
# python cifar10_eval.py
```

训练时资源消耗（见图 6-16）：

CPU：～41%；

GPU：～42%；

耗时：～50min。

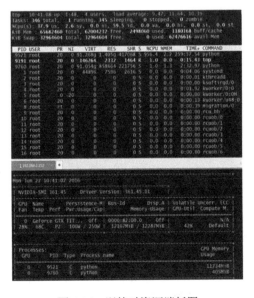

图 6-16　训练时资源消耗图

训练完成示意图如图 6-17 所示。

```
2016-06-27 11:03:00.222717: step 29990, loss = 0.61 (1355.4 examples/sec; 0.094 sec/batch)
```

图 6-17　训练完成示意图

测试集准确率约为 84.4%（见图 6-18）。

```
2016-06-27 11:08:40.389597: precision @ 1 = 0.844
```

图 6-18　测试结果示意图

6.3　其他开源框架

上述介绍了两种流行的开源软件——TensorFlow、Caffe，下面介绍一些其他的深度学习软件。

6.3.1　CNTK

CNTK（Computational Network Toolkit）是微软出品的深度学习工具包，可以很容易地设计和测试计算网络，如深度神经网络。该工具包通过一个有向图将神经网络描述为一系列计算步骤，在有向图中，叶节点表示输入值或网络参数，其他节点表示该节点输入之上的矩阵运算。计算网络的目标是采取特征数据，通过简单的计算网络转换数据，然后产生一个或多个输出。输出通常是由某种输入特征决定的。计算网络可以采取多种形式，如前馈、递归或卷积，并包括计算和非线性的各种形式。对网络的参数进行优化，从而对一组给定数据和优化准则产生“最佳”的可能结果。

CNTK 有以下 5 个主要特点。

（1）CNTK 是训练和测试多种神经网络的通用解决方案。

（2）用户使用一个简单的文本配置文件指定一个网络。配置文件指定了网络类型，在何处找到输入数据，以及如何优化参数。在配置文件中，所有这些设计的参数是固定的。

（3）CNTK 尽可能无缝地把很多计算在一个 GPU 上进行，这些类型的计算网络很容易向量化，并很好地适应到很多个 GPU 上。CNTK 与支持 CUDA 编程环境的多个 GPU 兼容。

（4）CNTK 为了更有效地展现必要的优化，它自动计算所需要的导数，网络由许多简单的元素组成，并且 CNTK 可以跟踪细节，以保证优化正确完成。

（5）CNTK 可以通过添加少量的 C ++代码来实现必需块的扩展，也很容易添加新的数据读取器，以及非线性和目标函数。

若建立一个非标准神经网络，例如，可变参数 DNN，传统方法需要设计网络、推导出优化网络导数、执行算法，然后运行实验，这些步骤易出错并且耗时。而很多情况下，CNTK 只需要编写一个简单的配置文件。

6.3.2　MXNet

MXNet 出自 CXXNet、Minerva、Purine 等项目的开发者之手，是一款兼具效率和灵活性的深度学习框架。它允许使用者将符号编程和命令式编程相结合，从而最大限度地提高效率和生产力。其核心是动态依赖调度程序，该程序可以动态自动进行并行化符号和命令操作。其中部署的图形优化层使得符号操作更快、内存利用率更高。这个库便携、轻量，而且能够扩展到多个 GPU 和多台机器上。

MXNet 有以下主要特点。

（1）其设计说明可以被重新应用到其他深度学习项目中。

（2）可灵活配置任意计算图。

（3）整合了各种编程方法的优势，最大限度地提高灵活性和效率。

（4）轻量、高效的内存，以及支持便携式的智能设备，如手机等。

（5）多 GPU 扩展和分布式的自动并行化设置。

（6）支持 Python、R、C++和 Julia。

（7）对云计算友好，直接兼容 S3、HDFS 和 Azure。

6.3.3　Theano

Theano 是用一个希腊数学家的名字命名的，由 LISA 集团（现 MILA）在加拿大魁北克的蒙特利尔大学开发，它是一个 Python 库，最著名的包括 Blocks 和 Keras。Theano 是 Python 深度学习中的一个关键基础库，是 Python 的核心。使用者可以直接用它来创建深度学习模型或包装库，大大简化了程序。Theano 也是一个数学表达式的编译器，它允许使用者有效地定义、优化和评估涉及多维数组的数学表达式，同时支持 GPUs 和高效符号分化操作。

Theano 具有以下特点。

（1）与 NumPy 紧密相关：在 Theano 的编译功能中使用了 Numpy.ndarray。

（2）透明地使用 GPU：执行数据密集型计算比 CPU 快了 140 多倍（针对 Float32）。

（3）高效符号分化：Theano 将函数的导数分为一个或多个不同的输入。

（4）速度和稳定性的优化：即使输入的 x 非常小，也可以得到 $\log(1+x)$ 的正确结果。

（5）动态生成 C 代码：表达式计算更快。

（6）广泛的单元测试和自我验证：多种错误类型的检测和判定。

自 2007 年起，Theano 一直致力于大型密集型科学计算研究，但它目前也被广泛应用在课堂上，如 Montreal 大学的深度学习/机器学习课程。

6.3.4　Torch

Torch 诞生已经有十年之久，但真正起势得益于 2015 年 Facebook 人工智能研究院（FAIR）开源了大量 Torch 的深度学习模块和扩展，其核心是流行的神经网络，它使用简单的优化库，同时具有最大的灵活性，可实现复杂神经网络的拓扑结构，可以通过 CPU 和 GPU 等有效方式，建立神经网络和并行任意图；它的另一个特殊之处是采用了不太流行的编程语言 Lua（该语言曾被用来开发视频游戏）。Torch 的目标是让用户通过极其简单的过程、最大的灵活性和速度建立自己的科学算法。Torch 有一个在机器学习领域大型生态社区驱动库包，包括计算机视觉软件包、信号处理、并行处理、图像、视频、音频和网络等，并广泛使用在许多学校的实验室，以及谷歌、NVIDIA、AMD、英特尔许多公司。

Torch 具有以下主要特点。

（1）很多实现索引、切片、移调的程序。

（2）通过 LuaJIT 的 C 接口。

（3）快速、高效的 GPU 支持。

（4）可嵌入、移植到 iOS、Android 和 FPGA 的后台。

6.3.5　Deeplearning4j

Deeplearning4j 由创业公司 Skymind 于 2014 年 6 月发布，不仅是首个商用级别的深度学习开源库，也是一个面向生产环境和商业应用的高成熟度深度学习开源库，Deeplearning4j 是一个 Java 库，并且广泛支持深度学习算法的计算框架，可与 Hadoop 和 Spark 集成，即插即用，方便开发者在 APP 中快速集成深度学习功能。Deeplearning4j 包括实现受限玻尔兹曼机、深度信念网络、深度自编码、降噪自编码和循环张量神经网络，以及 Word2vec、Doc2vec 和 Glove。在谷歌 Word2vec 上，它是唯一一个开源的且 Java 实现的项目。其可应用于对金融领域的欺诈检测、异常检测、语音搜索和图像识别等，已被埃森哲、雪弗兰、IBM 等企业所使用。Deeplearning4j 可结合其他机器学习平台，如 RapidMiner 和 Prediction.io 等。

Deeplearning4j 有以下主要特点。

（1）依赖于广泛使用的编程语言 Java。

（2）集合了 Cuda 内核，支持 CPU 和分布式 GPU。

（3）可专门用于处理大型文本集合。

（4）Canova 向量化各种文件形式和数据类型。

表 6-1 比较了较为流行的深度学习开源软件。

表 6-1　各种深度学习开源软件比较

软　件	开发语言	CUDA 支持	分布式	循环网络	卷积网络	RBM/DBNs
TensorFlow	C++、Python	√	√	√	√	√
Caffe	C++、Python	√	×	√	√	×
Torch	C、Lua	*	×	√	√	√
Theano	Python	√	×	√	√	√
MXNet	C++、Python，Julia、Matlab、Go、R、Scala	√	√	√	√	√
CNTK	C++	√	×	√	√	？
Deeplearning4j	Java、Scala、C	√	√	√	√	√

注：表中"？"表示可借助"ConvertDBN comman"实现，"*"代表第三方实现。

习题

1. 安装 TensorFlow。
2. 安装配置 Caffe 环境，完成 test 操作。
3. 深度学习的开源框架有哪些？
4. 分别简述 CNTK、MXNet、Theano、Torch 深度学习软件的主要特点。

参考文献

[1]　Bourdev L D. Pose-aligend networks for deep attribute modeling: IEEE, US2015 0139485[P]. 2015.

[2]　Karayev S, Trentacoste M, Han H, et al. Recognizing Image Style[J]. Eprint Arxiv, 2013.

[3]　https://github.com/Microsoft/CNTK.

[4]　https://github.com/dmlc/mxnet.

[5]　http://www.deeplearning.net/software/theano/.

[6]　http://torch.ch/.

[7]　https://deeplearning4j.org/.

第 7 章　深度学习在图像中的应用

人类从外界环境获取的信息中，有 80%～90%的信息来自视觉。人类能够快速有效地对这些视觉信息进行处理，而计算机是否也能够快速有效地对图像中的场景信息和所包含的物体进行识别和处理呢？本章主要介绍如何使用深度学习方法让计算机对图像进行快速识别和处理。

7.1　图像识别基础

让计算机对图像进行识别的想法来自 1966 年美国麻省理工学院（Massachusetts Institute of Technology，MIT）布置的一个暑期项目（Summber Project）。Seymour Papert 教授让学生在暑假中完成计算机对视觉信息进行识别和处理这一任务。当时，Seymour Papert 教授认为该任务比较简单，可以在一个暑假内完成。结果可想而知，聪明的 MIT 学生在经过一个暑假之后发现计算机对图像进行识别这一任务远没有想象中那么简单。自 1966 年之后，越来越多的学者开始对计算机视觉和图像识别进行研究。

那么，什么是图像识别呢？我们可以先从熟悉的人类视觉进行了解。如图 7-1 所示，对于一幅自然场景图像（或视频），我们的视觉传感设备（眼睛）首先接收到这些视觉信息，接着使用信息处理和解释设备（大脑）对接收到的视觉信息进行处理和解释，从而对图像中的物体等进行识别和理解，比如图像中有花园（garden）、桥（bridge）、水（water）等。类似地，对于计算机而言，首先使用计算机的传感设备（摄像头）接收视觉信息，接着使用计算机对接收到的视觉信息进行处理和解释，从而对图像中的物体进行识别和理解。

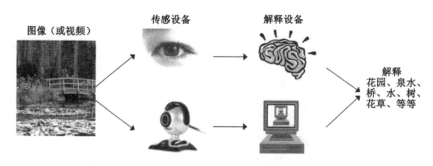

图 7-1　人眼和计算机的图像识别过程

听起来，计算机对图像进行识别好像跟人眼对图像识别一样容易。那么，计算机对图像进行识别的难点到底是什么呢？可以看一下图 7-2，对于一张自然场景图像，人眼看到的是左边这张生动的图像；而对于计算机而言，看到的却是一堆枯燥的数字（这些数字对应的是图像各像素点的灰度等特征值）。如何在像素点的特征值和图像语义之间进行处理和关联是计算机进行图像识别的一大难题。

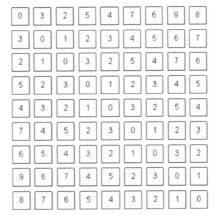

（a）人眼所见的图像　　　　　　　　（b）计算机所见的图像

图 7-2　人眼所见的图像和计算机所见的图像

迄今为止，图像识别已经取得了非常大的进步，并且逐渐应用到我们的日常生活中。比如，照相机和手机都有人脸识别的功能：当我们进行人物的拍摄时，计算机将帮助我们自动将人脸检测出来。

传统的图像识别一般分成两个主要步骤：①手工提取图像中的特征；②设计分类器。近年来，由于大数据的爆发和深度学习的发展，越来越多的研究者基于深度网络和大规模的数据对图像进行识别。

7.2　基于深度学习的大规模图像识别

图像识别是深度学习最早尝试和应用的领域。1989 年，纽约大学的 LeCun 教授等人发明了一种卷积神经网络（Convolution Neural Network, CNN）。卷积神经网络是一种带有卷积核的深度神经网络，通常包含卷积层、池化层和全连接层。但是在很长一段时间里，卷积神经网络并没有取得巨大的成功，在计算机视觉和图像识别领域并没有受到足够的重视。

深度神经网络没有受到重视这一情况一直持续到 2012 年。在这一年，深度学习在计算机视觉和图像识别领域中取得了具有突破性和影响力的成果：Hinton 教授和他的学生 Alex Krizhevsky 采用深度学习技术获得了 ImageNet（www.image-net.org）图像分类比赛的冠军，并且性能远超第二名。这一经典的深度神经网络模型被简称为 AlexNet。接下来将介绍 AlexNet 深度网络如何进行大规模图像识别。

7.2.1　大规模图像数据库：ImageNet

ImageNet 由美国斯坦福大学 Li Fei-fei 教授的研究团队提出，是一个很大规模的数据库，包含超过 1500 万具有标签的高清图像，这些图像可以分成约两万两千个类别。这些图像均从网络中采集而得，并使用亚马逊的"土耳其机器人"众包工具，集广大网民的力量手工标注获得图像对应的标签。

自从 2010 年起，ImageNet 大尺度视觉识别挑战竞赛（ImageNet Large-Scale Visual Recognition Challenge, ILSVRC）每年如约举行，它是当今计算机视觉和图像识别领域最具影响力的比赛之一。每年一度的 ILSVRC 比赛牵动着众多研究机构和巨头公司的心弦。ILSVRC 使用 ImageNet 数据库中的一部分图像：这些图像可以分成 1000 类，每类约有 1000 张图像。部分图像如图 7-3 所示。在较小的数据库（如 PASCAL VOC 数据库）中，图像一般分成鸟、猫、狗等较粗的类别。而在 ILSVRC 竞赛所使用的数据库中，图像被分成了更细的类别，比如火烈鸟（flamingo）、公鸡（cock）、披肩鸡（ruffed grouse）等。在 ILSVRC 竞赛中总共约有 120 万张训练图像、5 万张验证图像和 15 万张测试图像。

图 7-3　ILSVRC 竞赛的图像示例

7.2.2　AlexNet 网络结构

用于图像识别的深度神经网络一般包含卷积层、池化层和全连接层。图 7-4 给出了 AlexNet 的网络结构。AlexNet 总共包含 8 个学习层：前 5 层是卷积层，最后 3 层是全连接层。在这 5 个卷积层中，第 1、2、5 层后面有最大池化（Max pooling）层。

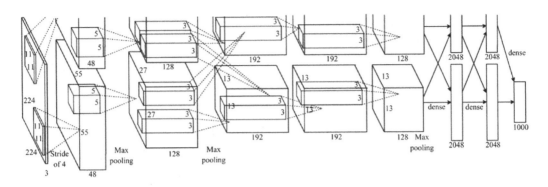

图 7-4　AlexNet 的网络结构

ImageNet 数据库中包含大小不一的图像，而 AlexNet 需要输入尺寸固定的图像。因此，所有的输入图像都将大小统一调整为 256×256。为了避免过拟合，对 256×256 的图像进行随机裁剪，获得多个 224×224 大小的图像（这一技巧将在 7.2.5 节中进行详细阐述）。每个输入图像均使用 RGB 三个颜色通道上的特征。因此，对于 AlexNet 网络而言，输入图像的大小为 224×224×3，如图 7-4 所示。

AlexNet 深度网络包括 5 个卷积层。第一个卷积层对 224×224×3 的输入图像进行卷积，总共包含 96 个大小为 11×11×3 的卷积核，进行卷积的步幅（Stride）为 4。卷积结果的大小为 55×55×96（图 7-4 中分成大小为 55×55×48 的两部分，原因是两个 GPU 并行计算，参见 7.2.4 节）。第二个卷积层对第一个卷积层的结果（经过了归一化和最大池化）进行卷积，总共包含 256 个大小为 5×5×48 的卷积核。第三个卷积层对第二个卷积层的结果进行卷积，总共包含 384 个大小为 3×3×256 的卷积核。第四个卷积层总共包含 384 个大小为 3×3×192 的卷积核。第五个卷积层总共包含 256 个大小为 3×3×192 的卷积核。

AlexNet 深度网络包括 3 个全连接层。前 2 个全连接层各包括 4096 个节点；最后 1 个全连接层包括 1000 个节点，代表 1000 个目标类别。

AlexNet 深度网络之所以获得成功，主要原因在于以下几点：①使用非线性激活函数 ReLU；②在多 GPU 上进行实现；③使用降低过拟合的措施，比如增加训练数据和 dropout 技术。

7.2.3　非线性激活函数 ReLU

在 ReLU 激活函数出现之前，神经网络最常用的激活函数是 Sigmoid 函数。Sigmoid 函数的公式和形状如图 7-5（a）所示。Sigmoid 函数将输出数值限制在 0～1。特别地，如果是较大的负数，输出接近 0；如果是较大的正数，输出接近 1。可以看出，当输入较大或较小的时候，会有饱和现象。也就是说，Sigmoid 函数的导数只有在 0 附近时有比较大的激活性，而在正负饱和区的梯度都接近 0。当神经网路的层数较多时，Sigmoid 函数在反向传播时的梯度值会越来越小，在经过多层的反向传播之后，梯度值会变得非常小。这就导致根据训练样本的反馈来更新神经网络的参数变得异常缓慢，甚至起不到任何作用。这一现象称为梯度弥散。

AlexNet 中，使用 ReLU 激活函数来替代 Sigmoid 激活函数。ReLU 激活函数的公式和形状如图 7-5（b）所示。根据公式定义，当输入小于 0 时，输出都是 0；当输入大于 0 时，输出等于输入。相比较于 Sigmoid 激活函数而言，ReLU 激活函数具有如下几个优点：①ReLU 激活函数在大于 0 的部分梯度为常数，所以不会出现梯度弥散现象；②ReLU 激活函数在小于 0 的部分梯度都为 0，所以神经网络中神经元的激活值一旦进入负半区，这个神经元的权重不会进行更新，即具有所谓的稀疏性，可以在一定程度上缓解过拟合现象的发生；③ReLU 激活函数的导数计算非常简单快速。Alex 等人用 ReLU 激活函数取代 Sigmoid 激活函数，发现使用 ReLU 激活函数的收敛速度会比 Sigmoid 激活函数的收敛速度快很多。

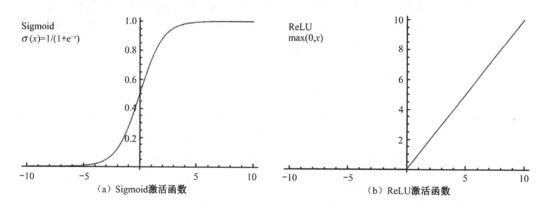

图 7-5　Sigmoid 和 ReLU 激活函数

7.2.4　在多 GPU 上进行实现

Alex 等人在两块 GTX 580 的 GPU 上对 AlexNet 深度网络进行实现和训练。一块 GTX 580 的 GPU 只有 3GB 的内存，这限制了在该 GPU 上进行训练的网络的最大规模。在 ILSVRC 竞赛中，总共约有 120 万张训练图像。这些训练图像可以用来很好地训练出 AlexNet 深度网络的参数，但是对于一个包含 3GB 内存的 GPU 来说图像数目太大。因此，Alex 等人将网络分布在两个 GTX 580 的 GPU 上进行实现。由于现有的 GPU 能够很方便地从另一个 GPU 的内存中读出和写入数据，而无须经过主机内存，所以现有的 GPU 特别适合进行跨 GPU 并行计算。AlexNet 深度网络中采用的多 GPU 并行计算的方式是将一半的神经元放在一个 GPU 上，如图 7-4 所示。

7.2.5　增加训练样本

增加训练样本，又称为数据增强，就是通过对图像进行变换人为地扩大训练数据集。该方法是减少过拟合现象的一个最容易和最普遍的方法。

常用的几种图像数据增强方法如图 7-6 所示。第一种方法是从原始图像中随机裁剪出一些图像［见图 7-6（a）］。第二种方法是对原始图像进行水平翻转［见图 7-6（b）］。第三种方法是给图像增加一些随机的光照或对图像进行彩色变换，从而对原始图像的颜色进行调整［见图 7-6（c）］。此外，还可以对原始图像进行平移、旋转、拉伸或整合变换来增加训练样本。

在训练 AlexNet 深度网络时，采用以下两种方法进行数据增强。

（1）随机裁剪和水平翻转：在训练时，将原始大小为 256×256 的图像随机裁剪到 224×224 的大小，并且允许对裁剪后的图像进行水平翻转。这就相当于将样本个数增加了 $2 \times (256-224)^2$ 倍，即 2048 倍。

（2）颜色调整：在所有 ImageNet 训练图像的 RGB 像素值上进行主成分分析（Principle Component Analysis，PCA），然后对每一张训练图像以一定的比例添加多个找到的主成分。

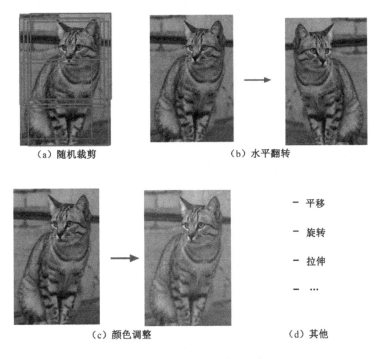

（a）随机裁剪　　　　　　　　　（b）水平翻转

（c）颜色调整　　　　　　　　　（d）其他

图 7-6　常见的数据增强方法

7.2.6　Dropout 技术

Droupout 技术是一个非常简单有效的正则化技术。在网络训练期间，Dropout 技术相当于是对整体神经网络进行子采样（见图 7-7，实线圈出的节点包含在子网络中），并且基于输入数据更新子网络的参数。具体实现方法为：以 50%的概率将神经网络中每一个隐含层节点的输出设置为 0，使之不参与前向传播和反向传播。在 AlexNet 深度网络中，最后的两个全连接层使用了 Dropout 技术。

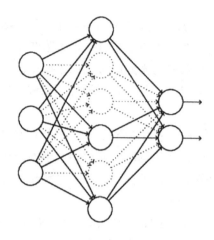

图 7-7　Dropout 示例

在过去几年中，研究者提出更多越来越深的深度网络，比如 VGGNet、GoogLeNet 和 ResNet。相应地，计算机的图像识别性能大大提升，出错率仅仅约为 5%，比人眼的出错率还要低。图像识别性能的大幅上升很大程度上依赖于 GPU 带来的超强计算能力和更大规模的训练图像数据。

接下来的章节分别从人脸识别、图像风格化和图像标注这三个角度讲述深度学习在图像识别中的应用：其中人脸识别和图像风格化都是基于卷积神经网络进行实现的，图像标注基于卷积神经网络和循环神经网络进行实现。

7.3　应用举例：人脸识别

7.3.1　人脸识别的经典流程

人脸识别是计算机视觉和图像识别领域的一个研究热点。在自然场景中进行自动人脸识别的经典流程一般分为以下三个步骤：人脸检测（face recognition）、人脸对齐（face alignment，又称面部特征点对齐）、特征提取和分类器设计，如图 7-8 所示。

给定一张自然场景图像，首先将图像中的人脸检测出来（图 7-8（b）中用框将人脸框出来）。接着，对检测出的人脸进行对齐和姿态校正，使得人脸尽可能"正"。在进行人脸对齐和校正的过程中，需要提取人脸面部的特征点（图 7-8（c）中的点对应各特征点）。这些特征点的位置主要包括瞳孔、鼻子左侧、鼻孔下侧、嘴唇等位置。基于这些特征点的位置做一定的位置变形，对检测到的人脸进行对齐和校正。

图 7-9 给出了一个比较明显的人脸对齐的示例。图 7-9 右侧的子图给出了对齐前的人脸，左侧的子图给出了对齐后的人脸。基于对齐和校正的人脸进行识别，有助于提高人脸识别的准确率。

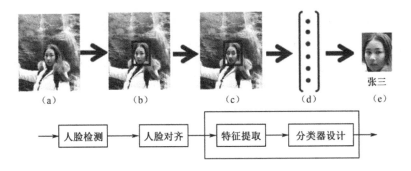

图 7-8　人脸识别的经典流程

　　人脸识别的最后一个步骤是基于对齐的人脸进行特征的提取和分类器的设计，从而回答一个"Who am I？"的问题。人脸识别实际是对对齐之后的图像区域进行人脸分类。基于图 7-8（c）中对齐后的人脸，对框中的人脸特征进行提取并且设计合适的分类器，可以识别出该自然场景图像中的人是张三［见图 7-8（e）］。一般而言，狭义的人脸识别指的就是这个步骤，即特征提取和分类器设计这一部分。也就是说，狭义的人脸识别都是基于已框定并且已对齐的人脸图像区域进行算法研究的。

图 7-9　人脸对齐示例

7.3.2　人脸图像数据库

　　自 2007 年以来，LFW（Labeled Faces in the Wild）数据库是自然场景环境下人脸识别问题的测试基准，是目前用得最多的自然场景人脸图像数据库，如图 7-10 所示。该数据库中的图像来源于因特网，采集的是自然场景环境下的人脸图像，目的是提高自然场景环境下人脸识别的准确率。这个数据库包含 5749 个人，共 13233 幅图像：其中 4069人只有一幅图像，1680 人具有两幅及两幅以上的图像。这些图像是 JPEG 格式，均为250×250 的大小。绝大多数图像是彩色图，少数图像是灰度图。

图 7-10　LFW 数据库

自 LFW 数据库发布以来，人脸识别的性能被不断刷新。2013 年之前，主要的技术路线是提取人造或基于学习的局部描述：一般手工提取人脸图像的局部特征，比如 LBP、Gabor、SIFT、HOG 等特征。2014 年之后，主要的技术路线是深度学习，即使用深度网络从原始图像中直接学习具有判别性的人脸特征表示。

7.3.3 基于深度学习的人脸识别方法

基于深度学习的人脸识别方法中，具有突破性的方法是发表于 2014 年计算机视觉国际顶级会议 IEEE Conference on Computer Vision and Pattern Recognition (CVPR)上的 DeepFace。在该方法中，作者通过额外的 3D 模型对人脸对齐方法进行改进；接着基于一个深层的卷积网络结构（9 层的 CNN）在具有 400 万人脸的大数据（共包含 4000 个人的人脸）上进行训练，学习得到人脸特征。实验结果表明，该方法在 LFW 数据库上的识别准确率达到 97.35%。该方法的贡献主要包括两点：一是基于 3D 模型对人脸进行对齐；二是使用大数据训练深层的人工神经网络，得到具有判别性的人脸特征。

DeepFace 在预处理的阶段使用了 3D 模型将人脸图像对齐到典型姿态下，如图 7-11 所示。这个人脸对齐方法主要包括以下几个步骤：（a）通过 6 个基准特征点检测出图像中的人脸；（b）将人脸区域剪切出来；（c）建立三角网格（Delaunay triangulation）；（d）参考标准的 3D 模型；（e）将标准 3D 模型比对到剪切出来的人脸图像上；（f）进行仿射变形；（g）最终得到对齐后的正面人脸图像。

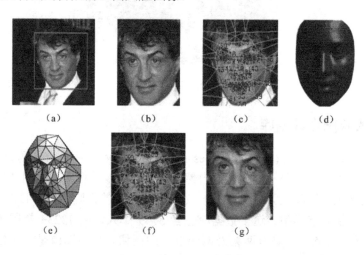

图 7-11　人脸对齐的流程

DeepFace 所采用的深度网络结构如图 7-12 所示。经过人脸对齐之后，一个具有三个颜色通道（RGB）的大小为 152×152 的人脸图像输入给神经网络的卷积层 C_1，这个卷积层包含有 32 个大小为 11×11×3 的卷积核。接着，得到的 32 个特征图输入到一个池化层 M_2 中：基于每一个特征图，在 3×3 的区域内求最大值进行池化，池化的步幅是 2 个像素。池化的结果再次输入到一个卷积层 C_3 中，该卷积层包含 16 个大小为 9×9×32 的卷积核。上述 3 层网络的作用是提取低层次的特征，比如简单的边缘和纹理。最大值池化层 M_2 使得卷积神经网络更加鲁棒。然而，多层的池化容易使得网络丢失一些关于面部结构和微纹理的精确位置信息，所以该网络结构中只在第一层卷积层 C_1 后面加入一个池化层 M_2。接下来的三层网络（L_4，L_5 和 L_6）引入了一个局部连接（Locally Connected）卷积结构，在特征图的每个空间位置学习单独的卷积核。最后的两层网络（F_7 和 F_8）是全连接层：每一个输出节点连接所有的输入节点。这两个全连接层有助于捕获人脸图像中相隔比较远的图像区域特征之间的关系，比如捕获眼睛和嘴巴的位置与形状之间的关系。第一个全连接层 F_7 的输出可以看作是根据深度神经网络学习而得的人脸特征，而人脸特征在传统非深度网络方法中是人工构造得到的。第二个全连接层 F_8 可以看成是一个分类器，根据深度网络学习而得的人脸特征经过该分类器得到最终人脸识别的结果。

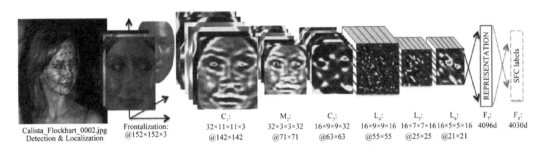

图 7-12　DeepFace 采用的深度网络结构

DeepFace 模型在 LFW 数据集上逼近了人类的人脸识别精度，准确率达到 97.35%。除了 DeepFace 之外，其他具有代表性的工作包括 DeepID、VGGFace 和 FaceNet 等。自 2014 年之后，将深度学习与海量的有标注人脸数据相结合成为人脸识别领域的主流技术路线。这些人脸识别方法具有两个重要的趋势。第一个趋势是网络变大变深（VGGFace 有 16 层，FaceNet 有 22 层）；第二个趋势是使用的数据量不断增大（DeepFace 使用 400 万张人脸图像，FaceNet 使用 2 亿张人脸图像）。更大更深的网络和大数据成为提升人脸识别性能的关键。

7.4　应用举例：图像风格化

对于艺术家而言（比如著名的梵高和毕加索等人），都需要用毕生的时间和心血才能创作出令人惊叹的艺术作品。然而近年来，多位科学家通过研究和应用深度神经网络将普通的图片转化成富有艺术风格的画作，这一过程称为图像风格化。图像风格化是最近两年深度学习最热门的应用之一。本节基于德国科学家 Gatys 等人的研究工作，对深度学习在图像风格化领域的应用进行描述。这个研究工作主要基于深度神经网络算法（Deep Neural Network），将随意提供的普通照片进行处理和加工，创造成为具有艺术风格的作品。在进一步讲解实现细节之前，我们不妨先来欣赏一下这些科学家创作的艺术作品，如图 7-13 所示。可以看出，一幅普通的建筑图像在梵高的《星空》渲染下可以得到一幅具有相同艺术风格的作品。

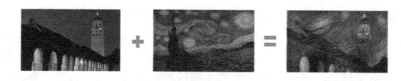

图 7-13　图像风格化的示例

那么该研究工作是如何实现作品创作的呢？总体而言，该工作基于 VGG 模型，分别对该模型产生的不同特征层进行内容重构和风格重构，接着通过重构符合输入艺术作品风格的图像获得相应的创作结果。其中，最重要的步骤是内容重构和风格重构。图 7-14 给出了内容重构和风格重构的示例图，下面分别对实现细节进行描述。

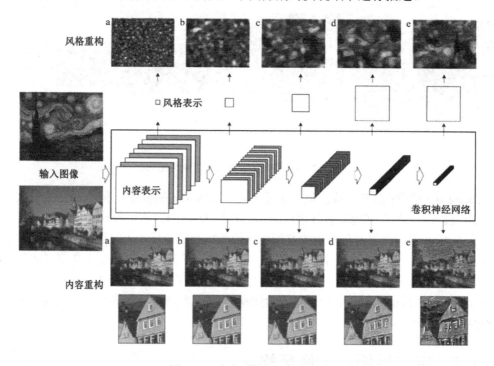

图 7-14　内容重构和风格重构

7.4.1　内容重构

深度卷积神经网络（Deep Convolutional Neural Network，DCNN）中的每一层都定义了一个非线性的卷积核：越深的层对应越复杂的卷积核。对于一个给定的输入图像 x，根据不同层上的卷积核可以得到相应的特征图组。如果某一层具有 N_l 个不同的卷积核，那么可以得到 N_l 个特征图：每个特征图的大小为 M_l（卷积所得图的长与宽的乘积）。所以第 l 层卷积核所得结果可以存储在矩阵 $F^l \in R^{N_l \times M_l}$ 中，其中 F_{ij}^l 表示第 i 个卷积核在第 l 层中的第 j 个位置处的特征值。为了可视化深度卷积神经网络中不同层所包含的图像信息（图 7-14 中的内容重构），Gatys 等人首先初始化一个白噪声图像，接着使用梯度下降法来寻找与原图在特定层特征值相匹配的图像，得到在该层内容重构的生成图像。令

p 和 x 分别代表原图和生成的图像，P^l 和 F^l 分别代表原图和生成图像在第 l 层的特征图组。将两个特征图组的平方和误差损失定义如下：

$$L_{\text{content}}(p, x, l) = \frac{1}{2} \sum_{i,j} (F_{i,j}^l - P_{i,j}^l)^2$$

在第 l 层，上述误差损失对于特征值的偏导数如下：

$$\frac{\partial L_{\text{content}}}{\partial F_{i,j}^l} = \begin{cases} \left(F^l - P^l\right)_{ij} & if\ F_{i,j}^l > 0 \\ 0 & if\ F_{i,j}^l < 0 \end{cases}$$

根据上述偏导数，关于图像 x 的梯度可以使用标准差反向传播算法进行计算。基于此，可以改变原始的随机图像 x 直到该图像能在特定层产生与原图 p 一致的特征图组。图 7-14 中所得到的五个内容重构结果分别基于 VGG 模型中的 'conv1_1' 层，'conv2_1' 层，'conv3_1' 层，'conv4_1' 层和 'conv5_1' 层。

7.4.2　风格重构

通过计算卷积神经网络在某一层各特征图之间的相关性对图像的风格进行重构，可以得到一个相对应的风格表示图。某一层中特征图间的相关性可以用一个 Gram 矩阵 $G^l \in R^{N_l \times N_l}$ 进行计算，其中 G_{ij}^l 是第 l 层上向量化的特征图 i 和特征图 j 的内积：

$$G_{ij}^l = \sum_k F_{ik}^l F_{jk}^l$$

为了生成与给定图风格相匹配的纹理图像（见图 7-14 中的风格重构），Gatys 等人首先初始化一个白噪声图像，接着使用梯度下降法来寻找与原图风格表示相匹配的图像，得到在该层风格重构的生成图像。该工作通过最小化原图与待生成图像的 Gram 矩阵之间的平均方差获得风格重构的结果。令 a 和 x 分别代表原图和待生成的图像，A^l 和 G^l 分别代表原图和生成图像在第 l 层的风格表示图。第 l 层的误差损失定义如下：

$$E_l = \frac{1}{4N_l^2 M_l^2} \sum_{i,j} \left(G_{ij}^l - A_{ij}^l\right)^2$$

总的误差损失定义为各层误差损失的加权和：

$$L_{\text{style}}(a, x) = \sum_{l=0}^L w_l E_l$$

在上式中，w_l 是不同层对总体损失函数的权重因子。误差损失 E_l 相对于特征值的偏导数如下：

$$\frac{\partial E_l}{\partial F_{i,j}^l} = \begin{cases} \dfrac{1}{N_l^2 M_l^2} \left((F^l)^{\mathrm{T}}(G^l - A^l)\right)_{ji} & if\ F_{i,j}^l > 0 \\ 0 & if\ F_{i,j}^l < 0 \end{cases}$$

误差损失 E_l 在更低层的导数可以用标准差反向传播算法进行计算。图 7-14 中所得到的五个风格重构结果分别基于 VGG 模型中的 'conv1_1' 层（对应子图（a）），'conv1_1' 和 'conv2_1' 层（对应子图（b）），'conv1_1'、'conv2_1' 和 'conv3_1' 层（对应子图（c）），'conv1_1'、'conv2_1'、'conv3_1' 和 'conv4_1' 层（对应子图

（d）），'conv1_1'、'conv2_1'、'conv3_1'、'conv4_1'和'conv5_1'层（对应子图（e））对风格表示进行匹配。

7.4.3 内容与风格的重组

最终，通过联合最小化生成图与原图之间的内容表示误差及生成图与画作之间的风格表示误差，生成混合了原图内容和画作风格的艺术作品。令 p 和 a 分别代表照片原图和艺术作品，所要最小化的损失函数如下所示：

$$L_{\text{total}}(p, a, x) = \alpha L_{\text{content}}(p, x) + \beta L_{\text{style}}(a, x)$$

上式中，α 和 β 分别是内容重构和风格重构的权重因子。当权重比例 α/β 变化时，最终生成图像的变化如图 7-15 所示。该图中第 A 行显示的是与 VGG 模型中'conv1_1'层风格重构相匹配的结果，第 B 行显示的是与 VGG 模型中'conv1_1'和'conv2_1'层风格重构相匹配的结果，第 C 行显示的是与 VGG 模型中'conv1_1'、'conv2_1'和'conv3_1'层风格重构相匹配的结果，第 D 行显示的是与 VGG 模型中'conv1_1'、'conv2_1'、'conv3_1'和'conv4_1'层风格重构相匹配的结果，第 E 行显示的是与 VGG 模型中'conv1_1'、'conv2_1'、'conv3_1'、'conv4_1'和'conv5_1'层风格重构相匹配的结果。该图中，每一列对应着不同的权重比例 α/β（第一列的权重比例为 10^{-5}，第二列的权重比例为 10^{-4}）。可以看出，权重比例越大时，生成图像与原图的内容越接近；权重比例越小时，生成图像与画作的风格越接近。

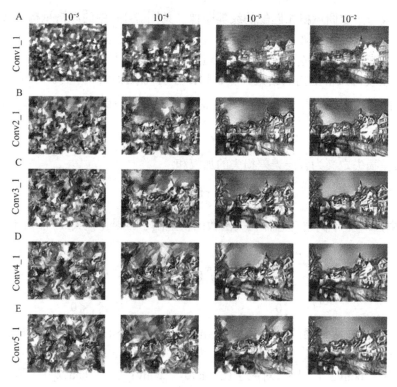

图 7-15　内容和风格重组

7.5　应用举例：图像标注

图像标注是由计算机以说明或关键词的形式分配语言数据给一张图像的过程。图像标注这一技术的作用非常大，比如在图像检索系统中对感兴趣的图像进行搜索和定位。图像标注的本质是将视觉转化成语言，即小学生作文中常说的"看图说话"，如图 7-16 所示。图像标注是希望计算机能像人一样，根据图像给出描述图像内容的自然语言。"看图说话"对我们人类来说是非常容易的事情，小学生就能够很好地完成这一项任务。比如图 7-16 中的第一幅图，人能够很容易看出这个图像的大致含义（一个穿着黑色 T 恤的人正在弹吉他）。

一个穿着黑色T恤的人　　一个穿着橙色安全背心的　　两个小女孩正在玩乐高玩具。　一个男孩在滑板上做后空翻。
正在弹吉他。　　　　　　建筑工人正在道路上工作。

一个穿粉色裙子的小女孩　　一只黑白相间的狗跳过栏杆。　一个穿着粉色短袖的小女孩　　一个身穿蓝色潜水服的人
在空中跳。　　　　　　　　　　　　　　　　　　在秋千上荡秋千。　　　　　在海浪上冲浪。

图 7-16　图像标注成功示例

但是对于计算机而言，"看图说话"就是一种极大的挑战。如图 7-17 中的第一幅图所示，计算机认为是一个小孩正拿着一个棒球拍，而人几乎不会犯这种错误。"看图说话"对计算机而言较难的原因是，计算机需要在视觉和语言这两种信息之间进行转换。虽然图像标注对计算机而言难度较大，但自深度学习流行之后，基于深度学习的图像标注方法取得了越来越好的效果。

一个小男孩正在拿着 一个棒球拍。　　　一只猫正坐在沙发上用遥控器。　　　一个女人正在镜子前抱着一只泰迪熊。　　　一匹马正站在路中间。

图 7-17　图像标注失败案例

7.5.1　基于深度网络的图像标注方法概述

本部分以斯坦福大学 Li Fei-fei 教授等人的工作"Deep visual-semantic alignments for generating image descriptions"为例，介绍深度学习如何用于图像标注问题中。

先前的大多数图像标注方法将输入的图像内容标注成固定的视觉类别，这些方法依赖于手工提取的视觉概念和语句模板，利用模板合成的方式，生成语句描述。这些方法的缺点是不灵活，对于未见过的图像内容，往往表现得不够自然和人性化。

Li Fei-fei 教授等人的工作"Deep visual-semantic alignments for generating image descriptions"指出图像标注类任务的主要难点在于不依赖模板，而用自然语言的方式多样化地描述图像。也就是说，这个工作的目标就是在给定一张自然场景图像的情况下，得到图像的自然语言描述。

那么如何做到呢？假设有一个很大的数据库，数据库中记录着图像及对应的语句描述。可想而知，在每个语句当中，不同的语句片段对应图像中特定但

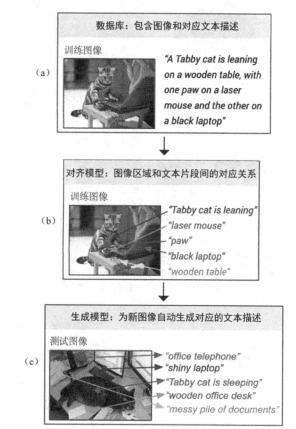

图 7-18　图像标注的流程

未知的图像区域。Li Fei-fei 教授等人的方法就是推断出这些语句片段与图像区域之间的对应关系，接着根据这些对应关系来生成一个自然语言描述模型，如图 7-18 所示。具体来说，这个方法主要包括两个部分的内容：

第一步，提出一种视觉和语义的对齐模型：提出一个深度神经网络 CNN 模型，根

据训练图像集合和对应的语句［见图 7-18（a）］，推断语句片段与图像区域之间的对应关系［见图 7-18（b）］；

第二步，将对齐好的图像区域与语句片段作为训练数据，构造多模态（Multimodal）RNN 模型，为新的图像自动生成对应的文本描述［见图 7-18（c）］。

7.5.2　视觉语义对齐

视觉和语义的对齐模型主要由三个部分组成：①构造卷积神经网路，用于表示图像区域；②构造双向循环神经网络（Bidirectional Recurrent Neural Networks），用于表示语句；③构造结构化的目标函数，使用多模态嵌入方法将图像区域与语义进行对齐，得到如图 7-19 所示的结果。

图 7-19　视觉语义对齐结果

1．视觉表示

根据观察可知，图像的语句描述一般和图像中的目标和目标的特征相对应。因此，Li Fei-fei 教授等人使用 Region Convoluional Neural Network（RCNN）方法检测图像中包含的目标，如图 7-20 所示。对输入图像，提取大约 2000 个目标候选区域，使用卷积神经网络（CNN）为每个目标候选区域计算对应的特征，使用线性 SVM 分类器对每个目标候选区域进行分类。所使用的卷积神经网络先在 ImageNet 数据库上进行预训练，接着在具有 200 个目标类别的 ImageNet 目标检测数据库上进行微调。

然后，选取前 19 个置信度最高的图像区域，加上整张图像，得到 20 个图像区域。基于卷积神经网络计算这 20 个图像区域的特征，每个图像区域所得的特征是 4096 维。接着使用下述公式将该特征转换到多模态嵌入空间：

$$v = W_m[\text{CNN}_{\theta_c}(I_b)] + b_m$$

$\text{CNN}(I_b)$ 表示图像区域对应的 4096 维特征。W_m 表示一个 $h \times 4096$ 维的矩阵，h 是多模态嵌入空间的维度（在 Li Fei-fei 教授等人的工作中，多模态嵌入空间的维度在 1000～1600）。经过上述转换，每个图像区域可以表示为一个 h 维的向量（总共有 20 个图像区域）。

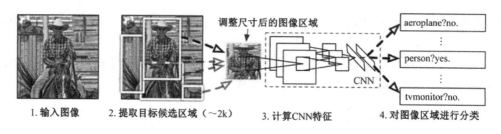

1. 输入图像　　2. 提取目标候选区域（～2k）　　3. 计算CNN特征　　4. 对图像区域进行分类

图 7-20　基于 RCNN 的目标检测方法

2. 语义表示

为了建立图像区域和单词之间的关联性，需要将单词映射到相同的 h 维多模态嵌入空间中。最简单的方法应该就是直接将每一个单词映射到嵌入空间中。然而，这种方面没有考虑一个语句中各单词之间的顺序和上下文信息。Li Fei-fei 教授等人使用一个双向循环神经网络（Bidirectional Recurent Neural Network，BRNN）来表示单词。

该 BRNN 模型将 N 个单词序列作为输入，将每一个单词都转换为一个 h 维的向量。使用 $t=1,\cdots,N$ 表示各单词在语句中的位置，那么该 BRNN 模型可以用下述公式进行表示：

$$x_t = W_w \mathbb{I}_t$$
$$e_t = f(W_e x_t + b_e)$$
$$h_t^f = f(e_t + W_f h_{t-1}^f + b_f)$$
$$h_t^b = f(e_t + W_b h_{t+1}^b + b_b)$$
$$s_t = f(W_d(h_t^f + h_t^b) + b_d)$$

$\mathbb{I}_t$ 是一个指示向量。初始时，该指示向量是一个全 0 的列向量；假设句子中第 t 个词在词典（word vocabulary）中的位置为 i，那么第 i 个位置的值为 1，其余位置的值都为 0。W_w 是一个 $300 \times v$ 维的单词嵌入矩阵（简单来说应该就是一个转换矩阵或者映射矩阵），v 代表词典中所包含的词数。BRNN 模型包含了两个独立的过程，如图 7-21 所示。一个过程从左到右，计算 h_t^f；一个过程从右到左，计算 h_t^b。最后第 t 个词的 h 维输出 s_t 就是所求的该词在 h 维多模态嵌入空间中的表示，该表示包含了这个词的位置和上下文等相关信息。

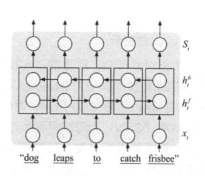

图 7-21　语义表示的流程

3. 视觉语义对齐

前面两个部分分别将图像区域和语义映射到共同的 h 维多模态嵌入空间中。由于训练阶段给出的是整个图像和对应的语句描述，Li Fei-fei 教授等人将图像和语句之间的匹配分数（可以理解为匹配程度）用图像区域与语句片段之间的匹配分数进行表示。直觉上来说，当语句片段能在图像中找到很强的对应位置时，这个语句和图像之间应该有很高的匹配分数。那么，第 k 幅图像和第 l 个语句描述之间的匹配分数可以用图像中的第 i

个图像区域和语句描述中的第 t 个单词之间的内积进行表示，如下：

$$S_{kl} = \sum_{t \in g_l} \sum_{i \in g_k} \max(0, v_i^T s_t)$$

其中，g_k 是第 k 个图像中的图像区域集合，g_l 是第 l 个语句中的语句片段集合。各图像和语义匹配分数的计算过程如图 7-22 所示。

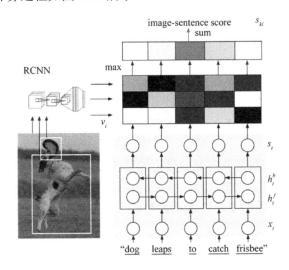

图 7-22　各图像和语义匹配分数的计算过程

7.5.3　为新图像生成对应文本描述

假定有一些图像和相关语句描述的集合，这些集合可以是整幅的图像和相关的语句描述，也可以是图像区域和相关的语句片段。现在主要的挑战是设计一个模型，使之可以根据给定的新图像预测相对应的文本描述。Li Fei-fei 教授等人通过构造一个多模态循环神经网络（Multimodal Recurrent Neural Network，MRNN）模型来完成该任务。在训练阶段，将图像 I 和对应文本描述的特征向量序列（$x_1, \cdots, x_T$）输入到 MRNN 模型中，如图 7-23 所示。

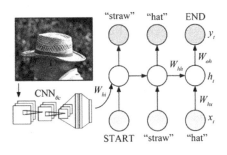

图 7-23　多模态循环神经网络的流程图

图 7-23 中，x_t 表示第 t 个单词的特征向量。通过重复下面的迭代过程　（$t=1, \cdots, T$）来计算隐藏状态序列（$h_1, \cdots, h_T$）和输出值序列（$y_1, \cdots, y_T$）：

$$b_v = W_{hi}[\text{CNN}_{\theta_c}(I)]$$
$$h_t = f(W_{hx}x_t + W_{hh}h_{t-1} + b_h + \mathbb{I}(t=1) \odot b_v)$$
$$y_t = \text{softmax}(W_{oh}h_t + b_o)$$

在测试阶段，首先计算输入图像的表示 b_v，将 h_0 设置为 0，x_1 设置为 START 向量；计算第一个单词的概率分布 y_1，根据最大的概率获得第一个词；设置这个单词的嵌入向量为 x_2，重复上述步骤，直到产生 END 标记为止。根据这些步骤产生的一系列单词就是输入图像对应的文本描述。

习题

1．传统的图像识别由哪两个经典步骤组成？

2．传统的图像识别与基于深度学习的图像识别之间的主要区别是什么？

3．最早用于图像识别并取得突破性进展的深度网络是什么网络？它由多少卷积层和多少全连接层构成？

4．Sigmoid 激活函数和 ReLU 激活函数的公式分别是什么？ReLU 激活函数具有哪些优点？

5．常用的数据增强方法有哪些？AlexNet 中使用了哪些数据增强方法？

参考文献

[1] Krizhevsky A, Sutskever I, Hinton G E. Imagenet Classification with Deep Convolutional Neural Networks[C]//Advances in neural information processing systems, 2012:1097-1105.

[2] Everingham M, Gool L V, Williams C K I, et al. The Pascal Visual Object Classes (voc) Challenge[J]. International Journal of Computer Vision, 2010, 88(2):303-338.

[3] Simonyan K, Zisserman A. Very Deep Convolutional Networks for Large-scale Image Recognition[J]. arXiv preprint arXiv:1409.1556, 2014.

[4] Szegedy C, Liu W, Jia Y, et al. Going Deeper with Convolutions[C]//Proceedings of the IEEE conference on computer vision and pattern recognition, 2015:1-9.

[5] He K, Zhang X, Ren S, et al. Deep Residual Learning for Image Recognition[C]//Proceedings of the IEEE conference on computer vision and pattern recognition, 2016:770-778.

[6] Karpathy A, Li F F. Deep Visual-semantic Alignments for Generating Image Descriptions[C]//Proceedings of the IEEE Conference on Computer Vision and Pattern Recognition, 2015:3128-3137.

[7] Girshick R, Donahue J, Darrell T, et al. Rich Feature Hierarchies for Accurate Object Detection and Semantic Segmentation[C]//Proceedings of the IEEE conference on computer vision and pattern recognition, 2014:580-587.

[8] Huang G B, Ramesh M, Berg T, et al. Labeled Faces in the Wild: A Database for Studying

Face Recognition in Unconstrained Environments[R]. Tech. rep., Technical Report 07-49, University of Massachusetts, Amherst, 2007.

[9]　Taigman Y, Yang M, Ranzato M, et al. Deepface: Closing the Gap to Human-level Performance in Face Verification[C]//Proceedings of the IEEE Conference on Computer Vision and Pattern Recognition, 2014:1701-1708.

[10]　Sun Y, Chen Y, Wang X, et al. Deep Learning Face Representation by Joint Identification-verification[C]//Advances in neural information processing systems, 2014:1988-1996.

[11]　Sun Y, Wang X, Tang X. Deeply Learned Face Representations Are Sparse, Selective, and Robust[C]//Proceedings of the IEEE Conference on Computer Vision and Pattern Recognition, 2015:2892-2900.

[12]　Sun Y, Liang D, Wang X, et al. Deepid3: Face Recognition with Very Deep Neural Networks[J]. arXiv preprint arXiv:1502.00873, 2015.

[13]　Parkhi O M, Vedaldi A, Zisserman A. Deep Face Recognition.[C]//BMVC, 2015, 1:6.

[14]　Schroff F, Kalenichenko D, Philbin J. Facenet: A Unified Embedding for Face Recognition and Clustering[C]//Proceedings of the IEEE Conference on Computer Vision and Pattern Recognition, 2015:815-823.

[15]　Champandard A J. Semantic Style Transfer and Turning Two-bit Doodles Into Fine Artworks[J]. arXiv preprint arXiv:1603.01768, 2016.

[16]　Johnson J, Alahi A, Li F F. Perceptual Losses for Real-time Style Transfer and Super-resolution[C]//European Conference on Computer Vision, 2016:694-711.

[17]　Gatys L A, Ecker A S, Bethge M. A Neural Algorithm of Artistic Style[J]. arXiv preprint arXiv:1508.06576, 2015.

第8章 深度学习在语音中的应用

语音识别技术，也可以称为自动语音识别(Automatic Speech Recgonition, ASR)，它所要解决的问题是让计算机能够"听明白"人类的语音，将语音信号中包含的文字信息"剥离"出来。语音识别技术相当于人类的"耳朵"，在"能听会说"的智能计算机系统中扮演着至关重要的角色。

语音识别的发展经历了从最初的孤立词识别系统到规模较小的小词汇量连续语音识别系统，再到今天复杂的大词汇量连续语音识别（Large Vocabulary Continuous Speech Recognition，LVCSR）系统三个阶段。在 2000 年以前，有众多语音识别相关的核心技术涌现出来，例如：混合高斯模型（GMM）、隐马尔可夫模型（HMM）、梅尔倒谱系数(MFCC)及其差分、n 元词组语言模型(LM)、鉴别性训练及多种自适应技术。在 2000 年到 2010 年间，GMM-HMM 序列鉴别性训练这种重要的技术被成功应用到实际系统中，但是在语音识别领域无论是理论还是实际应用，进展都相对缓慢。直到 2010 年以后，深度神经网络（DNN）依靠不断增长的计算力、大规模数据集的出现和人们对模型本身更好的理解，使 DNN-HMM 声学模型成为主流技术。本章详细介绍语音识别的基础，以及基于 DNN 的连续语音识别技术，最后通过应用举例加深读者对该技术的理解。

8.1 语音识别基础

语音识别最基本的定义是"电脑能听懂人类说话的语句或命令，而做出相应的工作"。该研究领域已经活跃了 50 多年。一直以来，这项技术都被当作是可以使人与人、人与机器更顺畅交流的桥梁。然而，语音在过去并没有真正成为一种重要的人机交流的形式，这一部分是缘于当时技术的落后，语音技术在大多数用户实际使用的场景下还不大可用。另一部分原因是很多情况下使用键盘、鼠标这样的形式交流比语音更有效、更准确，约束更小。

语音识别技术在近些年渐渐开始改变我们的生活和工作方式。对某些设备来说，语音成了人与之交流的主要方式。这种趋势的出现和下面几个关键领域的进步是分不开的。首先，摩尔定律持续有效。有了多核处理器、通用计算图形处理器（General Purpose Graphical Processing Unit，GPGPU）、CPU/GPU 集群等技术，今天可用的计算力相比十几年前高了几个量级，这使得训练更加强大而复杂的模型变得可能。其次，借助越来越先进的互联网和云计算，我们得到了比先前多得多的数据资源。使用从真实场景收集的大数据进行模型训练，提高了系统的可应用性。最后，移动设备、可穿戴设备、智能家居设备、车载信息娱乐系统正变得越来越流行。在这些设备和系统上，以往鼠标、键盘这样的交互方式不再体现出便捷性。而语音作为人类之间自然交流方式，作为大部分人的既有能力，在这些设备和系统上成为更受欢迎的交互方式。

在近几年中，语音识别技术成为很多应用中的重要角色。这些应用可分为帮助促进人类之间的交流和促进人机交流两类。

8.1.1　人类之间的交流

语音识别技术可以用来消除人类之间的障碍。在过去，人们如果想要与不同语言的使用者进行交流，需要另一个人作为翻译才行。这极大地限制了人们的可交流对象，抑制了交流机会。例如，如果一个人不会中文，那么独自到中国旅游通常就会有很多麻烦。而语音与语音（Speech-to-Speech，S2S）翻译系统其实是可以用来消除这种交流壁垒的。除了应用于旅行的人以外，S2S 翻译系统是可以整合到像 Skype 这样的一些交流工具中的。这样，语言不通的人也可以自由进行远程交流。图 8-1 列举了一个典型的 S2S 翻译系统的核心组成模块，可以看到，语音识别是整个流水线中的第一环。

图 8-1　典型的语音到语音翻译系统的核心组成模块

除此之外，语音识别技术还有其他形式可以用来帮助人类交流。例如，在统一消息中，消息发送者的语音消息可以通过语音转写子系统转换为文本消息，文本消息继而通过电子邮件、即时消息或者短信的方式轻松地发送给接收者方便地阅读。再如，给朋友发短信时，利用语音识别技术进行输入可以更便捷。语音识别技术还可以用来将演讲和课程内容进行识别和索引，使用户能够更轻松地找到自己感兴趣的信息。

8.1.2　人机交流

语音识别技术可以极大地提升人机交流的能力，其中最流行的应用场景包括语音搜索、个人数码助理、游戏、起居室交互系统和车载信息娱乐系统：

（1）语音搜索（Voice Search，VS）使用户可以直接通过语音来搜索餐馆、行驶路线和商品评价的信息。这极大地简化了用户输入搜索请求的方式。目前，语音搜索类应用在 iPhone、Windows Phone 和 Android 手机上已经非常流行。

（2）个人数码助理（Personal Digital Assistance，PDA）已经作为原型产品出现了 10年，而一直到苹果公司发布了用于 iPhone 的 Siri 系统才变得流行起来。自那以后，很多公司发布了类似的产品。PDA 知晓你移动设备上的信息，了解一些常识，并记录了用户与系统的交互历史。有了这些信息后，PDA 可以更好地服务用户。比如，可以完成拨打电话、安排会议、回答问题和音乐搜索等工作。而用户所需要做的只是直接向系统发起语音指令即可。

（3）在融合语音识别技术以后，游戏的体验将得到很大的提升。例如，在一些微软 Xbox 的游戏中，玩家可以和卡通角色对话以询问信息或者发出指令。

（4）起居室交互系统和车载信息娱乐系统在功能上十分相似。这样的系统允许用户使用语音与之交互，用户通过它们来播放音乐、询问信息或者控制系统。当然，由于这些系统的使用条件不同，设计这样的系统时会遇到不同的挑战。

8.1.3 语音识别系统的基本结构

图 8-2 展示的是语音识别系统的典型结构，语音识别系统主要由图中的四部分组成：信息处理和特征提取、声学模型(AM)、语言模型(LM)和解码搜索部分。

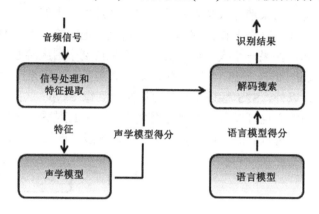

图 8-2　语音识别系统的架构

信号处理和特征提取部分以音频信号为输入，通过消除噪声和信道失真对语音进行增强，将信号从时域转化到频域，并为后面的声学模型提取合适的有代表性的特征向量。声学模型将声学和发音学的知识进行整合，以特征提取部分生成的特征为输入，并为可变长特征序列生成声学模型分数。语言模型估计通过从训练语料学习词之间的相互关系来估计假设词序列的可能性，又叫语言模型分数。如果了解领域或任务相关的先验知识，语言模型分数通常可以估计得更准确。解码搜索对给定的特征向量序列和若干假设词序列计算声学模型分数和语言模型分数，将总体输出分数最高的词序列当作识别结果。

8.1.4 特征提取

原始模拟信号首先经录入器件转化为数字信号，声学特征提取部分负责从数字化后的语音中提取声学特征信息。为保证识别准确率，该特征应该对声学模型的建模单元具有较好的区分性。同时，为了能够高效地计算声学模型参数和进行解码识别，声学特征需要在尽量保留语音中文本信息的前提下，抑制诸如说话人、信道、环境噪声等干扰信息，并且维持一个适中的维度。提取良好的具有区分性的声学特征对提升语音识别系统的性能至关重要。

当前研究人员使用的声学特征主要包括：梅尔频率倒谱系数（Mel-Frequency Cepstral Coefficients, MFCC）、感知线性预测系数（Perceptual Linear Prediction, PLP）等，主要基于傅里叶变换（Fourier Transformation）、倒谱分析（Cepstral Analysis）和线性预测（Linear Prediction）技术。近年来，由于 DNN 技术在声学建模中的成功应用，保留 Mel 滤波器输出各维度之间相关性的滤波器组特征（Filter Bank Feature）取得了成功的应用。

除此以外，研究人员还陆续提出许多方法来对特征进行变换和降维，以提高声学特征的区分性和减小计算复杂度，主要包括主成分分析（Principal Component Analysis，PCA）、线性判别分析（Linear Discriminant Analysis，LDA）等。

8.1.5　声学模型

关于声学模型，有两个主要问题，分别是特征向量序列的可变长和音频信号的丰富变化性。可变化特征向量序列的问题在学术上通常由动态时间规整（Dynamic Time Warping，DTW）方法和隐马尔可夫模型（HMM）方法来解决。音频信息的易变性是由说话人的各种复杂的特征（如性别、健康状况或紧张程度）交织，或是说话风格与速度、环境噪声、周围人声、信道扭曲（如麦克风音的差异）、方言差异、非母语口音引起的。一个成功的语音识别系统必须能够应付所有这类声音的变化因素。

在过去，最流行的语音识别系统通常使用梅尔频率倒谱系数（MFCC）或者"相对频谱变换—感知线性预测"（Perceptual Linear Prediction，RASTA=PLP）作为特征向量，使用混合高斯模型—隐马尔可夫模型（Gaussian Mixture Model-HMM，GMM-HMM）作为声学模型。20 世纪 90 年代，最大似然准则（Maximum Likelihood，ML）被用来训练这些 GMM-HMM 声学模型。到了 21 世纪，序列鉴别性训练算法如最小分类错误（Minimum Classification Error，MCE）和最小音素错误（Minimum Phone Error，MPE）等准则被提了出来，并进一步提高了语音识别的准确率。

在近些年中，分层鉴别性模型如深度神经网络依靠不断增长的计算力、大规模数据集的出现和人们对模型本身更好的理解，变得可行起来。它们显著地减小了错误率。举例来说，上下文相关的深度神经网络—隐马尔可夫模型（Context-Dependent DNN-HMM，CD-DNN-HMM）与传统的使用序列鉴别准则训练的 GMM-HMM 系统相比，在 Switchboard 对话任务上错误率降低了三分之一。

8.1.6　语言模型

在讲解语言模型之前，先对语音识别整体工作原理做一个科普。语音识别系统的目的是把语音转换成文字。具体来说，是输入一段语音信号，要找一个文字序列（由词或文字组成），使得它与语音信号的匹配程度最高。这个匹配程度一般用概率来表示。用 X 表示语音信号，W 表示文字序列，则要求解的是 $W^* = \arg\max_w P(W|X)$。一般认为，语音是由文字产生的（可以理解成人们先想好要说的词，再把它们的音发出来），所以上式中条件概率的顺序就比较别扭了。通过贝叶斯公式，可能把条件和结论转过来：

$$W^* = \arg\max_w \frac{P(X|W)P(W)}{P(X)} = \arg\max_w P(X|W)P(W)$$。第二步省略分母是因为要优化的是 W，而 $P(X)$ 不含 W，是常数。

上面这个方程，就是语音识别里最核心的公式。可以这样形象地理解它：要找的 W，需要使得 $P(X|W)$ 和 $P(W)$ 都大。$P(W)$ 表示一个文字序列本身的概率，也就是这一串词或字本身有多"像话"；$P(X|W)$ 表示给定文字后语音信号的概率，即这句话有

多大的可能发成这串音。计算这两项的值，就是语言模型和声学模型的任务。

语言模型一般利用链式法则，把一个句子的概率拆解成其中每个词的概率之积。设 W 是由 $w_1, w_2, \cdots, w_n$ 组成的，则 $P(W)$ 可以拆成：

$$P(W) = P(w_1)P(w_2|w_1)\cdots P(w_n|w_1, w_2, \cdots, w_{n-1}) \tag{8-1}$$

第一项都是在已知之前所有词的条件下，当前词的概率。不过当条件太长时，概率就不好估计了，所以最常见的做法是认为每个词的概率分布只依赖于历史中最后的若干个词。这样的语言模型称为 *n-gram* 模型。在 *n-gram* 模型中，每个词的概率分布只依赖于前面 *n-1* 个词。于是 $P(W)$ 可以拆成下面这种形式：

$$P(W) = P(w_1)P(w_2|w_1)P(w_3|w_2)\cdots P(w_n|w_{n-1}) \tag{8-2}$$

n-gram 模型中的 *n* 越大，需要的训练数据就越多。一般的语音识别系统可以做到 *n*=3。为了利用到历史中比较深远的信息，人们还创造了许多种其他的语言模型，如基于神经网络的语文模型。由于训练数据量的限制，这些模型单独使用时性能一般并不好，需要跟 *n-gram* 模型结合使用。

8.1.7　解码器

解码器（Decoder）是语音识别中的又一重要环节，为了能够识别出语音信息中所包含的文本信息，需要结合通过声学模型计算得到的语音特征声学概率和由语言模型计算出的语言模型概率，利用解码器通过相关搜索算法分析出最有可能性的词序列 W^*。由于语音识别系统所用词表的高度复杂性，如果不对可能的解码搜索空间作出任何限制，则其计算量是不可想象的，无法在现在条件下实现实时解码。通常情况下我们需要借助一些高效的优化方法将超大规模搜索空间的解码问题压缩到现有计算机能够处理的程度。目前绝大部分主流解码器使用的都是基于动态规划思想的维特比算法（Viterbi Algorithm）。值得注意的是，Viterbi 算法是时间同步的，在解码过程中往往需要通过一些方法进行快速的同步概率计算并对搜索空间进行裁剪，以此来降低计算复杂度和内存开销，提高实现搜索算法的效率。比较典型的方法包括快速计算输出概率的 Beam 裁剪算法、高斯选择算法、语言模型前看算法等。

8.1.8　用于语音识别的 GMM–HMM 模型

在语音识别中，最通用的算法是基于混合高斯模型的隐马尔可夫模型，或 GMM-HMM。GMM-HMM 是一个统计模型，它描述了两个相互依赖的随机过程，一个是可观察的过程，另一个是隐藏的马尔可夫过程。观察序列被假设是由每一个隐藏状态根据混合高斯分布所生成的。一个 GMM-HMM 模型的参数集合由一个状态先验概率向量、一个状态转移概率矩阵和一个状态相关的混合高斯模型参数组成。在语音建模中，GMM-HMM 中的一个状态通常与语音中一个音素的子段关联。在隐马尔可夫模型应用于语音识别的历史上，一个重要创新是引入"上下文依赖状态"，主要目的是希望每个状态的语音特征向量的统计特性更相似，这个思想也是"细节性"生成模型的普遍策略。使用上下文依赖的一个结果是隐马尔可夫艺术形式状态空间变得非常巨大，幸运的是，可以用正则化方法（如状态捆绑、控制等）来控制复杂度。

20 世纪 70 年代中期，如文献[29,30]中讨论和分析的，在语音识别领域引入隐马尔可夫模型和相关统计模型被视为是这个领域中最重要的范式转变。一个早期成功的主要原因是 EM 算法的高效性。这种最大似然方式被称为 Baum-Welch 算法，它已经成为 2002 年以前最重要的训练隐马尔可夫模型的语音识别系统的方法，而且它现在仍是训练这些系统时的主要步骤。有趣的是，作为一个成功范例，Baum-Welch 算法激发了更一般的 EM 算法在后续研究中被使用。最大似然准则或 EM 算法在训练 GMM-HMM 语音识别系统中的目标是最小化联合概率意义下的经验风险，这涉及语言标签序列和通常在帧级别提取的语音声学特征序列。在大词汇语音识别系统中，通常给出语级别的标签，而非状态级别的标签。在训练基于 GMM-HMM 的语音识别系统时，参数绑定通常被当作一种标准化的手段使用。例如，三音素中相似的声学状态可以共享相同的混合高斯模型。

采用 HMM 作为生成模型描述（分段平稳的）动态语音模式，以及使用 EM 算法训练绑定的 HMM 参数，构成了语音识别中生成学习算法应用的一个成功范例。事实上，HMM 不仅已经在语音识别领域，而且也在机器学习及相关领域（如生物信息学和自然语言处理）中成了标准工具。

传统的 GMM-HMM 中，一般使用连续高斯混合模型刻画产生观察状态的概率密度函数。GMM 的许多优点使它很适合于在 HMM 的状态层面对输入数据建模。例如，在有足够多的混合成分时，GMM 能够拟合任何一种概率分布；GMM 模型参数的计算可以被并行化，从而高效实现训练。图 8-3 给出了利用 GMM-HMM 建模语音信号的示例，从中可以观测到语音信号中的特征矢量，具体该观测特征矢量是由哪一个 HMM 状态产生的就无从知道了，需要通过训练数据建模从而估计出观测值生成概率。

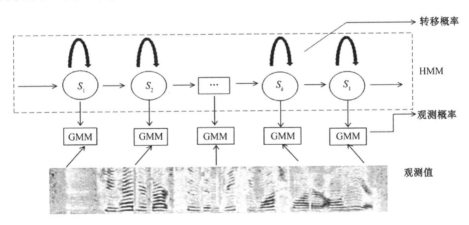

图 8-3　GMM-HMM 声学模型建模示意图

下面简明讲述 GMM-HMM 在语音识别上的原理、建模和测试过程。为了便于读者理解，以一个词的识别全过程作为例子。

（1）将声波分割成等长的语音帧，对每个语音帧提取特征（如梅尔频率倒谱系数）。

（2）对每个语音帧的特征进行 GMM 训练，得到每个语音帧 frame(o_i)属于每个状态的概率 b-state(o_i)。

图 8-4 所示为语音帧到状态序列的完整处理过程。

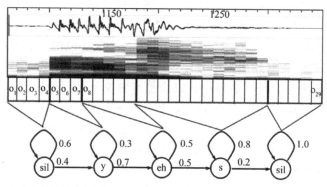

图 8-4　语音帧转化为状态序列的处理过程示意图

（3）根据每个单词的 HMM 状态转移概率计算每个状态序列生成该语音帧的概率。哪个词的 HMM 序列计算出来的概率最大，就判断这段语音属于该词。

图 8-5 所示为 GMM-HMM 在语音识别中应用的系统框图。

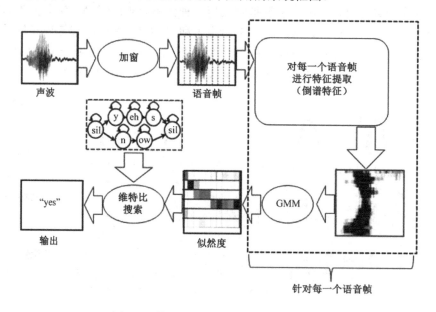

图 8-5　基于 GMM-HMM 的语音识别系统框图

8.2　基于深度学习的连续语音识别

深度神经网络—隐马尔可夫模型（DNN-HMM）混合系统利用 DNN 很强的表现学

习能力以及 HMM 的序列化建模能力，在很多大规模连续语音识别任务中，其性能都远优于传统的混合高斯模型（GMM）-HMM 系统。这章将阐述 DNN-HMM 结构框架及其训练过程，并通过比较指出这类系统的关键部分。

8.2.1　DNN–HMM 混合系统

1. 结构

常规的 DNN 不能直接为语音信号建模，因为语音数字信号是时序连续信号，而 DNN 需要固定大小的输入。为了在语音识别中利用 DNN 的强分类能力，需要找到一种方法来处理语音输入信号长度变化的问题。

在 ASR 中结合人工神经网络（ANN）和 HMM 的方法始于 20 世纪 80 年代末和 20 世纪 90 年代初。那时提出了各种不同的结构及训练算法。最近随着 DNN 很强的表现学习能力被广泛熟知，这类研究正在慢慢复苏。

其中一种方法的有效性已经被广泛证实。它就是如图 8-6 所示的 DNN-HMM 混合系统。在这个框架中，HMM 用来描述语音信号的动态变化，而观察特征的概率则通过 DNN 来估计。在给定声学观察特征的条件下，用 DNN 的每个输出节点来估计连续密度 HMM 某个状态的后验概率。除了 DNN 内在的鉴别性属性，DNN-HMM 还有两个额外的好处：训练过程可以使用维特比算法，解码通常也非常高效。

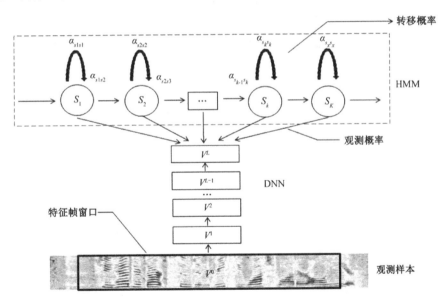

图 8-6　DNN-HMM 混合系统的结构

在 20 世纪 90 年中期，这种混合模型就已被提出，在大词汇连续语音识别系统中，它被认为是一种非常有前景的技术。在文献[35~37]中，它被称为 ANN-HMM 混合模型。在早期基于混合模型方法的研究中，通常使用上下文无关的音素状态作为 ANN 训练的标注信息，并且只用于小词汇任务。ANN-HMM 随后被扩展到为上下文相关的音素建模，以及用于中型和大词表的自动语音识别任务。ANN-HMM 中也包括循环神经网络的架构。

然而，在早期基于上下文相关的 ANN-HMM 混合架构研究中，对上下文相关音素的后验概率建模为

$$P\left(s_i, c_j \middle| \boldsymbol{x}_t\right) = P\left(s_i \middle| \boldsymbol{x}_t\right) P\left(c_i \middle| s_j, x_t\right) \tag{8-3}$$

其中，$\boldsymbol{x}_t$ 是在 t 时刻的声学观察值，c_j 是聚类后的上下文种类 $\{c_1, \cdots, c_J\}$ 中的一种，s_i 是一个上下文无关的音素或者音素中的状态。ANN 用来估计 $P\left(s_i \middle| x_t\right)$ 和 $P\left(c_i \middle| s_j, x_t\right)$。尽管这些上下文相关的 ANN-HMM 模型在一些任务中性能优于 GMM-HMM，但其改善并不大。

这些早期的混合模型有一些重要的局限性。例如，由于计算能力的限制，人们很少使用拥有两层隐含层以上的 ANN 模型，而且上述的上下文相关模型不能利用很多在 GMM-HMM 框架下很有效的技术。

最近的技术发展则说明，如下几个改变可以使我们获得重大的识别性能提升：首先，把传统的浅层神经网络替换成深层（可选择的预训练）神经网络。其次，使用聚类后的状态（绑定后的三音素状态）代替单音素状态作为神经网络的输出单元。这种改善后的 ANN-HMM 混合模型称为 CD-DNN-HMM。直接为聚类后的状态建模同时也带来其他两个好处：首先，在实现一个 CD-DNN-HMM 系统的时候，对已存在的 CD-GMM-HMM 系统修改最小。其次，既然 DNN 输出单元可以直接反映性能的改善，任何在 CD-GMM-HMM 系统中模型单元的改善同样可以适用于 CD-DNN-HMM 系统。

在 CD-DNN-HMM 系统中，对于所有的状态 $s \in [1, S]$，我们只训练一个完整的 DNN 来估计状态的后验概率 $P\left(q_t = s \middle| \boldsymbol{x}_t\right)$。这和传统的 GMM 是不同的，因为 GMM 框架下，我们会使用其多个不同的 GMM 对不同的状态建模。除此之外，典型的 DNN 输入不是单一的一帧，而是一个 $2\varpi + 1$ 大小的窗口特征 $\boldsymbol{x}_t = \left[\boldsymbol{o}_{\max(0, t-\varpi)}, \cdots, \boldsymbol{o}_t, \cdots, \boldsymbol{o}_{\min(T, t+\varpi)}\right]$，这使得相邻帧的信息可以被有效地利用。

2. 用 CD-DNN-HMM 解码

在解码过程中，既然 HMM 需要似然度 $P\left(\boldsymbol{x}_t \middle| q_t\right)$，而不是后验概率，这样就需要把后验概率转化为似然度：

$$P\left(\boldsymbol{x}_t \middle| q_t = s\right) = P\left(q_t = s \middle| \boldsymbol{x}_t\right) P\left(\boldsymbol{x}_t\right) / P(s) \tag{8-4}$$

其中，$P(s) = \dfrac{T_s}{T}$ 是从训练集中统计的每个状态（聚类后的状态）的先验概率，T_s 是标记属于状态 s 的帧数，T 是总帧数。$P\left(\boldsymbol{x}_t\right)$ 是与字词序列无关的，计算时可以忽略，这样就得到了一个经过缩放的似然度 $\overline{P}\left(\boldsymbol{x}_t \middle| q_t\right) = P\left(q_t = s \middle| \boldsymbol{x}_t\right) / P(s)$。尽管在一些条件下除以先验概率 $P(s)$ 可能不会改善识别率，但是它在缓解标注不平衡问题中是非常重要的，特别是训练语句中包含很长的静音段时就更是如此。

总之，在 CD-DNN-HMM 解码出的字词序列 $\hat{w}$ 由以下公式确定：

$$\hat{w} = \arg\max_w P(w|x) = \arg\max_w P(x|w)P(w)/P(x)$$

$$= \arg\max_w P(x|w)P(w) \tag{8-5}$$

其中，$P(w)$ 是语言模型（LM）概率，以及

$$P(x|w) = \sum_q P(x,q|w)P(q|w)$$

$$\approx \max \pi(q_0) \prod_{t=1}^{T} a_{q_{t-1}q_t} \prod_{t=0}^{T} P(q_t|x_t)/P(q_t) \tag{8-6}$$

是声学模型（AM）概率，其中，$P(q_t|\boldsymbol{x}_t)$ 由 DNN 计算得出，$p(q_t)$ 是状态先验概率，$\pi(q_0)$ 和 $a_{q_{t-1}q_t}$ 分别是初始状态概率和状态转移概率，各自都由 HMM 决定。和 GMM-HMM 中的类似，语言模型权重系数 λ 通常被用于平衡声学和语言模型得分。最终的解码路径由以下公式确定：

$$\hat{w} = \arg\max_w \left[\log P(\boldsymbol{x}|w) + \lambda \log P(w) \right] \tag{8-7}$$

3．CD-DNN-HMM 训练过程

使用嵌入的维特比算法来训练 CD-DNN-HMM，主要的步骤总结如算法 8-1 所示。

算法 8-1 训练 CD-DNN-HMM 的主要步骤

1: **Procedure** 训练 CD-DNN-HMM($\mathbb{R}$)　　　　->$\mathbb{R}$ 是训练集合

2:　　$hmm0 \leftarrow$ 训练 CD-GMM-HMM($\mathbb{R}$);　　->$hmm0$ 在 GMM 系统中使用

3:　　$stateAlignment \leftarrow$ 采用 GMM-HMM($\mathbb{R}$, $hmm0$)进行强制对齐;

4:　　$stateToSenoneIDMap \leftarrow$ 生成状态到 Senone 的映射 $StateTOsenoneIDMap$;

5:　　$featureSenoneIDPairs \leftarrow$ 生成 DNN 训练集合的数据对;

6:　　$ptdnn \leftarrow$ 预训练 DNN($\mathbb{R}$);

7:　　$hmm \leftarrow$ 将 GMM-HMM 转换为 DNN-HMM;

8:　　$prior \leftarrow$ 估计先验概率($featureSenoneIDPairs$)

9:　　$dnn \leftarrow$ 反向传播($ptdnn$, $featureSenoneIDPairs$);

10: 返回 $dnnhmm = \{dnn, hmm, prior\}$

11: **End Procedure**

以上算法中 CD-DNN-HMM 包含三个组成部分：一个深度神经网络 dnn，一个隐马尔可夫模型 hmm，以及一个状态先验概率分布 $prior$。由于 CD-DNN-HMM 系统和 GMM-HMM 系统共享音素绑定结构，训练 CD-DNN-HMM 的第一步就是使用训练数据训练一个 GMM-HMM 系统。因为 DNN 训练标注是由 GMM-HMM 系统采用维特比算法产生得到的，而且标注的质量会影响 DNN 系统的性能。因此，训练一个好的 GMM-HMM 系统作为初始模型就非常重要。

一旦训练好 GMM-HMM 模型 $hmm0$，就可以创建一个从状态名字到 $senoneID$ 的映射。这个从状态到 $senoneID$ 的映射（$stateTosenoneIDMap$）的建立并不简单。这是因为

每个逻辑三音素 HMM 是由经过聚类后的一系列物理三音素 HMM 代表的。换句话说，若干个逻辑三音素可能映射到相同的物理三音素，每个物理三音素拥有若干个绑定的状态。

使用已经训练好的 GMM-HMM 模型 $hmm0$，可以在训练数据上采用维特比算法生成一个状态层面的强制对齐，利用 *stateTosenoneIDMap*，能够把其中的状态名转变为 *senoneIDs*。然后可以生成从特征到 *senoneIDs* 的映射对 *featureSenoneIDPairs* 来训练 DNN。相同的 *featureSenoneIDPairs* 也被用来估计 *senone* 先验概率。

利用 GMM-HMM 模型 $hmm0$，也可以生成一个新的隐马尔可夫模型，其中包含和 $hmm0$ 相同的状态转移概率，以便在 DNN-HMM 系统中使用。一个简单的方法是把 $hmm0$ 中的每个 GMM（每个 *senone* 的模型）用一个（假的）一维单高斯代替。高斯模型的方差（或者说精度）是无所谓的，它可以设置成任意的正整数（例如，总是设置成 1），均值被设置为其对应的 *senoneIDs*。应用这个技巧后，计算每个 *senone* 的后验概率就等价于从 DNN 的输出向量中查表，找到索引是 *senoneID* 的输出项（对数概率）。

在这个过程中，假定一个 CD-GMM-HMM 存在，并被用于生成 *senone* 对齐。在这种情况下，用于对三音素状态聚类的决策树也是在 GMM-HMM 训练的过程中构建的。但这其实不是必需的，如果想完全去除图中的 GMM-HMM 步骤，可以通过均匀地把每个句子分段（称为 flat-start）来构建一个单高斯模型，并使用这个信息作为训练标注。这可以形成一个单音素 DNN-HMM，可以用它重新对句子进行对齐。然后可以每个单音素估计一个单高斯模型，并采用传统方法构建决策树。事实上，这种无需 GMM 的 CD-DNN-HMM 是能够成功训练的。

对含有 T 帧的句子，嵌入的维特比训练算法最小化交叉熵的平均值，等价于负的对数似然

$$J_{\text{NLL}}(\boldsymbol{W}, \boldsymbol{b}; \boldsymbol{x}, \boldsymbol{q}) = -\sum_{t=1}^{T} \log p(q_t | \boldsymbol{x}_t; \boldsymbol{W}, \boldsymbol{b}) \tag{8-8}$$

如果新模型 $(\boldsymbol{W}', \boldsymbol{b}')$ 相比于旧模型 $(\boldsymbol{W}, \boldsymbol{b})$ 在训练准则上有改进，有

$$-\sum_{t=1}^{T} \log p(q_t | \boldsymbol{x}_t; \boldsymbol{W}', \boldsymbol{b}') < -\sum_{t=1}^{T} \log p(q_t | \boldsymbol{x}_t; \boldsymbol{W}, \boldsymbol{b}) \tag{8-9}$$

换句话讲，新的模型不仅能提高帧一级的交叉熵，而且能够提高给定字词序列的句子似然分数。这里证明了嵌入式的维特比训练算法的正确性。值得一提的是，在这个训练过程中，尽管所有竞争词的分数和总体上是下降的，但并不保证每个竞争词的分数都会下降。而且，上述说法（提高句子似然度）一般来说虽然是正确的，但并不保证对每个单独的句子都正确。如果平均的交叉熵改善很小，尤其是当这个很小的改善来自对静音段更好的建模时，识别准确度可能降低。一个原理上更合理的训练 CD-DNN-HMM 方法是使用"序列鉴别性训练准则"。

8.2.2　CD–DNN–HMM 的关键模块及分析

在许多大词汇连续语音识别任务中，CD-DNN-HMM 比 GMM-HMM 表现更好，因此，了解哪些模块或者过程对此做了贡献是很重要的。本小节将会讨论哪些决策会影响识别准确度。特别地，会在实验上比较以下几种决策的表现差别：单音素对齐和三音素对齐，单音素状态集和三音素状态集，使用浅层和深层神经网络，调整 HMM 的转移概率或是不调。一系列研究的实验成果表明，带来性能提升的三大关键因素是：①使用足够深度神经网络；②使用一长段的帧作为输入；③直接对三音素进行建模。在所有的实验中，来自 CD-DNN-HMM 的多层感知器模型（DNN）的后验概率替代了混合高斯模型，但其他都保持不变。

1．进行比较和分析的数据集和实验

1）必应（Bing）移动语音搜索数据集

必应移动语音搜索（Voice Search，VS）应用让用户在自己的移动手机上做全美国的商业和网页搜索。用在实验中的这个商业搜索数据集采集于 2008 年的真实使用场景，当时这个应用被限制在位置和业务查询上。所有音频文件的采样率为 8kHz，并用 GSM 编码器编码。这个数据集具有挑战性，因为它包括多种变化：噪声、音乐、旁人说话、口音、错误的发音、犹豫、重复、打断和不同的音频信道。

数据集被分成了训练集、开发集和测试集。数据集根据查询的时间戳进行分割，这是为了模拟真实数据采集和训练过程，并避免三个集合之间的重叠。训练集的所有查询比开发集的查询早，后者比测试集的查询早。我们使用了卡内基—梅隆大学的公开词典。在测试中使用一个包含了 65K 个一元词组、320 万个二元词组和 150 万个三元词组的归一化的全国范围的语言模型，用数据和查询日志训练，混淆度为 117。

表 8-1 总结了音频样本的个数和训练集、开发集、测试集的总时长（h）。所有 24h 的训练数据集数据都是人工转录的。

表 8-1　必应移动语音搜索数据集

类　型	时长/h	音频样本数
训练集	24	32 057
开发集	6.5	8 777
测试集	9.5	12 758

用句子错误率（SER），而不是词错误率（WER）来衡量系统在这个任务上的表现。平均句子长为 2.1 个词，因此句子一般来说比较短。另外，用户最关心的是他们能否用最少的尝试次数来找到事物或者地点。他们一般会重复识别错误的词。另外，在拼写中有巨大的不一致，因此用句子错误率更加方便。例如，"Mc-Donalds"有时拼写成"McDonalds"，"Walmart"有时拼写成"Wal-mart"，"7-eleven"有时拼写成"7eleven"

或者 "seven-eleven"。在使用这个 65K 大词表的语言模型中，开发集和测试集在句子层面的未登录词（Out-of-vocabulary words）比率都为 6%。也就是说，在这个配置下最好的可能的句子错误率就是 6%。

GMM-HMM 采用了状态聚类后的跨词三音素模型，训练采用的准则是最大似然（Maximum Likelihood，ML）、最大相互信息（Maximum Mutual Information, MMI）和最小音素错误准则（Minimum Phone Error, MPE）。实验中采用 39 维的音频特征，其中有 13 维是静态梅尔频率倒谱系数，以及其一阶和二阶差分。这些特征采用频谱均值归一化算法进行预处理。

基线系统在开发集上调试了如下参数：状态聚类的结构、三音素的数量，以及高斯分裂的策略。最后所有的系统有 53K 个逻辑三音素和 2K 个物理三音素，761 个共享的状态（三音素），每个状态是 24 个高斯的 GMM 模型。GMM-HMM 基线的结果在表 8-2 中展示。

表 8-2　CD-GMM-HMM 系统在移动语音搜索数据集上的句子错误率

准　则	开发集句错误率	测试集句错误率
ML	37.1%	39.6%
MMI	34.9%	37.2%
MPE	34.5%	36.2%

对数据集上的所有 CD-DNN-HMM 实验，DNN 的输入特征是 11 帧的 MFCC 特征。在 DNN 预训练时，所有的层对每个采样都采用了 $1.5e^{-4}$ 的学习率。在训练中，在前六次迭代中，学习率为 $3e^{-3}$ 每帧，在最后 6 次迭代中是 $8e^{-5}$。在所有的实验中，minibatch 的大小设为 256，惯性系数设为 0.9。这些参数都是手动设定的，它们基于单隐含层神经网络的前期实验，如果尝试更多超参数的设置，可能得到的效果会更好。

2）Switchboard 数据集

Swichboard（SWB）数据集是一个交谈式电话语音数据集。它有三个配置，训练集分别为 30h（Switchboard-I 训练集的一个随机子集）、309h（Switchboard-I 训练集的全部）和 2 000 小时（加上 Fisher 训练集）。在所有的配置下，NIST2000Hub5 测试集 1831 段的 SWB 部分和 NIST2003 丰富语音标注集（RT03S,6.3h）的 FSH 部分被用作了测试集。系统采用 13 维 PLP 特征（包括三阶差分），做了滑动窗的均值—方差归一化，然后使用异方差线性判别分析降到 39 维。在 30h、309h 和 2 000h 三个配置下，说话人无关的跨词三音素模型分别使用了 1 504（40 高斯）、9 304（40 高斯）和 18 804（72 高斯）的共享状态（GMM-HMM 系统）。三元词组语言模型使用 2 000h 的 Fisher 标注数据训练，然后与一个基于书面语文本数据的三元词组语言模型进行了插值。当使用 58K 词典时，测试集的混淆度为 84。

DNN 系统使用随机梯度下降及小批量（mini-batch）训练。除了第一次迭代的 mini-batch 用了 256 帧，其余 mini-batch 的大小都设置为 1024 帧。在深度置信网络预训练时，mini-batch 大小为 256。

对于预训练，每个样本的学习率设为 $1.5e^{-4}$。对于前 24h 的训练数据，每帧的学习率设为 $3e^{-3}$，三次迭代之后改为 $8e^{-5}$，惯性系数设为 0.9。这些参数设置与语音搜索数据集相同。

2. 对单音素或者三音素的状态进行建模

在 CD-DNN-HMM 系统中有三个关键因素。对上下文相关音素（如三音素）的直接建模就是其中之一。对三音素的直接建模让我们可以从细致的标注中获得益处，并且能缓和过拟合。虽然增加 DNN 的输出层节点数会降低帧的分类正确率，但是它减少了 HMM 中令人困惑的状态转移，因此降低了解码中的二义性。表 8-3 展示了对三音素，而不是单音素进行建模的优势，在 VS 开发集上有 15%的句子错误率相对降低（使用了一个 3 隐含层的 DNN，每层 2K 个神经元）。表 8-4 展示了 309 小时 SWB 任务中得到的 50%的相对词错误率降低，这里使用了一个 7 隐含层的 DNN，每层 2K 个神经元（7×2K 配置）。这些相对提升的不同部分是由于在 SWB 中更多的三音素被使用了。在我们的分析中，使用三音素是性能提升的最大单一来源。

表 8-3　在 VS 开发集上的句子错误率（SER）

模 型	单音素	三音素（761）
CD-GMM-HMM（MPE）	—	34.5%
DNN-HMM（3×2K）	35.8%	30.4%

表 8-4　在 Hub5'00-SWB 上的词错误率（WER）

模 型	单音素	三音素（761）
CD-GMM-HMM（BMMI）	—	23.6%
DNN-HMM（7×2K）	34.9%	17.1%

3. 越深越好

在 CD-DNN-HMM 中，另一个关键部分就是使用 DNN，而不是浅的 MLP。表 8-5 展现了当 CD-DNN-HMM 的层数变多时，句子错误率的下降。如果只使用一个隐含层，句子错误率是 31.9%。当使用了 3 层隐含层时，错误率降低到 30.4%。4 层时错误率降低到 29.8%，5 层时错误率降低到 29.7%。总的来说，相比单隐含层模型，5 层网络模型带来了 2.2%的句子错误率降低，使用的是同一个对齐。

为了展示深度神经网络带来的效益，单隐含层 16K 神经元的结果也显示在了表 8-5 中。因为输出层有 761 个神经元，这个浅层模型比 5 隐含层 2K 神经元的网络需要多一点的空间。这个很宽的浅模型的开发集句子错误率为 31.4%，比单隐含层 2K 神经元的 31.9%稍好，但比双隐含层的 30.5%要差（更不用说 5 隐含层模型得到的 29.7%）。

表 8-5　在 VS 数据集上不同隐含层数 DNN 的句子错误率

$L \times N$	DBN-PT	$1 \times N$	DBN-PT
1×2K	31.9%		
2×2K	30.5%		
3×2K	30.4%		
4×2K	29.8%		
5×2K	29.7%	1×16K	31.4%

表 8-6 总结了使用 309h 训练数据时在 SWB Hub5'00-SWB 测试集上的词错误率结果，三音素对齐出自 ML 训练的 GMM 系统。从表 8-6 中能得到一些结果。首先，深层网络比浅层网络的表现更好。也就是说，深层模型比浅层模型有更强的区分能力。在加大深度时，词错误率保持了持续降低。更加有趣的是，如果比较 5×2K 和 1×3772 的配置，或者比较 7×2K 和 1×4634 的配置（它们有相同数量的参数），那么深层模型比浅层模型表现更好。即使把单隐含层 MLP 的神经元数量加大到 16K，也只能得到 22.1% 的词错误率，比相同条件下 7×2K 的 DNN 得到的 17.1% 要差得多。如果继续加大层数，那么性能提升会变少，到 9 层时饱和。在实际中，需要在词错误率提升和训练解码代价提升之间做出权衡。

表 8-6　不同隐含层数量的 DNN 在 Hub5'00-SWB 上的结果

$L \times N$	DBN-PT	$1 \times N$	DBN-PT
1×2K	24.2%		
2×2K	20.4%		
3×2K	18.4%		
4×2K	17.8%		
5×2K	17.2%	1×3772	22.5%
7×2K	17.1%	1×4634	22.6%
		1×16K	22.1%

4. 利用相邻的语音帧

表 8-7 对比了 309h SWB 任务中使用和不使用相邻语音帧的结果。可以很明显地看出，无论使用的是浅层网络还是深层网络，使用相邻帧的信息都显著地提高了准确度。不过，深度神经网络获得了更多的提高，它有 24% 的相对词错误率提升，而浅层模型只有 14% 的相对词错误率提升，它们都有同样数量的参数。另外，可以发现如果只使用单帧，DNN 系统比 BMMI 训练的 GMM 系统好一点儿（23.2% 比 23.6%）。但是注意，DNN 系统的表现还可以通过类似 BMMI 的序列鉴别性训练来进一步提升。为了在 GMM 系统中使用相邻的帧，需要使用复杂的技术，如 fMPE、HLDA、基于区域的转换或者 tandem 结构。这是因为要在 GMM 中使用对角的协方差矩阵，特征各个维度之间

是需要统计不相关的。DNN 则是一个鉴别性模型，无论相关还是不相关的特征都可以接受。

表 8-7　对使用相邻帧的比较

模　型	1 帧	11 帧
CD-DNN-HMM 1×4634	26.0%	22.4%
CD-DNN-HMM 7×2K	23.2%	17.1%

5. 预训练

2011 年之前，人们相信预训练对训练深度神经网络来说是必要的。之后，研究者发现预训练虽然有时能带来更多的提升，但不是关键的，这可以从表 8-8 中看出。表 8-8 说明不依靠标注的深度置信网络（DBN）预训练，当隐含层数小于 5 时，确实比没有任何预训练的模型提升都显著。但是，当隐含层数量增加时，提升变小了，并且最终消失。这与使用预训练的初衷是违背的。研究者曾经猜测，当隐含层数量增加时，应该有更多的提升，而不是更少。这个表现可以部分说明，随机梯度下降有能力跳出局部极小值。另外，当大量数据被使用时，预训练所规避的过拟合问题也不再是一个严重问题。

表 8-8　不同预训练的性能对比

L×N	NOPT	DBN-PT	DPT
1×2K	24.3%	24.2%	24.1%
2×2K	22.2%	20.4%	20.4%
3×2K	20.0%	18.4%	18.6%
4×2K	18.7%	17.8%	17.8%
5×2K	18.2%	17.2%	17.1%
7×2K	17.4%	17.1%	16.8%

另外，当层数变多时，生成性预训练的好处也会降低。这是因为深度置信网络预训练使用了两个近似。第一，在训练下一层时，使用了平均场逼近的方法。第二，采用对比发散算法（Contrastive Divergence）来训练模型参数。这两个近似对每个新增的层都会引入误差。随着层数变多，误差也累积变大，那么深度置信网络预训练的有效性就降低了。鉴别性预训练是另一种预训练技术。根据表 8-8，它至少表现得与深度置信网络预训练一样好，尤其是当 DNN 有 5 个以上隐含层时。不过，即使使用 DPT，对纯 BP 的性能提升依然不大，这个提升跟使用三音素或者使用深层网络所取得的提升相比是很小的。虽然词错误率降低比人们期望得要小，但预训练仍然能确保训练的稳定性。使用这些技术后，能避免不好的初始化并进行隐式的正规化，这样即使训练集很小，也能取得好的性能。

6. 训练数据标注质量的影响

在嵌入式维特比训练过程中，强制对齐被用来生成训练的标注。从直觉上说，如果用一个更加准确的模型来产生标注，那么训练的 DNN 应当会更好，表 8-9 在实验上证实了这点。可以看到，使用 MPE 训练的 CD-GMM-HMM 生成标注时，在开发集和测试集上的句子错误率是 29.3%和 31.2%。它们比使用 ML 训练的 CD-GMM-HMM 的标注好 0.4%。因为 CD-DNN-HMM 比 CD-GMM-HMM 表现得更好，可以使用 CD-DNN-HMM 产生的标注来加强性能。表 8-9 中展示了 CD-DNN-HMM 标注的结果，在开发集和测试集上的句子错误率分别降低到 28.3%和 30.4%。

表 8-9　在 VS 数据集上标注质量和转移概率调整的对比

标　注	GMM 转移概率		DNN 调整后的转移概率	
	开发集 句子错误率	测试集 句子错误率	开发集 句子错误率	测试集 句子错误率
来自 CD-GMM-HMM ML	29.7%	31.6%	—	—
来自 CD-GMM-HMM MPE	29.3%	31.2%	29.0%	31.0%
来自 CD-DNN-HMM	28.3%	30.4%	28.2%	30.4%

SWB 上也能得到类似的结果。当 7×2K 的 DNN 使用 CD-GMM-HMM 系统产生的标注训练时，在 Hub5′00 测试集上得到的词错误率是 17.1%。如果使用 CD-DNN-HMM 产生的标注，词错误率能降低到 16.4%。

8.3　应用举例：语音输入法

随着信息化社会的来临，中文输入对于使用汉字的中国人来说意义十分重大。但是，汉字的输入一直以来都是一个难以很好解决的问题，现有的输入法都不能解决其输入速度和易用性之间的矛盾，拼音输入法因其使用方便成为输入法的主流。

语音识别是指机器通过学习实现从语音信号到文字符号的理解过程，它在近几十年取得了很大的进展，并产生了一些实用的语音输入系统，如 IBM 的 ViaVoice 和微软的语音输入法。科大讯飞、搜狗知音、百度语音识别是中国三大语音识别技术的佼佼者。

8.3.1　案例背景

传统的语音输入系统，都是只能够直接将语音识别成词语或者句子，如果出现错误无法手工修改，导致其实际使用效果很不理想。比如 IBM 公司的 ViaVoice，它的词汇表是在对《人民日报》及其他一些相关语料大量统计的基础上形成的，使用者经少量口音适应训练后，其连续语音的识别率超过 90%。对于连续语音、大词表的语音识别系统而言，ViaVoice 的性能已经相当好了。但是它在使用过程中并不像想象的那么方便，这是因为虽然它的识别率很高，但在大量输入语音的情况下，累积的错误还是相当多的，而且对于特定的专业应用领域，需要许多特殊的专业词汇，使用者无法自由地创建新的词汇，更无法针对性地进行训练。微软的语音输入法也有类似问题。

所以，现在最流行的汉字输入法仍然是拼音输入法，它使用方便，如果结合一个好的词库和联想方式，其输入速度还是比较令人满意的。使用拼音输入法最大的问题就是需要用户十分频繁且大量地敲击键盘，平均每个汉字都要敲击 3~5 个按键，这对于一些敲键速度比较慢的使用者来说，严重影响了输入汉字的速度，使用汉字的输入变成了一件很辛苦的事情。

如果将现有的语音识别技术和已经发展的十分成熟的拼音输入法结合起来，使用语音识别技术代替手工敲击键盘，使用成熟的拼音输入法进行组词和选词，将会很大地提高输入效率。如果语音识别出现错误，还可以使用键盘进行修改，同时针对性地对识别错误的词语进行再训练，提高识别率。

8.3.2 语音输入法设计

在语音识别系统的基础上，首先设计语音输入法的系统结构，然后分别设计语音输入法的两个部分——语音识别核心和拼音输入法。最后实现两者之间的通信，构成一个完整的语音输入法。

语音输入法的系统结构：语音输入法是基于 C/S 结构设计的。它有一个语音服务器，即语音中心 SpeechCenter，负责从声卡采集数据进行语音识别，为各个输入法客户端提供识别结果（拼音）。输入法的客户端是由拼音输入法 FreeVoice 的实体构成的，在 Windows 里，每一个输入法实际上是一个动态链接库，当有用户程序需要使用输入法时，系统就会生成一个相应的实体。它们之间的通信是通过 TCP/IP 网络协议实现的，语音中心还可以广播方式向每一个输入法实体发送信息。

语音输入法的系统结构如图 8-7 所示。

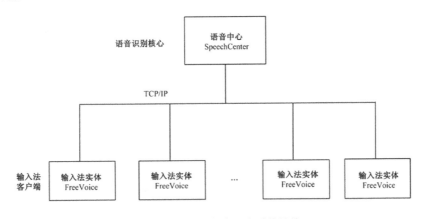

图 8-7 语音输入法系统结构

8.3.3 语音中心 SpeechCenter 的设计

语音中心的主要任务是对声卡采集的语音信号进行语音识别，并将识别的结果——

汉语拼音传递给拼音输入法 FreeVoice。为了更好地配合 FreeVoice，在进行语音输入时不再显示设置运行主界面，语音中心使用了 Windows 的托盘功能，它的主界面可以隐藏，只显示托盘图标。

语音识别部分由于一直要监听着声卡采集的语音信号，所以识别函数正常情况下是不返回的，为了不阻塞图形界面的操作，这里还使用了 Windows 的多线程技术，将监听部分作为一个新的线程运行。

SpeechCenter 的运行主界面如图 8-8 所示，它采用控制台程序下实现的图形界面，图形界面用于设置和命令，控制台界面用于运行状态的显示。

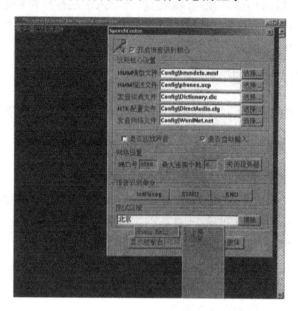

图 8-8　SpeechCenter 的运行主界面

语音识别核心设置部分是用来设置语音识别系统的各个相关配置文件。单选框"是否回放声音"是用来设置在识别结束后是否把已经处理的语音进行回放。单选框"是否自动输入"是和拼音输入法配合使用的，在拼音输入法 FreeVoice 中设计的是按空格键输入汉字的，所以这里如果允许自动输入，则会在识别的拼音串后面自动增加一个空格键，达到自动输入汉字的目的；如果不允许自动输入，则每识别一串语音，就需要手工按空格键输入汉字。

网络设置是用来设置语音中心开启的语音服务器的端口号和最大允许同时连接到该服务器的客户端个数。

语音识别命令包括三个命令：InitRecog、START 和 END，功能分别为初始化语音识别系统、开始语音识别和结束语音识别。

测试区域是用来测试语音输入的，单击界面上的任何按钮都会自动回到此测试区域。"显示控制台"和"隐藏控制台"按钮是用来显示或隐藏控制台窗口的，"隐藏主窗体"按钮可以隐藏主窗体，只显示托盘图标。

1．Windows 多线程原理

当使用 Windows 时，它能够同时运行多个程序，这种能力被称为多任务处理能力，一个运行的程序就是一个任务，也就是一个进程。所谓进程是指拥有一个应用程序所有资源的对象。一般情况下，一个任务就是一个进程。线程是进程内部独立的执行路径，线程与进程共享地址空间、代码和全局变量，但是每一个线程都独立拥有自己的寄存器集合、堆栈、输入机制和一个私有的消息队列。线程由系统管理，每个线程都有自己的堆栈。

使用多线程编程可以给编程带来很大的灵活性，同时也可以使原来需要复杂技巧的问题变得容易起来。比如，若在前台操作的同时还需要在后台进行复杂的计算，这时，可以创建一个新的线程，使后台的计算在新的线程中进行，这样就不会导致后台的计算阻塞前台的用户界面。

2．语音识别的多线程实现

当创建一个进程时，它的第一个线程被称为主线程（Primary thread），是由系统自动生成的。然后可以由这个主线程生成更多的线程，而这些线程又可以生成更多的线程。使用多线程常用的 API 函数有以下几个。

1）CreateThread　创建线程

```
HANDLE CreateTread (
LPSECURITY_ATTRIBUTES lpThreadAttributes,    // SD
DWORD dwStackSize,                           // initial stack size
LPTHREAD_START_ROUTINE IpStartAddress,       // thread function
LPVOID IpParameter,                          // thread argument
DWORD dwCreationFlags,                       // creation option
LPDWORD lpThreadId                           // thread identifier
)
```

lpThreadAttributes：指向一个 SECURITY_ATTRIBUTES 的结构，该结构决定了返回的句柄是否可以被子进程继承。若为 NULL，则句柄不能被继承。

dwStackSize：定义原始堆栈提交时的大小（按字节计算）。若该值为 0，或小于默认时提交的大小，则使用与调用线程相同的大小。

IpStartAddress：指向一个 LPTHREAD_START_ROUTINE 类型的应用定义函数，该线程执行此函数。该指针还表示远程进程中线程的起始地址。该函数的声明必须为 DWORD WINAPI ThreadProc（LPVOID IpParameter）。

IpParameter：定义一个传递给该线程的 32 位值。

dwCreationFlags：定义控制线程创建的附加标志。若定义了 CREATE_SUSPENDED 标志，线程创建时处于挂起状态，直到 ResumeThread 函数调用时才运行。若该值为 0，该线程在创建后立即执行。

IpThreadId：指向一个 32 位值，它接受该线程的标志符。

返回值：若该函数调用成功则返回新线程对象的句柄，否则返回 NULL。

2）ExitThread　结束线程

```
VOID ExitThread (
```

```
        DWORD dwExitCode            // exit code for this thread
        );
dwExitCode：定义调用线程的退出代码。
返回值：无。
```

3）TerminateThread 终止线程

```
BOOL TerminateThread (
        HANDLE hThread,             // handle to thread
        DWORD dwExitCode            // exit code
        );
hThread：被终止线程的句柄。
dwExitCode：定义该线程的退出代码。
```

在此程序中，设计了一个识别函数 Recog，并使用 CreateThread（NULL, 0,Recog,&dwThrdParam, 0,&dwThreadId）来开启多线程。Recog 函数的具体实现这里不再赘述。

8.3.4　输入法 FreeVoice 的设计

拼音输入法 FreeVoice 的作用是将语音中心识别出来的汉语拼音进行组词，送给相应的应用程序。它的基本功能和普通的拼音输入法相同，只是比普通的拼音输入法增加了网络通信功能，并能接受来自语音中心的拼音信息。

它是基于 Windows 的 IMM-IME 机制编写输入法，因此，在设计输入法之前，必须介绍一下 Windows 输入法编程。

1．Windows 输入法原理

微软 Windows 系统中输入法的名称是"Input Method Editor"，简称 IME，输入法的程序名称为：*.ime，它实际上是一个动态连接库程序（DLL），与普通的 dll 文件没有区别，只是名称不同而已。

Windows 系统下汉字输入法实际上是将输入 ASCII 字体串按照一定的编码规则转换为汉字或汉字串。由于应用程序各不相同，用户不可能自己去设计转换程序，因此，汉字输入由 Windows 系统进行管理。系统的键盘事件由 Windows 的 user.exe 软件接收后，传递到输入法管理器（Input Method Manager， IMM）中，管理器再将键盘事件传到输入法中，输入法根据用户编码字典，翻译键盘事件为对应的汉字，然后再反传到 user.exe 中，user.ext 再将翻译后的键盘事件传给当前正在运行的应用程序，从而完成汉字的输入。

在本系统中，要求输入法不但能够接收输入法管理器提供的键盘事件，还要能接收来自语音识别部分提供的语音信息（汉语拼音），并且能通过键盘进行修改和自学习。自学习就是将原来词库中没有的词语组合记录下来，存入到用户词库中，即实时造词。这样，当下一次再次遇到相同的词时，输入法就能实现自动识别新词。在实时造词的同时，输入法还能够记录词频信息，以便动态调整候选词的优先级，使词语的输入更快捷。输入法与操作系统的关系如图 8-9 所示。

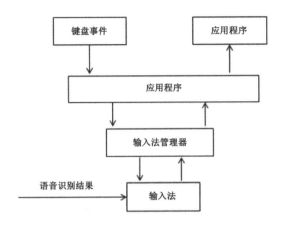

图 8-9　FreeVoice 与操作系统的关系

2．输入法的组成

一个输入法主要由两部分组成：用户接口和转换接口。转换接口本质上是一个函数集合，这些函数供应用程序和 IMM 调用，主要完成以下工作：①IME 的初始化和关闭；②代码轮换，包括输入码到汉字词和汉字词到输入法的转换；③IME 的设置及 IME 的界面、状态和修改；④输入字符的处理；⑤定义新的词组。用户接口由一些可见或者不可见的窗口组成（见图 8-10），主要的作用是接收各种消息及为 IMM 提供用户接口的界面。

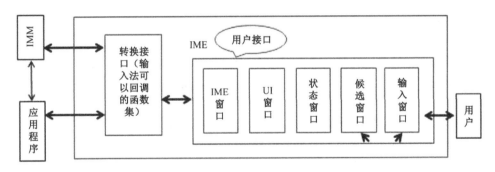

图 8-10　输入法（IME）的组成

在 Windows user.exe 中有一个类 "ime"，IME 窗口就是基于这个类的一个不可见窗口，这个窗口处理 IME 中的所有用户接口及应用程序或 IMM 发送到 IME 的所有消息。应用程序可以创建 IME 窗口，这个 IME 窗口可以用来管理系统中所有可选 IME，并通过处理消息 WM_IME_SELECT 在多个输入法间切换。所以，IME 窗口是为所有输入法共享的一个类。

UI（User Interface）窗口是某个特定输入法（如这里的拼音输入法）的总控窗口，它是 IME 窗口的一个子窗口。它的作用是接收由 IMM 和应用程序发送来的消息，并根据消息进行相应的处理。另外，它还创建状态窗口、输入窗口和候选窗口，并保存这些窗口的基本数据。状态窗口用于显示 IME 的状态，如中西文状态、输入法名称、半角/

全角、中文/西文标点符号等信息。

3．FreeVoice 的按键处理过程

FreeVoice 的基本原理是：在应用程序接收到按键消息之前得到按键输入，并将其转化为所需要的相应内码传递给应用程序。FreeVoice 的按键处理过程如下。

（1）当用户在键盘上按下一个键后，在应用程序调用 GetMessage / PeekMessage 接收此消息之前，系统首先调用 IME 的接口函数 ImeProcessKey，通过这个函数判别 IME 是否需要处理这个键，是否要把这个键吃掉。

（2）如果返回 TRUE，表示 IME 需要处理这个键，那么系统设置为虚键的 VK_PRO_CESSKEY，然后应用程序接收到消息 WM_KEYDOWN，其中的值为 VKPROCESSKEY；如果返回 FALSE，则表示 IME 不需要处理这个键，直接返回此键给应用程序，结束。

（3）当应用程序接收到消息 WM_KEY_DOWN 后，在调用函数 TranslateMessage 时，系统把用户按下键的扫描码和虚键传递给 IME 的接口函数 ImeToAsciiEx。

（4）IME 在处理了按键后，根据处理方法的不同把各种消息存放在消息缓冲区中，这个缓冲区是作为函数 ImeToAsciiEx 的一个参数传递过来的。

（5）应用程序在消息队列中得到由 IME 产生的消息，进行相应的处理。如果应用程序不处理这些消息，则把它传递给默认窗口，然后由系统把消息传递给默认的 IME 窗口，由它来处理这些消息。

通过以上过程可以看出，Windows 下 IME 的核心是两个函数：ImeProcessKey 和 ImeToAsciiEx。通过这两个函数，才能完成把汉字输入计算机。所以，IME 的设计中，最主要的工作是为这两个函数编写代码，使它们能完成输入码到内码的转换。

当然，为了提供一个友善的界面，还必须编写用户的接口，也就是为 UI 窗口、状态窗口和候选窗口等编写代码，并且根据需要还要编写一些输入法设置的界面。

8.3.5　FreeVoice 和 SpeechCenter 之间的通信设计

FreeVoice 和 SpeechCenter 之间的通信设计是通过 Winsock 编程实现的，下面先介绍一下 Winsonk 编程，然后再介绍具体的通信编程及其在输入法调试中的作用。

1．Winsock 编程

Winsock 是面向 C/S 类型的，客户机可随机申请一个 Winsock，系统为之分配一个唯一 Winsock 号，服务器拥有全局公认的 Winsock 号，任何客户可以向它发出连接请求及信息请求。一个完整的 Winsock 接口用一个相关描述：（协议，本地地址，本地端口，远地地址，远地端口）。Winsock 的主要功能函数如表 8-10 所示。

表 8-10　Winsock 的主要函数功能

函　数	功　能
Socket()	系统调用，创建套接字号
Connect()	建立双方连接
Accept()	服务器方等待来自客户的实际连接

函　数	功　能
Listen()	用于服务器方监听客户方的请求，表示处于愿意连接的状态，且需在 Accept() 前调用
Send()	在已连接的套接字发送输出数据
Recv()	在已连接的套接字发送接收数据
Close()	关闭套接字，释放分配给它的资源
Bind()	将套接字号与套接字地址联系起来

2．FreeVoice 和 SpeechCenter 之间的通信设计

FreeVoice 和 SpeechCenter 之间的通信流程如图 8-11 所示。

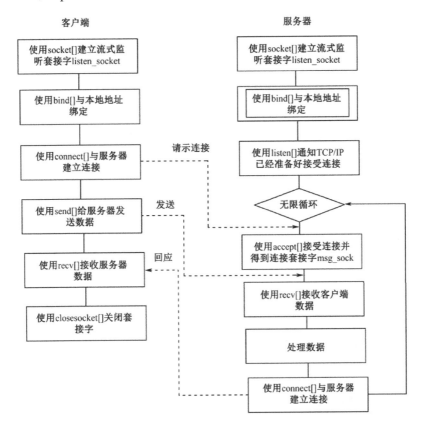

图 8-11　FreeVoice 和 SpeechCenter 之间的通信流程

3．Winsock 通信在输入法调试中的作用

输入法由于是一种动态链接库，无法直接调试，通常的调试方法是建立一个记录文本文件，将输入法的各个运行状态记录下来，但是这种方法使用并不方便，调试的实时性差。

有了网络通信功能，就可以将 SpeechCenter 当作一个输入法的调试服务器，输入法

可以将其运行状态实时地传送给 SpeechCenter，SpeechCenter 可以将接收到的信息在控制台窗口显示并记录。要想实现实时调试功能，需要在输入法中实现一个调试函数，负责将文本信息方便地发送给调试服务器。

习题

1．请简述为什么深度神经网络适合语音识别。
2．请画出传统的 GMM-HMM 语音识别系统框图。
3．请画出 DNN-HMM 语音识别系统框图。
4．请简述语音识别技术在国内外发展的现状。
5．详细研究科大讯飞语音输入法，阐述其优缺点。

参考文献

[1] Calyton S. Microsoft research shows a promising new break-through in speech translation technology (2012). URL http://blogs.technet.com/b/next/archive/2012.

[2] Wang Y Y, Yu D. An introduction to voice search[J]. IEEE Signal Processing Magazine, 2008,25(3):28-38.

[3] Yu D, Ju Y C. Automated directory assistance system-from theory to practice[C]. In:Proc. Annual Conference of International Speech Communication Association, 2007, 2709-2712.

[4] Zweig G. Personalizing model for voice-search[C]. In: Proc. Annual Conference of International Speech Communication Association, 2011: 609-612.

[5] Seltzer M L. In-car media search[J]. IEEE Signal Processing Magazine, 2011, 28(4): 50-60.

[6] Steven D, Paul M. Comparison of parametric representations for monosyllabic word recognition in continuously spoken sentences[J]. Acoustics, Speech and Signal Processnig, 1980, 28(4): 35.

[7] Zheng F, zhang G L, Song Z J. Comparison of different implementation of mfcc[J]. Journal of Computer Science and Technology, 2001, 16(6): 582-589.

[8] Hynek H. Perceptual linear predictive (plp) analysis of speech[J]. The Journal of the America, 1990, 87(4): 1738-1752.

[9] Dong Y, Frank S. Feature learning in deep neural networks studiets on speech recognition tasks[J]. arXiv preprint arXiv: 1301.3605, 2013a.

[10] Peter V. Dimension reduction with principal component analysis applied to speech supervectors[J]. Jouranl of Electrical and Electronics Engineering, 2011, 4(1): 245-250.

[11] Reinhold H U. Linear discriminant analysis for improved large vocabulary continuous speech recognition[C]. In Acoustics, Speech, and Signal Processing. ICASSP-92, 1992: 13-16.

[12] Rabiner L. A tutorial on hidden markov models and selected applications in speech

recognition[J]. Processing of the IEEE, 1989, 77(2): 257-286.

[13]　hermansky H. Perceptual linear predictive(PLP) analysis of speech[J]. The journal of the Acoustical Society of America, 1990, 87: 1738.

[14]　Juang B H. Maximum classification error rate methods for speech recognition[J]. IEEE Transactions on Speech and Audio Processing, 1997, 5(3): 257-265.

[15]　Povey D. Minimum phone error and I-smoothing for improved discriminative training[C]. International Conference on Acoustics, Speech and Signal Processing(ICASSP), 2002.

[16]　Dahl G E, Yu D. Context-dependent pre-trained deep neural networks for large-vocabulary speech recognition[J]. IEEE Transaction on Audio, Speech and Language Processing, 2012, 20(1): 30-42.

[17]　Hinton G. Deep neural networks for acoustic modeling in speech recognition[J]. The shared views of four research groups. IEEE Signal Processing Magazine, 2012, 29(6): 82-97.

[18]　Seide F. Conversational speech transcription using context-dependent deep neural networks[C]. Annual Conference of International Speech Communication Association (INTERSPEECH), 2011: 437-440.

[19]　Andrew J V. Error bounds for convolutional codes and an asymptotically optimum decoding algorithm[J]. Information Theory. IEEE Transactions on, 1967, 13(2): 260-269.

[20]　Ney H, Paeseler A. A data-triven organization of the dynamic programming beam search for continuous speech recognition[C]. In Acoustics, Speech, and Signal Processing, IEEE International Conference on ICASSP, 1987: 833-836.

[21]　Enrico B. Vector quantization for the efficient computation of continuous density likelihoods[C]. IEEE International Conference on Acoustics, speech, and Signal Processing(ICASSP), 1993:692-695.

[22]　Volker S. Improvements in beam search[C]. In ICSLP, 1994, 94: 2143-2146.

[23]　Bilmes J. What HMMs can do[J]. IEICE Trans. Information and Systems, 2006, E89-D(3): 869-891.

[24]　Deng L. Phonemic hidden markov models with continuous mixture output densities for large vocabulary word recognition[J]. IEEE Transactions on Acoustics, Speech and Signal Processing, 1991. 39(7): 1677-1681.

[25]　Juang B H. Maximum likelihood estimation for mixture multivariate stochastic observations of markov chains[J]. IEEE International Symposium on Information Theory, 1986, 32(2): 307-309.

[26]　Rabiner L. Fundamentals of Speech Recognition[J]. 2012, (1): 353-356.

[27]　Deng L. Large vocabulary word recognition using context-dependent allophonic hidden markov models[J]. Computer Speech and Language, 1991, 4: 345-357.

[28]　Huang X. Spoken language processing[J]. Pretice Hall Englewood Cliffs, 2001.

[29]   Baker J. Research developments and directions in speech recognition and understanding[J]. Ieee Signal Processing magazine, 2009, 26(3): 75-80.

[30]   Baker J. Research developments and directins in speech recognition[J]. IEEE Signal Processing Magazine, 2009, 26(4): 78-85.

[31]   Jelinek F. Continuous speech recognition by statistical methods[J]. Proceedings of the IEEE. 1976, 64(4): 532-557.

[32]   Baum L. Statistical inference for probabilistic functions of finite state Markov chains[J]. Ann. Math. Statist, 1966, 37(6): 1554-1563.

[33]   Dempster A P. Maximum-likelihood from incomplete data via the Em algorithm[J]. J. Royal Statist. Soc. Ser, 1977, 39(1): 1-38.

[34]   Trentin E. A survey of hybrid ANN/HMM models for automatic speech recognition[J]. Neurocomputing, 2001, 37(1): 91-126.

[35]   Bourlard H. Links between markov models and multilayer perceptrons[J]. IEEE Transactions on Pattern Analysis and Machine Intelligence, 1990, 12(12): 1167-1178.

[36]   Morgan N. Continuous speech recognition using multilayer perceptrons with hidden Markov models[C]. In: Proc. International Conference on Acoustics, Speech and Signal Processing(ICASSP), 1990, 413-416.

[37]   Morgan N. Neural networks for statistical recognition of continuous speech[J]. Proceeding of the IEEE, 1995, 83(5): 742-772.

[38]   Bourlard H. A context dependent neural netword for continuous speech recognition[C]. In: Proc. International Conference on Acoustics, Speech and Signal Processing (ICASSP), 1992, 2: 348-352.

[39]   Robinson A. Connectionist speech recognition of broadcast news[J]. Speech Communi cations, 2002, 37(1): 27-45.

[40]   Dahl G E. Large vocabulary continuous speech recognition with context-dependent DBN-HMMs[C]. International Conference on Acoustics, Speech and Signal Processing(ICASSP), 2011, 4688-4691.

[41]   Dahl G E. Context-dependent pre-trained deep neural networks for large-vocabulary speech recognition[J]. IEEE Transaction on Audio, Speech and Language Processing, 2012 ,20(1): 20-42.

[42]   Su H. Error back propagation for sequence training of context-dependent deep networks for conversational speech transcription[C]. International Conference on Acoustics, Speech and Signal Processing(ICASSP). 2013.

第9章　深度学习在文本中的应用

文本是自然语言处理（Natural Language Processing，NLP）的一个重要对象。自然语言处理是以计算机为工具，对书面和口头形式的自然语言信息进行处理和加工的技术。这项技术现在已经形成一门交叉性学科，涉及语言学、数学和计算机等众多学科。自然语言处理的目的在于建立各种自然语言处理系统，如机器翻译系统、自然语言理解系统、信息检索系统等。自然语言处理的目标是利用算法和数据结构设计计算模型，建立计算框架，在此基础上设计各种实用系统。

自然语言系统使用很多关于语言自身结构的知识，包括：什么是词；词如何组成句子；词的意义是什么；词的意义对句子的意义有什么影响等。此外，如果不考虑人类的一般性世界知识和人类的推理能力，就不可能完全理解人类的语言行为。比如一个人要回答问题或者参与对话，他不仅需要知道所使用语言结构的很多知识，而且要知道关于世界的一般性知识及了解特定的对话场景。也就是说，建立自然语言处理模型，需要不同平面的知识。

- 词汇学，描述词汇系统的规定，说明单词本身固有的语义特性和语法特性。
- 句法学，根据单词和词组之间的结构规则，说明单词和词组怎样形成句子。
- 语意学，描述句子中各个成分之间的语义关系，这样的语义关系与情境是无关的。
- 语用学，描述与情境有关的情景语义，说明怎样推导出句子具有的与周围话语有关的各种含义。

一般而言，语言学知识至少可以分为词汇学、句法学、语意学和语用学等平面，每一个平面传达信息的方式各不相同。例如词汇学平面可能涉及具体单词的构成成分，如语素，以及它们的曲折变化形式的知识；句法学平面可能涉及在具体的语言中，单词和词组怎样组成句子的知识；语意学平面可能涉及怎样给具体的单词和句子指派意义；语用学平面可能涉及在对话中话语焦点的转移及在给定了上下文中怎样解释句子含义的知识。

9.1　自然语言处理基础

自然语言处理是人工智能的一个主要内容，它是电子计算机模拟人类智能的一个重要方面。目前科学技术的发展突飞猛进，信息的数量与日俱增，电子计算机技术得到越来越广泛的应用。智能化电子计算机和智能化互联网的研究离不开自然语言处理，自然语言处理的研究水平在智能化计算机和智能化互联网的研制中起到举足轻重的作用。

自然语言处理的流程可以划分为分析和生成两大部分。自然语言生成固然也有很多难题，但几十年来，自然语言处理研究的重点是分析。自然语言分析的关键就是识别与消解自然语言的歧义。人与人的交流由于有共同的知识背景，并且能领会交流的环境和过程，通常不会产生误解。但是作为语言学研究对象的任何一个语言单位，如词、短语和句子等，如果脱离语境而孤立存在，通常都是有歧义的。当交流在人和机器之间进行时，由于机器尚不具备"背景知识"和"世界知识"，歧义现象就表现得尤为突出。

汉语信息处理很难回避的一个步骤就是把用汉字序列书写的句子切分为词的序列或者说从句子中辨识出词。在这个最基本的步骤中，就存在大量的歧义。例如，仅"白天鹅"这3个汉字组成的序列就存在歧义，是"白/天鹅/"还是"白天/鹅/"？如果这3个字的序列落在更长的汉字序列中，歧义就可能得以消解。

白天鹅飞过来了——白/天鹅/飞/过来/了/（因为鹅不会飞）

白天鹅可以看家——白天/鹅/可以/看/家/（家里通常不会养天鹅）

人如何消解歧义呢？当然是根据已掌握的知识，也可以把这些知识教授给计算机，存储在知识库中，计算机据此也可以消解这样的歧义。但如果"白天鹅"落在"白天鹅在湖里游泳"中，仅依靠存储在人脑或电脑中的静态知识，是不能判定句中"白天鹅"这3个字应该如何切分的，必须依赖更大的上下文语境。

除句子内的切词、多音词、词性、词义、句法结构、语义角色等都有歧义现象外，其他语言求解问题，诸如断句（现代汉语尽管有标点符号，确定句法和语义相对完整、又不过长的句子仍是难题）、指代、省略也可归结为歧义问题。

9.1.1 正则表达式和自动机

正则表达式（Regular Expression，RE）是字符文本序列的标准记录方式，是计算机科学中一项重要的成就，也是一种用于描述文本搜索符号串的语言，广泛应用于各类信息检索中。此外，它还是计算机科学和语言学的一种重要的理论工具。

正则表达式是由 Kleene 开发的，用于描述字符串类别的公式。字符串是字符的序列；对于大多数基于文本的检索技术来说，字符串就是字母数字字符（字母、数字、空白、表、标点符号）的一个序列。

从形式上说，正则表达式是用来刻画字符串的集合。因此，它可以描述搜索字符串，也可以以形式的方法定义一种语言。正则表达式的搜索需要一个搜索的模式（pattern）和一个被搜索的文本语料库（corpus）。正则表达式搜索语料库，并返回包含该模式的所有文本。它是一种用于文本搜索的元语言，可描述有限状态自动机（FSA）。有限状态自动机与正则表达式彼此对称，可以相互描述。

图 9-1 的有限状态自动机描述了一个字符串。它包括两部分：圆圈表示节点，箭头表示转移。这个自动机有五个状态：节点 0 是初始状态（start state），节点 4 是最后状态（Final State），用双圆圈表示，另外还有 4 个转移（transition），用箭头线表示。

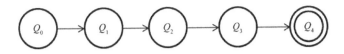

图 9-1　有限状态自动机

有限状态自动机是形式语言（formal language）的表现方式，能够而且只能够生成或识别满足形式语言定义所要求的形式语言的字符串。形式语言与自然语言不同，在语言学中，生成语法（generative grammar）有时用来表示形式语言，它的主要思想是使用有限状态自动机能够生成一切字符串。

9.1.2　句法处理

句法（syntax）是指把单词和词组安排在一起怎样形成句子的方法。单词是语言处理的单元，句法是骨架，句法研究单词之间的形式关系。单词可以类聚为词类（part-of-speech），或者与相邻的单词组合成短语。

句子的句法结构指明了其中单词的关联方式，如修饰词和中心词的位置或关系。另外，还指明短语之间的关系类型，和其他的句子结构的信息。例如：

Peter gave the book to Ana.（彼得把这本书给了安娜。）

The book was given to Ana by Peter.（这本书被彼得给了安娜。）

这两个句子的结构特点相似，包含相同的名词短语，描述的行为一样。但是，这两个句子又有显著的不同。句子的结构并不反映句子的意义，相同的句法结构，在不同的环境下，具有不同的意义。句子的意图依赖于产生这个句子的情境。逻辑形式对可能的词义进行编码，并给出词语和短语之间的语义关系。

9.1.3　词的分类和词性标注

词类又称为 POS（Part-of-Speech），它对于语言信息处理的意义在于能够提供关于单词及其邻近成分的信息。语言中的基本单元是词语，组成方式有曲折式（inflectional form）、派生式（derivational form）两种。词类是根据形态和句法功能来定义的，比如出现在相似的环境中的单词可以归为一类，同类的单词倾向与语义或功能一致。

英语中的词语分为四个主要的类别：名词、形容词、动词和副词。句子在这四大类词语的基础上构成，当然，其他词类也是必需的，如冠词、代词、介词、语助词、量词和连词等。

词类标注（Part-of-Speech tagging 或 POS tagging ），简称标注，指给语料库中的单词指派词类标记的过程。这些标记也用来标注标点符号，因此自然语言的标注过程与计算机语言的词例还原（tokenization）过程是一样的。词类标注在语音识别、自然语言剖析和信息检索中的作用越来越重要。

在英语单词词类标注中实际使用时最常用的标记集（tagset）有三个：

Penn Treebank 的标记集包含 45 个标记，是小标记集；

CLAWS（the Constituent Likelihood Automatic Word-tagging System）使用的标记集

C5 包含 61 个标记，是中型的标记集，用于标注英国国家语料库（the British National Corpus，BNC）；

第三个标记集是包含 146 个标记的大型标记集 C7。

图 9-2 所示为 Penn Tree bank 的中文词类标注。

标记	英语解释	中文解释
AD	adverbs	副词
AS	Aspect marker	体态词，体标记（例如：了，在，着，过）
BA	把 in ba-const	"把"，"将"的词性标记
CC	Coordinating conjunction	并列连词，"和"
CD	Cardinal numbers	数字，"一百"
CS	Subordinating conj	从属连词（例子：若，如果，如...）
DEC	的 for relative-clause etc	"的"词性标记
DEG	Associative 的	联结词"的"
DER	得 in V-de construction, and V-de-R	"得"
DEV	地 before VP	地
DT	Determiner	限定词，"这"
ETC	Tag for words 等，等等 in coordination phrase	等，等等
FW	Foreign words	例子：ISO
IJ	interjection	感叹词
JJ	Noun-modifier other than nouns	
LB	被 in long bei-construction	例子：被，给
LC	Localizer	定位词，例子："里"
M	Measure word (including classifiers)	量词，例子："个"
MSP	Some particles	例子："所"
NN	Common nouns	普通名词
NR	Proper nouns	专有名词
NT	Temporal nouns	时序词，表示时间的名词
OD	Ordinal numbers	序数词，"第一"

图 9-2　Penn Treebank 的中文词类标注

标注算法让每个单词都标上一个最佳的标记。英语中的大多数单词没有歧义，单词大多数情况下只有一个单独的标记。但是，常用词往往是有歧义的，例如，助动词 can 意思是"能够"，作为名词是"罐头"，还可以作动词"把×××装进罐头"。标注算法通常分为两类：基于规则的标注算法（rule-based tagger）、随机标注算法（stochastic tagger）。

9.1.4　上下文无关语法

分析自然语言结构最常用的形式系统是上下文无关语法（Context-Free Grammar，CFG）。上下文无关语法又称为短语结构语法（Phrase-Structure Grammar），由规则（rule）及词表（lexicon）构成。计算一个句子的句法结构必须综合考虑语言的语法和句法分析技术。

在创建语法规则时，必须考虑语法的通用性、选择性和可理解性。通用性指的是能正确分析的句子范围；选择性指的是能判定出有问题的非句子范围；可理解性指的是语法的简易程度。有限状态自动机不能模拟全部的句法，但是可以近似地模拟自然语言。

自动机与上下文无关语法都是形式语言，但是有不同的生成能力。如果一个语法能够定义一种语言，而另一种语法不能，那么前一种语法就比后一种语法具有更强的生成能力。例如，上下文无关语法能够比有限状态自动机描述更多的语言。为了描述这种差异性，在计算语言学中最常用的是 Chomsky 层级，包含了四种语法，如图 9-3 所示。

Chomsky Hierarchy			
0 型语法	1 型语法	2 型语法	3 型语法
无限制语法(UG)	上下文有关语法(CSG)	上下文无关语法(CFG)	正则语法(RG)
递归可枚举语言(RNL)	上下文有关语言(CSL)	上下文无关语言(CFL)	正则语言(RL)
图灵机(TM)	线性有界自动机(LBA)	下推自动机(PDA)	有限自动机(FA)
$\alpha \to \beta, \alpha \neq \varepsilon$	$\alpha A \beta \to \alpha \gamma \beta, \gamma \neq \varepsilon$	$A \to \gamma, \gamma \neq \varepsilon$	$A \to aB$ 或 $A \to a$
α, β, γ are strings of terminals and nonterminals, A, B are nonterminals, a is a terminal.			

图 9-3　Chomsky 层次语法理论

随着加在语法规则上的约束的增加，语言的生成能力从最强降到最弱。图 9-3 说明了 Chomsky 层级中的语法的四种类型，这些语法是通过规则形式的约束来定义的。例如，0 型语法或无限制语法要求规则的左边不能是空符号串，对于规则的形式没有限制。0 型语法描述了递归可枚举语言，生成的符号串可以用图灵机枚举。

9.1.5　浅层语法分析

浅层语法分析（shallow parsing）也称为局部语法分析（partial parsing），处理层次可分为词、短语和句子三个单位。如果语法理论忽略短语直接从词生成语法分析结果，就不可避免地带来大量的歧义问题，不仅会降低算法的效率，而且常常得不到正确的结果。

常见的浅层语法分析主要有两类：基于统计和基于规则。基于规则的方法就是根据人工书写的或半自动获取的语法规则标注出短语的边界和短语的类型。规则的使用相对简单，但是规则的获取却比较困难。

9.1.6 语义分析

判断一句话的意思要分两步来进行:首先，计算出它上下文无关的标记形式，称为逻辑形式（logical form）；然后，在上下文中对逻辑形式进行解释，生成最终的意义表示。对上下文无关意义的研究称为语义学，对上下文相关语言的研究称为语用学。尽管很多语言现象都依赖上下文，但仍存在相当多的上下文无关的语义结构，可以通过语义解释过程生成逻辑形式。

9.1.7 语义网络

语义网络是一种词法知识的表示方法。通过属性继承，语义网络简化了词典的构建，同时还提供了词义之间更为丰富的语义关系集。语义网络是由带标记的链和带标记的节点组成的图。节点表示词义，链表示节点之间的语义关系。语义网络可以评价两个不同词义的语义接近度。

9.1.8 词汇关系信息库

词汇关系在语言学、心理语言学和计算研究中的作用激发了许多建立大型电子信息库的工作。这类工作通常从现有词典或辞书中挖掘信息，或者手工建立信息库。现有的典型词汇关系信息库有 WordNet、ConceptNet 和 FrameNet。

WordNet 由普林斯顿大学研发的。它将意思相近的单词归为一组，并且表示组与组之间的层次联系。例如，认为"轿车"和"汽车"指的是同一个物体，属于一类交通工具。

ConceptNet 是来自麻省理工学院的语义网络。表示的关系比 WordNet 更广。例如，ConceptNet 认为"面包"一词往往出现在"烤面包机"附近。然而，词语间的这种关系实在是不胜枚举。

FrameNet 是伯克利大学的一个项目，试图用框架对语义归档。框架表示各种概念及其相关的角色。例如，孩子生日聚会框架的不同部分有着不同的角色，如场地、娱乐活动和糖源等。计算机能够通过搜索触发框架的关键词来"理解"文字。这些框架需要手动创建，触发词也需要手动关联。

英语词汇信息 WordNet 是手工建成的，由三个独立的信息库组成：名词库、动词库及形容词和副词库，其中不包括封闭词类的词汇项。WordNet 条目的完整形式由一组同义词、一个词典风格的定义或注释和一些用法示例组成。WordNet 不包括发音信息，因此并不区分不同发音的词位。它的影响力在于领域无关的词汇关系。这些关系存在于条目、含义和同义词集里。这种关系只限于相同词性的项，它具有两个最有用和最成熟的特征：同义集和上下位关系。

如果两个条目在有些上下文环境中能够成功地进行替换，则认为它们是同义词。同义词的理论和实现都是围绕同义集（synset），即同义词的集合来组织的。同义集中的每个词条都可以在一些场景下表达类似的概念。

9.2　基于深度学习的文本处理

深度学习是近年来机器学习领域发展最为迅速的领域，它并不是一种全新的机器学习方法，而是基于深层神经网络（Deep Neural Network， DNN）学习方法的别称。深层神经网络和传统的多层神经网络几乎是完全相同的概念。深度学习之所以在沉寂多年之后重新得到学术界的高度关注，是因为其在一系列人工智能的重要任务中所取得的突破性成果。

深度学习方法最引人注目的一个特点是具有自动特征学习的能力。有效的特征提取是各类机器学习方法共同的基础要素。给定一个学习任务，比如语音识别、人脸检测、机器翻译等，首先需要解决的是什么样的特征对任务是最有用的。发现和选择有效的特征对机器学习的性能起到至关重要的作用。特征可以是专家人工定义的，也可以是机器学习得到的。让机器自动学习特征，称为特征学习。

和大多数简单的特征学习的方法不同，深度学习方法可以自动地学习一个特征的层次结构。在该层次结构中，高层特征通过底层特征构建，不同底层特征的不同方式的组合，可以构建不同的高层特征。

随着语音和图像处理领域的突破性进展，深度学习在自然语言处理领域也越来越受到重视，并逐渐应用于自然语言处理的各种任务中。然而自然语言处理任务有其自身的特点，与语音和图像处理有所不同。语音和图像在处理过程中的输入信号可以在向量空间内表示，而自然语言处理通常在词汇一级进行。将独立的词语转换为向量并作为神经网络的输入是将神经网络应用于自然语言处理的基础。自然语言任务中通常要处理各种递归结构。语言模型、词类标注等需要对序列进行处理，而句法分析、机器翻译等则对应更加复杂的树形结构。这种结构化的处理需要特殊的神经网络。

9.2.1　词汇向量化表示

词汇通常作为统计模型的特征应用于自然语言处理的各种任务中。在传统研究方法里，词汇通常表示为 one-hot 的形式，即假设词表大小为 V，第 k 个词表示为一个大小为 V 的向量，其中第 k 维为 1，其他维为 0。该方式的缺点是无法有效刻画词的语义信息，即不管两个词义相关性如何，它们的 one-hot 的向量表示都是正交的。两个符号只有相同或者不同两种情况，而两个向量可以用相似性来衡量。"庆丰包子"对应的向量与"狗不理包子"对应的向量很接近，但是它们和"轿车"对应的向量差别很大。如同 WordNet 处理方式一样，相似的向量被归为同一类。这种表示方式也容易造成数据稀疏。当不同的词作为完全不同的特征应用于统计模型中时，由于不常见的词在训练数据中出现的次数比较少，导致对应特征的估计存在偏差。

科洛贝尔等人提出了使用神经网络的方法自动学习词汇的向量化表示，如图 9-4 所示，其基本原则是：一个词包含的意义应该由该词周围的词决定。

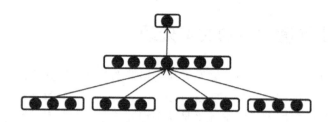

图 9-4 词汇的向量化表示

首先将词汇表中的每一个词随机初始化为一个向量，然后用大规模的单语语料作为训练数据来优化此向量，使相似的词具有相近的向量表示。具体优化方法是，从训练数据中随机选取一个窗口的片段（图 9-4 中窗口大小为 4，片段为"cat sat on the mat"）作为正例。将片段对应的词向量进行拼接作为神经网络的输入层，经过一个隐含层后得到评分，表示此片段是否为一个正常的自然语言片段。将窗口中间的词随机替换为词表中的另外一个词，得到一个负例的片段，进而得到负例的得分。并使用反向传播的方式来学习神经网络各层的参数，同时更新正负例样本中的词向量。这样的训练方法能够将适合出现在窗口中间位置的词聚合在一起，而将不适合出现在这个位置的词分离开来，从而将语义（语法或者词性）相似的词映射到向量空间中相近的位置。

与替换中间词的方法不同，米可洛夫等人提出了一种使用周围词预测中间词的连续词包模型。如图 9-5 所示，连续词包模型将相邻的词向量直接相加得到隐含层，并用隐含层预测中间词的概率。它同词袋模型一样采用的是直接相加，所以周围词的位置并不影响预测的结果，因此也称为词袋模型。米可洛夫等人还提出了一种连续 skip-gram 模型。同连续词袋模型的预测方式相反，连续 skip-gram 模型通过中间词来预测周围词的概率。这两个模型是基于开源工具 word2vec 开发的。将词语在句子中的上下文同全局上下文相结合来学习词向量表示，全局上下文是出现该词的文档中所有词向量的加权平均。

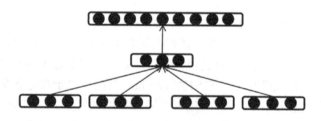

图 9-5 连续词包模型

由于大规模单语数据的获得相对容易，使得神经网络训练词汇的向量化表示成为可能。训练得到的词向量可以应用于自然语言处理的其他任务中，并一定程度上解决了由于特定任务的训练数据不充足而造成的数据稀疏问题。从谷歌或者是斯坦福大学直接下载已经训练好的向量，或是用 Gensim 软件库自己训练，可以发现词向量有非常直观的相似性和联系，事实上确实有效。

9.2.2　句法分析

使用递归神经网络（Recursive Neural Network，RNN）可以实现对树型结构的预测。递归神经网络的输入层有两部分，分别是左子节点的向量表示和右子节点的向量表示。两个子节点的向量表示通过神经网络后生成父节点的向量表示，同时生成一个打分，该打分表示创建父节点的可信程度。父节点的向量表示又可以与其他子节点通过相同的递归神经网络组合形成更大的父节点。依次递归，直至生成整个句子的根节点表示，从而形成一棵完整的句法分析树。整棵树的可信度打分是所有节点可信度打分的总和。基于每个节点的向量化表示，可以添加一个 softmax 层来计算每个节点对应句法标记的概率。句法分析树的叶节点是句子中的词，而叶节点的向量化表示是通过在大规模的单语数据上训练得到的词向量初始化，并通过递归神经网络进行更新。

为了更好地描述不同句法结构的信息，索赫尔将标准的递归神经网络扩展为组合矢量文法。标准的递归神经网络使用相同参数的神经网络组合子节点计算父节点的可信度和句法标记的概率；而组合矢量文法则对不同的句法标记使用不同参数的神经网络。这样，使训练得到的神经网络能更准确地描述不同句法结构的组合形式和语义信息。

9.2.3　神经机器翻译

深度神经网络同样被引入到统计机器翻译的研究中，借鉴和扩展了语音识别中的模型，并应用于词汇对齐中。该方法一方面通过词向量解决了对齐的数据稀疏问题，另一方面引入上下文来对翻译进行消歧，通过词对齐信息引入源语言的信息来扩展重现神经网络，产生了一种翻译和语言的联合模型。该联合模型的打分作为特征添加到对数线性模型中，提高了翻译性能。向量还存在内部结构。如果用意大利向量减去罗马向量，得到的结果应该与法国向量减去巴黎向量的结果非常接近。该方法将单语数据训练得到的词向量输入一个单隐含层的神经网络，并输出一个基于词向量的翻译概率。

基于词汇的最大熵调序模型采用边界词作为特征来判断目标语言片段是顺序还是逆序的。使用递归自动编码神经网络的方法来利用整个片段信息。递归自动编码神经网络在初始化递归神经网络的参数时，使用自动编码的原则来训练，即给定两个子节点，通过递归神经网络获得父节点的编码，然后基于父节点的编码，尽可能地还原输入的两个子节点。使用递归自动编码的神经网络可以从词向量开始递归生成源语言和目标语言片段的向量化表示，并基于两个翻译对的源语言和目标语言片段，通过神经网络获得顺序和逆序的概率。

递归自动编码的神经网络用于学习双语的片段向量化表示，但是分别生成的源语言和目标语言的片段向量化表示并不存在语义上的对应关系。为了得到语义上的相关性，它们使用交互优化的方式训练神经网络，即首先固定目标语言片段的向量表示；然后以该向量表示为优化目标，优化源语言的神经网络；最后固定源语言片段的向量表示，优化目标语言的神经网络。这种双语约束得到的片段表示应用于统计机器翻译的概率估计中，取得了显著的效果。

传统的递归自动编码神经网络在组合两个子节点时，并不能像重现神经网络那样引入新的信息。为了将语言模型知识引入到递归自动编码神经网络，对统计机器翻译的解码过程进行建模，将递归自动编码神经网络和重现神经网络结合在了一起。重现神经网络是在递归自动编码神经网络中引入了三个输入层，分别是两个子节点的额外输入信息和父节点的额外信息，前者用来生成父节点的向量表示，后者用来生成父节点的置信度打分。重现神经网络除了可以自动学习对翻译有用的特征外，还可以自然地将传统的特征以额外信息的形式添加到神经网络模型中。

深度神经网络学习到的主题表达还可用于统计机器翻译消歧。传统方法通常使用句子内部的信息来对翻译进行消歧，而这种方法则是通过信息检索技术获取与要翻译的句子相关的文档，这些文档使用深度神经网络方法学习得到句子的主题表达，进而利用翻译候选的主题表达与句子主题表达的一致性来对翻译候选进行消歧。

9.2.4　情感分析

尝试理解人类情感一直是人工智能的目标。目前深度学习在此问题上主要用于给定一段文本来判断其情感类别及强度。为了更好地处理情感分析问题中语义合成的问题（如"不是很喜欢"与"喜欢"的情感极性相反），一些研究工作利用自然语言的递归性质与语义的可合成性，使用递归自动编码神经网络对句子的情感语义进行建模。半监督递归自动编码模型在由词向量构建短语向量表示时，可以更多地保留情感信息。句法分析树用来决定语义合成的顺序，以此替代递归自动编码模型中通过贪心搜索损失最小的递归结构。每个单词除了有一个向量外，还有一个矩阵来表示某种语义操作。在进行语义合成时，首先用两个语义操作矩阵分别对另一半进行操作，然后进行语义合成，得到短语的向量表示。与普通神经网络不同，递归张量神经网络使用基于张量的合成函数来取代原有的线性函数，以此扩展语义合成函数的能力范围。将每个词的情感语义操作信息嵌入到词向量中，进而用来选择不同的语义合成函数。

尽管深度学习已经在语音和图像处理中取得重大进展，然而语言与语音、图像不同，是特殊的人工符号系统，将深度学习应用于自然语言处理需要进行更多的研究和探索：针对特殊任务的词汇表达的学习及词汇之间关系的探索越来越受到重视；处理自然语言的结构化输出需要更复杂的神经网络；复杂神经网络又对高效和并行化的训练算法提出了新的要求。我们相信，随着可用的训练数据越来越多，计算能力越来越强，在自然语言处理领域，深度学习也会更有用武之地。

与其他应用一样，通用的神经网络技术可以成功地应用于自然语言处理。然而，为了实现卓越的性能并扩展到大型应用程序，一些领域特定的策略也很重要。为了构建自然语言的有效模型，通常必须使用专门处理序列数据的技术。在很多情况下，可将自然语言视为一系列词，而不是单个字符或字节序列。因为可能的词总数非常大，基于词的语言模型必须在极高维度和稀疏的离散空间上操作。

语言模型（language model）定义了自然语言中标记序列的概率分布。根据模型的设计，标记可以是词、字符，甚至是字节。标记总是离散的实体。最早成功的语言模型是基于固定长度序列的标记模型，称为 n-gram。一个 n-gram 是一个包含 n 个标记的序列。

基于 *n*-gram 的模型定义一个条件概率：给定前 *n*-1 个标记后的第 *n* 个标记的条件概率。训练 *n*-gram 模型是简单的，因为最大似然估计可以通过简单地统计每个可能的 *n*-gram 在训练集中出现的次数来获得。几十年来，基于 *n*-gram 的模型都是统计语言模型的核心模块。对于小的 *n* 值，模型有特定的名称：*n*=1 称为一元语法（unigram），*n*=2 称为二元语法（bigram），*n*=3 称为三元语法（trigram）。

神经语言模型（Neural Language Model，NLM）是一类用来克服维数灾难的语言模型，使用词的分布式表示对自然语言序列建模。不同于基于类的 *n*-gram 模型，神经语言模型能够识别两个相似的词。模型为每个词学习分布式表示，且允许模型处理具有类似共同特征的词。例如，如果词 dog 和词 cat 映射到具有许多属性的表示，则包含词 cat 的句子可以告知模型对包含词 dog 的句子做出预测，反之亦然。因为这样的属性很多，所以存在许多泛化的方式，可以将信息从每个训练语句传递到语义相关语句。

n-gram 模型相对神经网络的主要优点是 *n*-gram 模型具有更高的模型容量，并且处理样本只需非常少的计算量。相比之下，将神经网络的参数数目加倍，通常也加长了计算时间。因此，增加容量的一种简单方法是将两种方法结合，由神经语言模型和 *n*-gram 语言模型组成集成。

9.3 应用举例：机器翻译

机器翻译研究如何利用计算机实现自然语言的自动转换，是人工智能和自然语言处理的重要研究领域之一。机器翻译以一种自然语言读取句子并产生等同含义的另一种语言的句子。机器翻译系统通常涉及许多组件。在高层次，一个组件通常会提出许多候选翻译。由于语言之间的差异，这些翻译中的许多翻译是不符合语法的。机器翻译大致可分为理性主义和经验主义两类方法。

基于理性主义的机器翻译方法主张由人类专家通过编纂规则的方式，将自然语言之间的转换规律"传授"给计算机。这种方法的主要优点是能够显式描述深层次的语言转换规律。然而，理性主义方法对于人类专家的要求非常高，他们不仅能够通晓源语言和目标语言，而且需具备一定的语言学和翻译学理论功底，同时熟悉待翻译文本所涉及的领域背景知识，还需熟练掌握相关计算机操作技能。这使得研制系统的人工成本高、开发周期长，面向小语种开发垂直领域的机器翻译因人才稀缺而变得极其困难。此外，当翻译规则库达到一定的规模后，如何确保新增的规则与已有规则不冲突也是非常大的挑战。因此，翻译知识获取成为基于理性主义的机器翻译方法所面临的主要挑战。

基于经验主义的机器翻译方法主张计算机自动从大规模数据中"学习"自然语言之间的转换规律。随着互联网文本数据的持续增长和计算机运算能力的不断增强，数据驱动的统计方法从 20 世纪 90 年代起开始逐渐成为机器翻译的主流技术。统计机器翻译为自然语言翻译过程建立概率模型并利用大规模平行语料库训练模型参数，具有人工成本低、开发周期短的优点，克服了传统理性主义方法所面临的翻译知识获取瓶颈问题，因而成为 Google、微软、百度、有道等国内外公司在线机器翻译系统的核心技术。尽管如此，统计机器翻译仍然在以下六个方面面临严峻挑战。

- 线性不可分：统计机器翻译主要采用线性模型，处理高维复杂语言数据时线性不可分的情况非常严重，导致训练和搜索算法难以逼近译文空间的理论上界。
- 缺乏合适的语义表示：统计机器翻译主要在词汇、短语和句法层面实现源语言文本到目标语言文本的转换，缺乏表达能力强、可计算性高的语义表示支持机器翻译实现语义层面的等价转换。
- 难以设计特征：统计机器翻译依赖人类专家通过特征来表示各种翻译知识源。由于语言之间的结构转换非常复杂，人工设计特征难以保证覆盖所有的语言现象。
- 难以充分利用非局部上下文：统计机器翻译主要利用上下文无关的特性设计高效的动态规划搜索算法，导致难以有效将非局部上下文信息容纳在模型中。
- 数据稀疏：统计机器翻译中的翻译规则（双语短语或同步文法规则）结构复杂，即便使用大规模训练数据，仍然面临着严重的数据稀疏问题。
- 错误传播：统计机器翻译系统通常采用流水线架构，即先进行词法分析和句法分析，再进行词语对齐，最后抽取规则。每一个环节出现的错误都会放大传播到后续环节，严重影响了翻译性能。

由于深度学习能够较好地缓解统计机器翻译所面临的上述挑战，基于深度学习的方法自 2013 年之后获得迅速发展，成为当前机器翻译领域的研究热点。基于深度学习的机器翻译大致可以分为两类方法。

- 利用深度学习改进统计机器翻译：仍以统计机器翻译为主体框架，利用深度学习改进其中的关键模块。
- 端到端神经机器翻译：一种全新的方法体系，直接利用神经网络实现源语言文本到目标语言文本的映射。

利用深度学习改进统计机器翻译的核心思想是以统计机器翻译为主体，使用深度学习改进其中的关键模块，如语言模型、翻译模型、调序模型、词语对齐等。

深度学习能够帮助机器翻译缓解数据稀疏问题。以语言模型为例，语言模型能够量化译文的流利度，对译文的质量产生直接的重要影响，是机器翻译中的核心模块。基于神经网络的语言模型通过分布式表示（每个词都是连续、稠密的实数向量）有效缓解了数据稀疏问题。由于使用分布式表示能够缓解数据稀疏问题，神经网络联合模型能够使用丰富的上下文信息，从而相对于传统的统计机器翻译方法获得了显著的性能提升。

对机器翻译而言，使用神经网络的另一个优点是能够解决特征难以设计的问题。以调序模型为例，基于反向转录文法的调序模型是基于短语的统计机器翻译的重要调序方法之一，其基本思想是将调序视作二元分类问题。传统方法通常使用最大熵分类器，但是如何设计能够捕获调序规律的特征是其难点。由于词串的长度往往非常长，如何从众多的词语集合中选出能够对调序决策起关键作用的词语是非常困难的。利用神经网络能够缓解特征设计的问题，它首先利用递归自动编码器生成词串的分布式表示；然后基于词串的分布式表示建立神经网络分类器。因此，基于神经网络的调序模型不需要人工设计特征就能够利用整个词串的信息，显著提高了调序分类准确率和翻译质量。实际上，深度学习不仅能够为机器翻译生成新的特征，还能够将现有的特征集合转化生成新的特征集合，显著提升了翻译模型的表达能力。

端到端神经机器翻译（End-to-End Neural Machine Translation）是一种全新的机器翻译方法，其基本思想是使用神经网络直接将源语言文本映射成目标语言文本，直接采用神经网络以端到端方式进行翻译建模。与统计机器翻译不同，端到端神经机器翻译不再有人工设计的词语对齐、短语切分、句法树等隐结构，不再需要人工设计特征，仅使用一个非线性的神经网络便能直接实现自然语言文本的转换。

端到端神经机器翻译采用一种简单直观的方法完成翻译工作：首先使用一个称为编码器（Encoder）的神经网络将源语言句子编码为一个稠密向量，然后使用一个称为解码器（Decoder）的神经网络从该向量中解码出目标语言句子。给定一个源语言句子，首先使用一个编码器将其映射为一个连续、稠密的向量，然后再使用一个解码器将该向量转化为一个目标语言句子。递归自动编码神经网络具有能够捕获全部历史信息和处理变长字符串的优点。这是一个非常大胆的新架构，用非线性模型取代统计机器翻译的线性模型；用单个复杂的神经网络取代隐结构流水线；用连接编码器和解码器的向量来描述语义等价性；用递归神经网络捕获无限长的历史信息。然而，端到端神经机器翻译最初并没有获得理想的翻译性能，一个重要原因是训练递归神经网络时面临着"梯度消失"和"梯度爆炸"问题。因此，虽然递归自动编码神经网络理论上能捕获无限长的历史信息，但实际上难以真正处理长距离的依赖关系。

为此，将长短期记忆引入端到端神经机器翻译。长短期记忆通过采用设置门开关的方法解决了训练递归神经网络时的"梯度消失"和"梯度爆炸"问题，能够较好地捕获长距离依赖。

无论是编码器还是解码器都采用了递归自动编码神经网络。给定一个源语言句子"A B C"，该模型在尾部增加了一个表示句子结束的符号"〈EOS〉"。当编码器为整个句子生成向量表示后，解码器便开始生成目标语言句子，整个解码过程直到生成"〈EOS〉"时结束。需要注意的是，当生成目标语言词时，解码器不但考虑整个源语言句子的信息，还考虑已经生成的部分译文。由于引入了长短期记忆，端到端神经机器翻译的性能获得了大幅度提升，取得了与传统统计机器翻译相当甚至更好的准确率。然而，这种新的框架仍面临一个重要的挑战，即不管是较长的源语言句子，还是较短的源语言句子，编码器都需将其映射成一个维度固定的向量，这对实现准确的编码提出了极大的挑战。

采用注意力机制"编码器—解码器"结构与普通结构不同之处在于上下文向量的构建。普通的"编码器—解码器"结构采用前向循环神经网络编码器对源语言句子进行编码，并将末尾的隐式状态作为上下文向量。而基于注意力机制的"编码器—解码器"结构采用双向循环神经网络编码器对源语言句子进行编码。解码步骤中，模型通过注意力机制选择性地关注源语言句子的不同部分，动态地构建上下文向量。

让计算机翻译人类语言最简单的方法，就是把句子中的每个单词，都替换成翻译后的目标语言单词。这很容易实现，因为所需要的是一本字典来查找每个单词的翻译。但结果并不好，因为它忽略了语法和上下文的联系，因此需要添加特定语言规则以改进结果。例如，可能将两个常用词翻译为词组；可能互换名词和形容词的顺序，因为它们在不同的语言中以相反的顺序出现。如果继续添加更多的规则，直到可以应对每一部分语法，程序应该就能够翻译任何句子。这是最早的机器翻译系统的工作原理。语言学家提出了许多复杂的规则，并逐一编程实现。

机器翻译的核心是一个黑盒系统，它通过查看训练数据，就可以学习如何翻译。2014 年，KyungHyun Cho 的团队取得了突破，他们发现了一种应用深度学习来构建这种黑盒系统的方法。他们的深度学习模型采用平行语料库，并使用它来学习如何在无任何人为干预的情况下在这两种语言之间进行翻译。通过循环神经网络和编码就可以建立一个能够自学的翻译系统。

一个常规（非循环）神经网络是泛型机器学习算法，接收一序列数字并计算结果（基于先前的训练）。神经网络可以用作一个黑盒子来解决很多问题。但是像大多数机器学习算法一样，神经网络是无状态的。输入一序列数字，神经网络计算并输出结果。

一个循环神经网络（Recurrent Neural Network，RNN）是一个稍微改进过的神经网络的版本，先前的状态可以被当作输入，再次带入到下一次计算中去，如图 9-6 所示。

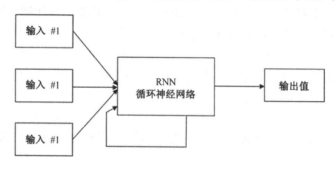

图 9-6　循环神经网络

这意味着之前的计算结果会更改未来计算的结果。这允许神经网络学习数据序列中的规律。例如，基于句子的前几个词，可以预测句子中下一个最有可能的单词，如图 9-7 所示。

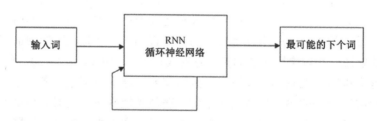

图 9-7　循环神经网络单词预测

当学习数据中的规律时，RNN 非常有用。因为人类语言其实只是一个庞大而复杂的"规则"，自然语言处理的各个领域越来越多地使用 RNN。任何一个句子可以转换成一系列独特的编码。将句子输入到 RNN 中，一次一个词，最后一个词处理之后的最终结果，就是表示整个句子的数值，如图 9-8 所示。

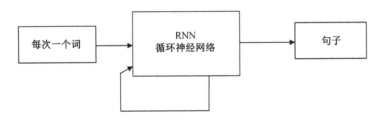

图 9-8　循环神经网络时序记忆

如果使用两个 RNNs 并将它们首尾相连，第一个 RNN 可以给句子生成编码，第二
RNN 遵循相反的逻辑，解码得到原始句子，如图 9-9 所示。当然，编码然后再解码并得
到原始语句并没有太大用处。但是如果训练第二个 RNN，使它解码成目标语言，可以
将一序列源语言转换成同样的目标语言序列。这不依赖于任何关于人类语言规则的了解，
算法自动计算出这些规则。

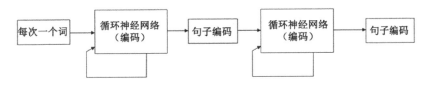

图 9-9　循环神经网络自动翻译

端到端神经机器翻译在学术界和工业界的迅猛发展，表明深度学习在机器翻译中的
应用取得了成效。端到端神经机器翻译的翻译性能取得了突破，超过了发展多年的传统
统计机器翻译，成果振奋人心。然而，我们应该冷静地看到端到端神经机器翻译仍然有
很多问题急待解决。

和其他深度学习所涉及的任务一样，基于深度学习的端到端神经机器翻译较传统统
计机器翻译而言，可解释性进一步降低。就模型配置而言，端到端神经机器翻译参数设
置和组件配置更多地采用经验性的挑选。从自然语言处理角度来看，如何从语言学角度
提高端到端神经机器翻译的解释性也需要更多的研究探索。

另外，当前的端到端神经机器翻译完全自动地从双语语料中学习翻译知识，但是对
一些外部知识，如双语词典、WordNet 和知识图谱等，没有过多的触及。外部知识的引
入对端到端神经机器翻译是一个有益的补充。因此，如何有效地将外部知识融入端到端
神经机器翻译使其性能进一步提高是一个值得探索的方向。

9.4　应用举例：聊天机器人

近年来，聊天机器人受到了学术界和工业界的广泛关注。例如，微软开发的聊天机
器人小冰，百度推出的聊天机器人小度等，都推动了聊天机器人产品化的发展。聊天机
器人是一种通过自然语言模拟人类进行对话的程序，起源于图灵在 1950 年提出的设想：
"机器能思考吗？"；并且通过让机器参与一个模仿人类对话互动的游戏来验证"机器"
能否"思考"，也就是著名的"图灵测试"。图灵测试被称为人工智能领域王冠上最璀璨

的明珠，是人工智能的终极目标。

最早的聊天机器人 ELIZA 诞生于 1966 年，由麻省理工学院开发，用于在临床治疗中模仿心理医生与病人互动。虽然其中仅使用了一些简单的关键词匹配和回复规则技术，但是机器人的表现还是超出了预期。1988 年，加州伯克利分校开发了 UC，用于帮助用户学习使用 UNIX 操作系统。它已经可以分析输入的语言、理解用户的意图、选择合适的内容，并最终生成对话内容反馈给用户，进一步推动了聊天机器人的智能化程度。1995 年，理查德•华勒斯开发了 ALICE 系统，并随之发布了 AIML 语言，被应用于开发移动虚拟助手。

随着人工智能的发展，出现了越来越多的基于聊天机器人的应用。根据应用场景，主要有在线自动客服、个人助理和智能问答等种类。在线自动客服的主要功能是同用户进行沟通并自动回复用户有关产品或服务的问题，以降低企业客服运营成本、提升用户体验。个人助理主要通过语音或文字与聊天机器人系统进行交互，实现个人事务的查询及代办功能，如天气查询、空气质量查询、定位、短信收发、日程提醒、智能搜索等，从而更便捷地辅助用户的日常事务处理，代表性的商业系统有 Apple Siri 等。智能问答主要功能包括回答用户以自然语言形式提出的事实型问题和需要计算和逻辑推理型的问题，以达到直接满足用户的信息需求及辅助用户进行决策的目的。

9.4.1 聊天机器人的主要功能模块

一般说来，聊天机器人的系统框架包含图 9-10 中的主要功能模块。语音识别模块接收用户的语音输入并转换成文本形式供后继处理；自然语言处理部分负责理解输入文本的语义，将特定的语义表达式输入到之后的对话管理模块；对话管理模块协调调用各个模块，将得到的回复内容递交到自然语言生成模块进行处理；自然语言生成模块生成文本形式的回复，并传递给语音转换模块生成语音，与用户交互。该系统中关于文本处理的主要模块为自然语言处理模块、对话管理模块和自然语言生成模块。

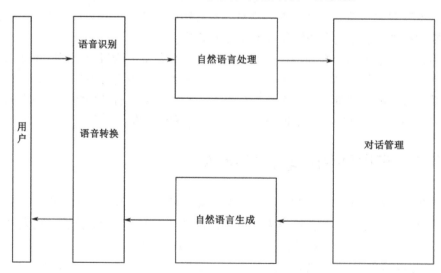

图 9-10　聊天机器人系统框架

自然语言理解的主要任务是将用户的输入生成它的语义表示形式。通常在功能上表现为意图识别，就是判断用户明确的或隐藏的需求，比如"我想办一张信用卡"，表明了想要办理某银行信用卡的意图；情感识别则是对用户在交互中所带有的情感色彩进行分析，比如"为什么我两星期前的快递还没到？"，包含了用户对服务不满意的情绪；歧义消解主要负责消除对话中的歧义问题，比如接上个例子"它到哪里了？"，这里的"它"指代的是"快递"，机器人必须了解这里上下文中的指代关系，才能正确理解用户的问题，并给出合理的回复。问询扩展是在用户意图不明确时，系统主动通过问答对原始问询进行扩展，明确需求，比如"明天天气如何？"，可能要补充明确地址等信息。拒识判断是主动拒绝超出自身回复范围或涉及敏感话题的用户问题。

对话管理功能主要协调聊天机器人的各个部分，并维护对话的结构和状态。对话管理功能中涉及的关键技术主要有对话行为识别、对话状态识别和对话策略学习。对话行为识别是指预先定义的对话意图的表示形式，比如预先定义好对话行为的类别体系，常见于垂直领域的在线服务系统，如票务预订、酒店预订等；对话状态识别是指当前时刻的对话行为的状态；对话策略学习是从人类的对话语料库中学习对话的行为，从而指导人机对话。

自然语言生成模块根据对话管理模块产生的信息，生成针对用户问题的文本形式的回答，主要的技术有检索式对话生成技术和生成式对话生成技术。检索式对话生成技术是在已有的对话语料库中寻找适合当前输入的最佳回复。这种方法的局限是仅能以语料库中已有的固定的语言模式进行回复；生成式对话生成技术是从已有的对话语料库中学习语言的组合模式，通过"编码器—解码器"的过程逐词生成回复，这些回复有可能会超出语料库中的已有模式。

9.4.2　主要的技术挑战

当前，对聊天机器人的研究还存在许多的挑战，包括如下两方面。

（1）对话上下文建模：对话的过程是一个在特定背景下的连续交互过程，一句话的意义往往要结合上下文或者背景才能确定。而现有的自然语言处理技术主要还是基于上下文无关假设，因此对上下文的建模成为亟待解决的问题。

（2）对话过程中的知识表示：知识表示是人工智能研究的重要基础，也是聊天机器人质量提升的重要前提，涉及众多复杂的因素，只有全面地描述这些因素的含义和关系，才能实现真正的人机交流。

一个优秀的聊天机器人应该能够与用户无障碍地交流，准确理解用户需求，掌握各领域知识，服务周到，对用户提出的问题立即反馈，给出正确的解决方案。一般而言，它具备如下特点。

首先，给出答案的内容要语义正确。针对用户的问题，产生的回答应该和用户的问题语义一致并逻辑正确。如果机器人答非所问，或总是提示"我不理解您的意思"，那么就不可能给用户带来良好的体验。

其次，给出答案的形式要语法正确。这是对话的基本要求，但是对于机器而言，要自动生成句法正确的语句目前仍然有很多问题需要解决。

当然，优秀的机器人还应该具有一些其他的特点。比如，给出答案的仿真性要强。一般来说，有趣的对话更受欢迎，机器人在与用户互动的过程中也应该体现该策略。有些回答在语义上没有问题，但是如果仅是单调重复"好的"、"是的"，也不能带来令人满意的使用体验。再比如，对用户问题提供的答案要相对稳定，不能对同一用户相同的问题给出矛盾的答案等。

9.4.3　深度学习构建智能聊天机器人

在聊天机器人领域，常见的开发策略有基于模板、基于检索和基于机器翻译。基于模板是通过人工设定对话场景，为每个场景事先准备针对性的对话模板，模板中包括了用户可能的问题和对应的答案。它的好处是精准度高，但是需要大量人工工作，可扩展性差；基于检索是使用大型语料库作为知识库，将用户的问题在语料库中进行匹配，找到最合适的应答内容；基于机器翻译是把对话过程看作机器翻译的过程，由用户输入信息（源语言），机器人针对该信息回答（目标语言）。基于该思路，将机器翻译领域里相对成熟的技术挪用到聊天机器人的开发中。

目前在生成式聊天机器人的开发领域，大多采用了 Encoder-Decoder 框架（见图 9-11）。该框架主要用于文本处理领域的研究，应用场景广泛，比如机器翻译、文本摘要、句法分析，也包括聊天机器人等领域。

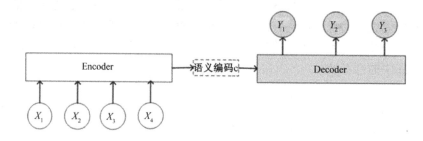

图 9-11　抽象的 Encode-Decode 框架

通过该框架的处理，输入句子 X，将生成目标句子 Y。

在实际开发中，一般 Encoder 和 Decoder 都采用 RNN 模型，因为 RNN 模型对于线性序列的字符串来说是比较有效的深度学习模型，RNN 的改进模型 LSTM 也是经常使用的模型。上述框架可以根据用户当前输入的问题，自动生成回答。但是对话往往不是单纯的一问一答，在回答的时候，究竟说什么内容常常要参考上下文信息。深度学习解决多轮会话的上下文信息问题时大致思路相同，都是在 Encoder 阶段把上下文信息及当前输入的问题同时编码，以促进 Decoder 阶段可以参考上下文信息生成回答。

聊天机器人往往会被用户当做一个具有个性化特性的虚拟人，相关的个性化信息如年龄、性别、爱好、语言风格等应该在回答问题时保持一致。对于不同的用户来说，可能会喜欢不同聊天风格或者不同身份的聊天对象，所以聊天机器人应该能够提供不同的虚拟角色，方便用户选择，同时在聊天过程中应该保持身份和个性信息的一致与稳定。

相对于传统的聊天机器人技术，Encode-Decode 框架具有一些明显的优点。一方面，它的构建过程是端到端数据驱动的，只要给定训练数据即可训练出效果良好的聊天系统，省去了很多中间步骤的处理，如句法分析和语义分析等传统的自然语言处理的难点，使得系统开发效率大幅度提高；另一方面，该技术语言无关，可扩展性强。开发时，只需要使用不同语言的语料库进行训练，不需要专门针对某种语言做优化措施，使得系统可扩展性大大加强。随着技术的发展，聊天机器人已经被应用到越来越多的场景当中。

1．语音服务系统

在语音服务领域，聊天机器人开始逐渐以各种形式出现在人们的生活工作场景中（见图 9-12），现在较常见的是一些服务行业的在线自动语音服务系统。传统的语音自助服务按照业务类别设置层层的按键索引，客户需要根据语音提示进行相关业务的选择，往往要花费较长的时间才能寻找到需要的业务。有些情况下，甚至无法顺利准确找到相关业务，严重影响了用户的体验。

图 9-12　联通智能客服助理

现在逐渐出现的"自动语音系统"通过机器人将传统的多层自助语音菜单扁平化，用更人性化的方式实现语音导航、语音交互、语音咨询等常用功能。此外，用户还可以通过语音对话直接告知业务需求，实现快速办理相关业务，如查询手机流量情况、申请信用卡额度调整等，或者查找并进入需要的功能。与传统语音客服相比，既节省用户时间，提高了服务效率，又通过人性化的方式提升了用户的满意度。

2．实体机器人

除了在线语音服务系统，现在还可以看到一些实体的智能机器人在很多行业投入应用。比如，交通银行试点推出的智能服务机器人可以通过语音识别、触摸交互、肢体语言等方式，为银行客户提供聊天互动、业务引导、业务查询等服务（见图 9-13）。在交通银行辽宁省某支行，类人形机器人在大堂内自行走动。当被问到有关银行业务的问题时，它会详细解答并进行引导。服务，扮演部分大堂经理的"角色"。有客户问它，"我要取钱，到哪儿取号？"回答说："如果您取款金额在 2 万元以下，可到自助取款机办理。"分流了客户，节省了客户办理业务的时间。此外，机器人还具有唱歌、朗诵、讲笑话等功能，比如对客户的问题："我们合个影可以吗？""来吧，我等着，一定要用美图秀秀哦！"方式新颖而又有趣，提高了业务办理的效率，同时也给客户提供了良好的体验。

图 9-13 交通银行机器人大堂经理

目前，在实践中，在线客服机器人的使用率还不高。但是消费者的问题中八成以上都是高度重复的，只要知识库的数据足够全面，在线客服机器人能够为用户提供比较满意的解决方案。目前聊天机器人还处于起步阶段，但已经成为趋势，发展空间巨大，随着技术积累及进步，必将广泛地应用到各个行业的业务场景中去。

习题

1．自然语言理解中，词汇的表示方法是什么？
2．如何进行句法分析？
3．简述机器翻译的过程。
4．简述聊天机器人的主要功能模块。

参考文献

[1] Kleene S C. Representation of events in nerve nets and finite automata[J]. Automata Studies Annals of Mathematics Studies, 2010:3-41.

[2] Marcus M P, Marcinkiewicz M A, Santorini B. Building a large annotated corpus of English: the penn treebank[M]. MIT Press, 1993.

[3] Leech G, Garside R, Bryant M. Claws4: The Tagging Of The British National Corpus[C]// Conference on Computational Linguistics. Association for Computational Linguistics, 1994:622-628.

[4] Garside R, Leech G, Mcenery A. Corpus Annotation[J]. Longman Publishing, 1997.

[5] Collobert R, Weston J, Karlen M, et al. Natural Language Processing (Almost) from Scratch[J]. Journal of Machine Learning Research, 2011, 12(1):2493-2537.

[6] Mikolov T, Chen K, Corrado G, et al. Efficient Estimation of Word Representations in Vector Space[J]. Computer Science, 2013.

[7] Huang E H, Socher R, Manning C D, et al. Improving word representations via global context and multiple word prototypes[C]// Meeting of the Association for Computational Linguistics: Long Papers. Association for Computational Linguistics, 2012:873-882.

[8] Socher R, Lin C Y, Ng A Y, et al. Parsing Natural Scenes and Natural Language with Recursive Neural Networks[C]// International Conference on International Conference on Machine Learning. Omni press, 2011:129-136.

[9] Mikolov T, Chen K, Corrado G, et al. Efficient Estimation of Word Representations in Vector Space[J]. Computer Science, 2013.

[10] Li P, Liu Y, Sun M. Recursive autoencoders for ITG-based translation[C]. Proceedings of the 2013 Conference on Empirical Methods in Natural Language Processing, 2013:567-577.

[11] Bengio Y, Schwenk H, Senécal J S, et al. Neural Probabilistic Language Models[M]// Innovations in Machine Learning. Springer Berlin Heidelberg, 2006:137-186.

第10章　深度学习前沿发展

　　深度学习经过了近年来的不断发展，在各个应用领域取得了许多突破性的成果。除了监督学习外，最新的深度学习也应用到了不同的学习范式中。典型的学习范式有增强学习、迁移学习和长短期记忆网络。增强学习主要解决智能系统如何根据环境做出正确的决策及有意义地响应的问题。迁移学习则是针对真实世界中学习的模型，解决迁移到其他数据，能够对未训练的数据进行推断的问题。长短期记忆网络则是针对循环神经网络中的梯度消失而无法对长期数据进行学习的问题，提出的改进方法，更多用于时间序列方面的推理。当前，随着云计算、大数据的不断发展，移动互联网的不断普及，对于快速高效训练深度学习网络的需求越来越迫切。同时，面临移动终端的大量应用，将深度学习模型应用在移动终端上可以大大提高识别的效率，因此，最新的大量研究关注深度学习硬件的实现，这包括经典的英伟达 NVIDIA 公司的 GPU，同时包括谷歌的 TPU芯片，以及中科院计算所的寒武纪系列芯片。本章将详细介绍包括增强学习、迁移学习及长短期记忆网络的原理和应用。同时，在硬件实现方面，详细介绍深度学习的几种硬件实现。

10.1　增强学习

10.1.1　增强学习的基本概念

　　增强学习（Reinforcement Learning，RL）是机器学习中的一种学习范式，其与监督学习（Supervised Learning）、非监督学习（Unsupervised Learning）并列，是一种机器学习问题。根据经典教科书上的定义，Reinforcement Learning is learning what to do-how to map situations to actions, so as to maximize a numerical reward signal. 即增强学习关注智能体做什么，如何从当前的状态中找到相应的动作，从而得到更好的奖赏。增强学习是从环境到动作映射的学习。这个映射称为策略（Strategy）。

　　增强学习的学习目标就是 Reward，即奖赏。增强学习就是基于奖赏假设，所有的学习目标都可以归结为得到累计的最大奖赏。例如，目标可以选择那些可能带来未来奖赏的动作。而动作，则具有长远的影响。奖赏不一定马上生效，可能会被推迟。为了得到长远的奖赏，可以牺牲当前的奖赏。

　　接下来以最近的 AlphaGo 为例来解释增强学习的基本概念。

　　AlphaGo 是由 Google DeepMind 研发出来的人工智能围棋程序，自 2016 年 3 月对韩国李世石九段以 4:1 获胜后，进入大众视线，特别是 AlphaGo 背后所使用的深度增强学习算法。之后，2016 年 12 月其在网络围棋平台上以 Master 为名取得了 60 连胜。

2017 年 5 月，AlphaGo 二代以 3:0 战胜了世界排名第一的柯洁，使得人们对 AlphaGo 深度增强学习的认识更近了一步。

围棋棋盘上的典型 19×19 网格，可能的状态有 3^{361} 种，非常巨大。在传统的计算机中，依靠暴力搜索完全不能够实现围棋的内容。因此，在棋盘中如何降低棋盘搜索空间非常关键。AlphaGo 的深度增强学习方法，采用蒙特卡罗树搜索，可以在较短时间内搜索较多步骤，取得了很好的效果。

在增强学习中，有智能体、环境、行为三个基本概念。以 AlphaGo 为例，智能体就是 AlphaGo，环境就是围棋的当前棋盘，行为就是 AlphaGo 打算落子的动作。

状态是历史的函数，输入公式为 $S=f(H)$，即棋盘的当前布局是由下棋的过程一步一步得到的。

环境状态：使用什么样的数据选择观测和奖赏。这些状态是不能够直接观测到的，即使观测到，也往往与想要的信息无关。即在 AlphaGo 中，当前棋盘上棋子的分布情况，这是可以直接看到的。但是，这些棋子分布对于未来的输赢，却是无法直接看到的。

智能体状态：使用什么样数据的选择行为（action）。这是增强学习算法可以利用的信息。在 AlphaGo 中就是它使用什么样的策略进行走子。

信息状态：包含所有历史中的有用信息。未来是与过去无关的，是独立的，这也叫作马尔可夫状态。环境状态是马尔可夫状态，历史也是马尔可夫状态。一旦得到了未来的状态，那么历史状态就可以直接扔掉。利用信息状态，AlphaGo 才能使用增强学习的学习策略，进行不断学习，从而达到获胜的目的。

完全观测：智能体直接观察到环境状态，$O=S_a=S_e$，information state =智能体 state = environment state。

形式上，这就是，马尔可夫决策过程（Markov decision process，MDP）。

部分观测状态：智能体不能直接观测到环境状态。也就是说智能体 state ≠ environment state。举个例子，打扑克时只能看到已经出的牌，不能看到对手的牌。

形式化上，这叫作部分观测马尔可夫决策过程（Partial Observerable Markov Decision Process，POMDP）。

接下来介绍智能体的主要构成。在 AlphaGo 中，它也是由这几个部分组成的。

增强学习智能体的主要构成包括以下几个部分。

（1）策略：智能体的行为函数。

（2）价值函数：How good 对于每个状态和动作。

（3）模型：智能体对于缓解的表达方式。

首先策略就是智能体的行为，是从状态到动作的映射。例如，确定策略：$A=pi(S)$。随机策略：$\pi(a|s)=P(A_t=a|S_t=s)$。

价值函数是对未来奖赏的预测。用来评估当前状态的好坏。因此，在每次动作之间来选择：

$$v_\pi(s)=E_\pi(R_{t+1}+\gamma R_{t+2}+\gamma^2 R_{t+3}+\cdots|S_t=s)$$

模型用来预测环境下一步做什么。

P 用来预测下一个状态。R 用于预测下一次奖赏。

例如，走迷宫。Reward 就是-1。动作就是 NESW，状态就是迷宫的格子。智能体可能具有环境的内部模型。但是，这个模型可能并不是特别完美。

在 AlphaGo 中，采用了策略网络和价值网络两个网络分布对棋盘进行评估。利用策略网络，AlphaGo 可以预测下一步的走法，即得到了智能体的行为函数。然后，结合走法，使用价值网络来进行评估，判断出当前走法获胜的概率，再使用快速走子的方法得到最终的模拟结果。综合起来，判断下一步该走什么子。

智能体的类型分为以下几种。

- 基于价值的: only value function, no policy。
- 基于策略的：only policy function, no value function。
- 动作导向的：Policy and Value。
- 无模型的：Policy and/or Value, no model。
- 基于模型的：Policy and Value, Model。

增强学习决策实现过程需要设定一个智能体，智能体能够执行某个动作（action）如决定围棋棋子下在哪个位置，机器人的下一步该怎么走。智能体能够接收当前环境的一个观察（observation），如当前机器人的摄像头拍摄到场景。智能体还能接收当它执行某个动作后的奖赏，即在第 t 步智能体的工作流程是执行一个动作 A_t，获得该动作之后的环境观测状况 O_t，以及获得这个动作的反馈奖赏 R_t。而环境（environment）则是智能体交互对象，它是一个行为不可控制的对象，智能体一开始不知道环境会对不同动作做出什么样的反应，而环境会通过观察告诉智能体当前的环境状态，同时环境能够根据可能的最终结果反馈给智能体一个奖赏，例如，围棋棋面就是一个环境，它可以根据当前的棋面状况估计一下黑白双方输赢的比例。因而在第 t 步，环境的工作流程是接收一个 A_t，对这个动作做出反应之后传递环境状况和评估的奖赏给智能体。奖赏 R_t，是一个反馈标量值，它表明了在第 t 步智能体做出的决策有多好或者有多不好，整个增强学习优化的目标就是最大化累积奖赏。

AlphaGo 即为动作导向的，它使用了策略网络和价值网络来进行走子。

10.1.2 增强学习的过程

在增强学习中，有两个重要的概念，就是学习和规划。

1. 学习问题

在此问题中，环境在初始时是未知的。智能体与环境产生交互，智能体需要不断改进自己的策略。

2. 规划问题

在此问题中，环境模型是已知的。智能体使用环境模型进行计算，并且没有任何的外部交互。智能体也需要不断改进自己的策略。

例如，在 Atari 中，游戏的规则是未知的，直接从游戏对战的过程中来学习。玩家使用手柄来执行动作，看得见的是像素和分数。当是一个规划问题时，游戏的规则是已知的，可以通过执行模拟器。在智能体的大脑里有完美模型。如果要从状态 s 采取动作

a，那么下一个状态是什么？将来的分数是什么？规划在找到最优策略之前，可以利用树搜索。

在 AlphaGo 中，环境是已知的，AlphaGo 知道棋盘当前所有棋子的位置，也知道棋子的历史状态。

增强学习是一种试错（trial-and-error）的学习方式：最开始时不清楚环境的工作方式，不清楚执行什么样的行为是对的，什么样的行为是错的。因而 agent 需要从不断尝试的经验中发现一个好的 policy，从而在这个过程中获取更多的 reward。在学习过程中，会有一个在 Exploration（探索）和 Exploitation（利用）之间的权衡。

Exploration（探索）会放弃一些已知的 reward 信息，而去尝试一些新的选择——在某种状态下，算法也许已经学习到选择什么 action 让 reward 比较大，但是并不能每次都做出同样的选择，也许另外一个没有尝试过的选择会让 reward 更大，即 Exploration 希望能够探索更多关于 environment 的信息。

Exploitation（利用）指根据已知的信息最大化 reward。

例如，选择饭店时，Exploitation 是去最喜欢的饭店，Exploration 是尝试一家新的饭店。在线广告投放时，Exploitation 是显示最成功的广告，Exploration 则是显示一个不同的广告。采油时，Exploitation 是在已知最好的地方采油，Exploration 则是在新的地点采油。玩游戏时，Exploitation 在你相信最好的地方走棋，Exploration 在一个新的尝试性的地方走棋。

在选择策略的过程中，预测（evaluate the future），表示对未来进行评估，给定一个策略。控制，optimize the future，对未来进行优化，找到一个最优策略。

10.1.3　增强学习的应用

增强学习在机器人控制中得到了广泛的应用。在基于行为的智能机器人控制系统中，机器人是否能够根据环境的变化进行有效的行为选择是提高机器人自主性的关键问题。要实现机器人灵活和有效的行为选择能力，仅依靠设计者的经验和知识是很难获得对复杂和不确定环境的良好适应性的。为此，必须在机器人的规划与控制系统引入学习机制，使机器人能够在与环境的交互中不断增强行为的选择能力。

另外，增强学习在诸如 Atari 游戏、围棋、无人驾驶等领域取得了重大突破，具有代表性的就是贯穿本节的 AlphaGo，它使得增强学习受到人们的普遍关注。

10.2　迁移学习

与增强学习类似，迁移学习也是机器学习中的一类学习范式。它主要解决机器学习中的模型迁移问题，即当在一组数据集上使用机器学习算法训练好一个模型后，如何使用这个模型对另外一组不同但是类似的数据进行推断，包括识别、分类、回归等。也就是说，迁移学习主要做的是解决问题 A 的模型，能否也用来解决问题 B。这样一来，人们就可以利用迁移学习来解决原始数据的不同问题。

10.2.1　迁移学习的定义

按照杨强等人的综述文章，迁移学习的定义如下。

迁移学习涉及域和任务的概念。一个域 D 由一个特征空间 X 和特征空间上的边际概率分布 $P(X)$ 组成，其中 $X=x_1,\cdots,x_n\in X$。对于有很多词袋表征（bag-of-words representation）的文档分类，X 是所有文档表征的空间，x_i 是第 i 个单词的二进制特征，X 是一个特定的文档。

给定一个域 $D=\{X,P(X)\}$，一个任务 T 由一个标签空间 y 及一个条件概率分布 $P(Y|X)$ 构成，这个条件概率分布通常是从由特征—标签对 $x_i\in X$，$y_i\in Y$ 组成的训练数据中学习得到的。在文档分类中，Y 是所有标签的集合（真（True）或假（False）），y_i 要么为真，要么为假。

给定一个源域 D_s，一个对应的源任务 T_s，还有目标域 D_t，以及目标任务 T_t，迁移学习的目标就是：在 $D_s\neq D_t$，$T_t\neq T_t$ 的情况下，在具备来源于 D_s 和 T_s 的信息时，学习得到目标域 D_t 中的条件概率分布 $P(Y_t|X_t)$。绝大多数情况下，假设可以获得的有标签的目标样本是有限的，有标签的目标样本远少于源样本。

由于域 D 和任务 T 都被定义为元组（tuple），所以这些不平衡就会带来 4 个迁移学习的场景。

10.2.2　迁移学习的分类

按照迁移学习的数据域与任务的分类，有 4 种分类方式。

给定源域 D_s 和目标域 D_t，其中，$D=\{X,P(X)\}$，并且给定源任务 T_s 和目标任务 T_t，其中 $T=\{Y,P(Y|X)\}$。源和目标的情况可以 4 种方式变化。

（1）$X_s\neq X_t$。源域和目标域的特征空间不同，例如，文档是用两种不同的语言写的。在自然语言处理的背景下，这通常被称为跨语言适应（cross-lingual adaptation）。

（2）$P(X_s)\neq P(X_t)$。源域和目标域的边缘概率分布不同，例如，两个文档有着不同的主题。这个情景通常被称为域适应（domain adaptation）。

（3）$Y_s\neq Y_t$。两个任务的标签空间不同，例如，在目标任务中，文档需要被分配不同的标签。实际上，这种场景通常发生在场景 4 中，因为不同的任务拥有不同的标签空间，但是拥有相同的条件概率分布，这种情况非常少见。

（4）$P(Y_s|X_s)\neq P(Y_t|X_t)$。源任务和目标任务的条件概率分布不同，例如，源和目标文档在类别上是不均衡的。这种场景在实际中是比较常见的，诸如过采样、欠采样等情况。

10.2.3　迁移学习的应用场景

迁移学习可以应用于不同的应用场景中。

1．从模拟中学习

一个典型的迁移学习应用是从模拟中学习。对很多依靠硬件来交互的机器学习应用而言，在现实世界中收集数据、训练模型，要么很昂贵，要么很耗时间，要么太危险。

所以最好能以某些风险较小的其他方式来收集数据。

模拟是针对这个问题的首选工具，在现实世界中它被用来实现很多先进的机器学习系统。从模拟中学习并将学到的知识应用在现实世界，这是迁移学习场景 2 中的例子，因为源域和目标域的特征空间是一样的（仅仅依靠像素），但是模拟和现实世界的边缘概率分布是不一样的，即模拟和目标域中的物体看上去是不同的，尽管随着模拟的逐渐逼真，这种差距会消失。同时，模拟和现实世界的条件概率分布可能是不一样的，因为模拟不会完全复制现实世界中的所有反应，例如，一个物理引擎不会完全模仿现实世界中物体的交互。

从模拟中学习有利于让数据收集变得更加容易，因为物体可以容易地被限制和分析，同时实现快速训练，学习可以在多个实例之间并行进行。因此，需要与现实世界进行交互的大规模机器学习项目的先决条件，如自动驾驶汽车。

2．域适应

域适应在视觉中是一个常规的需求，因为标签信息易于获取的数据和实际关心的数据经常是不一样的，无论涉及识别自行车还是自然界中的其他物体。即使训练数据和测试数据看起来是一样的，训练数据也仍然可能包含人类难以察觉的偏差，而模型能够利用这种偏差在训练数据上实现过拟合。

另一个常见的域适应场景涉及适应不同的文本类型：标准的自然语言处理工具（如词性标签器或者解析器）一般都是在诸如华尔街日报这种新闻数据上进行训练，这种新闻数据在过去都是用来评价这些模型的。然而，在新闻数据上训练出的模型面临挑战，难以应对更加新颖的文本形式，如社交媒体信息。

3．跨语言迁移知识

迁移学习的另一个应用是将知识从一种语言迁移到另一种语言。可靠的跨语言域的方法会允许借用大量已有的英文标签数据，并将其应用在任何一种语言中，尤其是对没有足够服务且真正缺少资源的语言。以 zero-shot 学习方法进行翻译为例，此方法在该域取得了快速的进步。

4．深度学习的微调

迁移学习目前最热门的应用当属在深度学习中的微调（fine-tuning）。微调的意思是稍微调整一下。由于深度学习需要大量样本，训练时间较长，每次从头开始训练往往耗费大量的时间。例如，ImageNet 是一个千万级的图像数据集，需要很长时间来训练。但是如果仅仅用来识别一些特定的目标，如汽车型号等，就可以基于已训练好的 ImageNet 模型来做。通常来说，对模型初始化时，将原有的 ImageNet 已经训练好的模型作为新模型的初始参数，然后再在此模型上继续训练，从而得到微调的结果。这样就利用上了之前模型的训练结果，从而得到新模型的结果。

10.3 记忆网络

在深度学习中，记忆网络是一个特别的神经网络结构。其是循环神经网络的一种特殊结构。通过加入不同的循环结构，使得神经网络可以记忆长短期的数据内容，从而更好地处理时间序列的问题。

10.3.1 循环神经网络

回顾前面几章讲过的循环神经网络（RNN），其输出除了与当前的输入相关外，还与之前的隐含层相关。也就是说，RNN 是与时间序列相关的。这主要表现在 RNN 在连接时隐含层之间的循环连接，如图 10-1 左侧所示。这里，网络单元 A 接受 x_t 作为输入，同时输出 h_t，A 上的循环可以使信息沿着时间不断传播。当将 RNN 展开后，如图 10-1 右侧所示，RNN 即为一个每层具有相同结构的神经网络。其中，信息一层一层传播。每层的输出都积累了上一层的信息。

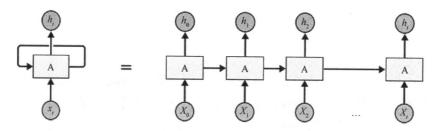

图 10-1　展开的循环神经网络

在 RNN 中，如果需要预测的内容位置与位置间隔较小，则 RNN 可以顺利预测。例如，在自然语言处理中，需要根据之前单词预测下一个单词。在 "the clouds are in the sky" 中最后一个单词，很明显下一个单词会是 "sky"。在这种情况下，相关信息与预测位置的间隔比较小，RNN 可以使用之前的信息。

但是，当上下文长度较大时，问题变得复杂。例如，预测 "I grew up in China. I speak fluent Chinese." 中最后一个词。最近信息表示这个单词应该是语言的名字，但是是哪一门语言，需要将包含 "China" 的一句上下文包含进来。这种情况下，相关信息与预测位置的间隔变得比较大。随着这种间隔不断加大，RNN 就会无法学习这些信息。

10.3.2 长短期记忆网络

长短期记忆（Long Short-Term Memory，LSTM）网络是一种特殊的 RNN，能够学习长期依赖关系。它们由 Hochreiter 和 Schmidhuber（1997）提出，在后期工作中又由许多人进行了改进，现在正在被广泛使用。LSTM 最重要的特点是能够避免长期依赖问题。

所有的循环神经网络都具有一连串重复神经网络模块的形式。在标准的 RNNs 中，这种重复模块有一种非常简单的结构，比如单个 tanh 层，如图 10-2 所示。

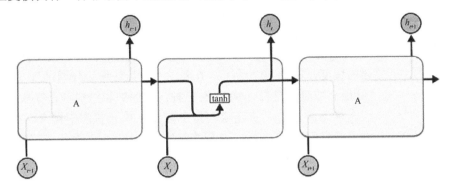

图 10-2　标准 RNN 中的重复模块包含单个层

　　LSTMs 同样也有这种链状的结构，但是重复模块有着不同的结构。它有四层神经网络层以特殊的方式连接，而不是单个神经网络层。

　　如图 10-3 所示，每条线表示一个完整向量，从一个节点的输出到其他节点的输入。粉红色圆圈代表逐点操作，比如向量加法，而黄色方框表示的是已学习的神经网络层。线条合并表示连接，线条分叉表示内容复制并输入到不同地方。

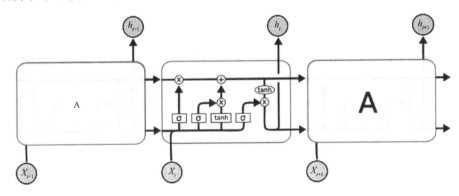

图 10-3　LSTM 中的重复模块包含四个相互作用的神经网络层

　　LSTMs 的关键点是单元状态，如图 10-4 所示。单元状态类似传送带，它贯穿整个链条，只有一些小的线性相互作用。这很容易让信息以不变的方式向下流动。

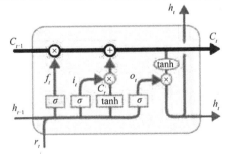

图 10-4　单元状态

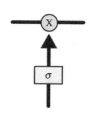

LSTM 向单元状态中移除或添加信息，通过结构来管理，称为门限。门限可以有选择地让信息通过，它由一个 Sigmoid 神经网络层和点乘运算组成。

Sigmoid 层输出 0 到 1 之间的数字，描述了每个成分应该通过门限的程度，如图 10-5 所示。0 表示"不让任何成分通过"，而 1 表示"让所有成分通过"。LSTM 有三种门限保护和控制单元状态。

图 10-5　门限

首先，LSTM 决定哪些信息需要从单元状态中抛弃，由一个称为"遗忘门" f_t 的 sigmoid 层来决定，如图 10-6 所示。它接收 h_{t-1} 和 x_t 作为输入，然后输出 0 和 1 之间的数值，用来控制 C_{t-1} 通过的程度。也就是说，"遗忘门"控制了"遗忘"多少以前的状态。

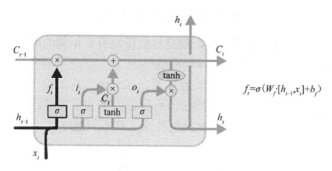

$$f_t = \sigma\left(W_f \cdot [h_{t-1}, x_t] + b_f\right)$$

图 10-6　LSTM 的遗忘门

其次，需要决定在单元状态中需要存储哪些新信息，可分为两步，如图 10-7 所示。第一步，"输入门" i_t 的 sigmoid 层决定让哪些量通过。第二步，使用 tanh 层来创建新向量 $\tilde{C}_t$。将两者结合起来，就可以控制 C_t 通过的多少，即"输入门"控制新的输入状态。

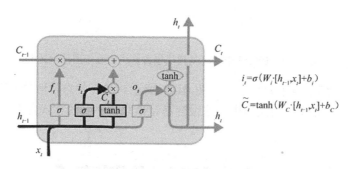

$$i_t = \sigma\left(W_i \cdot [h_{t-1}, x_t] + b_i\right)$$
$$\tilde{C}_t = \tanh\left(W_C \cdot [h_{t-1}, x_t] + b_C\right)$$

图 10-7　LSTM 的输入门和输入的单元状态

接下来，将通过"输入门" i_t 与输入状态 $\tilde{C}_t$ 相乘，"记忆"相应的输入状态。同时，将"遗忘门" f_t 与之前的状态 C_{t-1} 相乘，"遗忘"相应的之前状态。然后，将两者相加，即得到当前状态 C_t，如图 10-8 所示。

最后，需要决定输出的内容，如图 10-9 所示。通过与当前单元状态 C_t 的 tanh 相乘，

"输出门" o_t 的 Sigmoid 层控制了当前单元状态 C_t 输出多少内容，也就是最终输出的量 h_t。

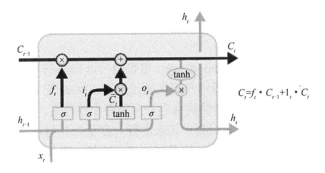

图 10-8　LSTM 的当前单元状态

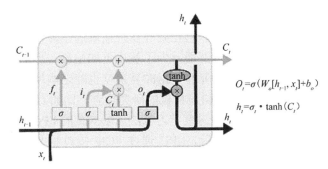

图 10-9　LSTM 的输出门

10.3.3　长短期记忆变体

LSTM 的最重要的变种之一是门循环单元（Gated Recurrent Unit, GRU）。GRU 有两个门："重置门" r_t 和"更新门" z_t，如图 10-10 所示。"重置门"决定了如何将新的输入 x_t 和之前的状态 h_{t-1} 结合。而"更新门"则决定了保持多少之前的记忆。与 LSTM 不同的是，GRU 只有 2 个门，"更新门"合并了 LSTM 中的"输入门"和"遗忘门"。同时，"重置门"则直接作用于之前的状态。

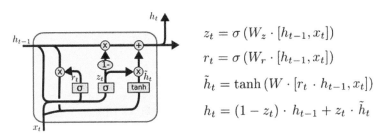

$$z_t = \sigma\left(W_z \cdot [h_{t-1}, x_t]\right)$$
$$r_t = \sigma\left(W_r \cdot [h_{t-1}, x_t]\right)$$
$$\tilde{h}_t = \tanh\left(W \cdot [r_t \cdot h_{t-1}, x_t]\right)$$
$$h_t = (1 - z_t) \cdot h_{t-1} + z_t \cdot \tilde{h}_t$$

图 10-10　GRU

10.4　深度学习的硬件实现

10.4.1　FPGA

FPGA（Field Programmable Gate Array，可编辑门阵列）基本原理是在芯片内集成大量的数字基本门电路及存储器，而用户可以通过烧写 FPGA 配置文件来来定义这些门电路及存储器之间的连线。FPGA 器件就像电子元器件中的乐高，由其构建的 IP 核能够执行基本的乘加运算，并可以被排列到一起来进行一定量的并行运算；还可以作为模块来构建出整个定制微处理器和复杂的异构系统。这个特性可以极大地提高数据中心弹性服务能力，使之快速实现为深度学习算法开发的芯片架构，而且成本比设计的 ASIC（专用芯片）要便宜。

随着计算能力的剧增和学科技术相互渗透、不断发展，深度学习渐渐被大众所认知和接受，并逐渐出现在大众生活中。它在处理复杂抽象的学习问题上有着出色表现，也因此迅速在学术界和商业界风靡。然而，为了解决更加抽象、更加复杂的学习问题，深度学习的网络规模在不断增加，计算和数据的复杂度也随之剧增。如何高性能、低能耗地实现深度学习相关算法，则成为科研机构的研究热点。比如 Google Cat 系统网络具有 10 亿个左右神经元连接。国内首款深度学习算法 AlexNet 的 FPGA 云服务器工程实现及其硬件加速平台架构如图 10-11 所示。CPU 通过 PCIe 接口对 FPGA 传送数据和指令，FPGA 根据 CPU 下达的数据和指令进行计算。在 FPGA 加速卡上还有 DDR DRAM 存储资源，用于缓冲数据。

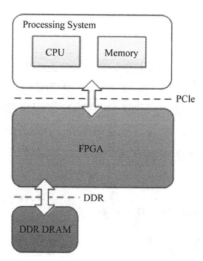

图 10-11　FPGA 异构系统框图

AlexNet 模型的输入是 3×224×224 大小的图片，采用 5（卷积层）+3（全连接层）层模型结构，部分层卷积后加入 Relu，Pooling 和 Normalization 层，最后一层全连接层是输出 1000 分类的 softmax 层。全部 8 层需要进行 1.45GFLOP 次乘加计算。结果表明采用 FPGA 异构计算之后，FPGA 异构平台处理性能是纯 CPU 计算性能的 4 倍，而 TCO 成本只是纯 CPU 计算的三分之一（其中 CPU 为 2 颗 E5-2620，FPGA 为 28nm Virtex-7 VX690T）。

现场可编程门阵列 FPGA 作为常用的加速手段之一，具有高性能、低功耗、可编程等特点。采用 FPGA 设计针对深度学习通用计算部分加速器的主要工作如下。

（1）分析深度神经网络、卷积神经网络的预测过程和训练过程算法共性和特性，并以此为基础设计 FPGA 运算单元，算法包括前向计算算法、本地预训练算法和全局训练算法；

（2）根据 FPGA 资源情况设计基本运算单元：包括前向计算单元和权值更新运算单元。运算单元采用可配置和流水线设计，在适应不同规模深度学习神经网络的同时具有高吞吐率；

（3）分析 FPGA 加速器的上层框架和数据通路，系统驱动程序及面向上层用户简单易用的调用接口；

（4）通过大量实验测试分析影响加速器性能的各种因素，得到加速器的性能、能耗趋势，还要使用测试数据集与 CPU、GPU 平台进行性能、功率、能耗等参数对比，分析 FPGA 实现的优劣性。

10.4.2　ASIC

百度的硅谷人工智能实验室（SVAIL）已经为深度学习硬件提出了 DeepBench 基准。这一基准着重衡量的是基本计算的硬件性能，旨在找到使计算变慢或低效的瓶颈，以及设计一个对于深层神经网络训练的基本操作执行效果最佳的架构。现在的深度学习算法主要包括卷积神经网络（CNN）和循环神经网络（RNN）。基于这些算法，DeepBench 提出以下 4 种基本运算。

（1）矩阵相乘（Matrix Multiplication）：几乎所有的深度学习模型都包含这一运算，它的计算十分密集；

（2）卷积（Convolution）：这是另一个常用的运算，占用了模型中大部分的每秒浮点运算（浮点 / 秒）；

（3）循环层（Recurrent Layers）：模型中的反馈层，并且基本上是前两个运算的组合；

（4）All Reduce：这是一个在优化前对学习到的参数进行传递或解析的运算序列。在跨硬件分布的深度学习网络上执行同步优化时（如 AlphaGo 的例子），这一操作尤其有效。

除此之外，深度学习的硬件加速器还需要具备数据级别和流程化的并行性、多线程和高内存带宽等特性。另外，由于数据的训练时间很长，所以硬件架构还必须低功耗。因此，效能功耗比（Performance per Watt）是硬件架构的评估标准之一。此外专用加速硬件需要将训练模型放入高速片上存储中，受模型大小所限制；由于训练算法并行度低，目前并行技术难以完全发挥硬件的计算能力；分布式技术导致节点间大量通信问题以及节点运行速度的不一致性对系统整体性能的影响也不可小觑。

　　采用更多的训练数据，增大训练模型成为提高深度学习识别精度的重要方法。越来越复杂的模型，越来越多的训练数据最终需要更多更强的计算能力。随着目前可穿戴设备和智能硬件的发展，可分析的个人数据越来越多。如手腕的加速计可以捕捉运动信息，麦克风捕捉声音信息，智能家电捕捉使用习惯信息等。在计算能力和存储能力有限的移动设备上结合深度学习技术，利用与日俱增的个人数据使得智能设备更加智能，这也是深度学习未来发展的重要方向。针对以上的挑战，深度学习未来值得探索的发展方向如下。

　　（1）设计自适应的专用硬件。专用硬件由于需要高效利用处理单元，所以通常将整个模型载入到高速片上存储，以加快数据读写速度。为了适应不同大小的模型，需要根据模型的大小来选择恰当的存储策略，扩大专用处理器的使用范围。

　　（2）算法设计需体现更多并行元素。原有深度学习算法设计过程中，主要关注算法精度而没有把可并行性作为关键因素考虑，因而不能充分利用多核计算能力。

　　（3）设计面向体系结构和系统的深度学习基准测试程序集。

　　（4）多层次组合的参数训练算法。移动设备的计算能力和存储能力十分有限，目前的深度学习模型相对复杂，不论计算还是存储都超出移动设备的能力。虽然可以通过云端进行处理，但显然会增加带宽等方面的压力。因此，如果可以设计多层次的模型，就可以对处理任务进行划分，或者使用多重模型策略，共同完成数据学习和预测。

　　深度学习可能的应用领域很多，并且已经在全世界的技术和人工智能领域掀起了波澜。越来越多的公司开发出了用于深度学习的加速硬件，如英特尔完成了其历史上最大的并购案，收购了专注 FPGA 的 Altera。FPGA 是一种能针对特定任务（如深度学习）编程的芯片。谷歌的张量处理单元兼具了 CPU 与 ASIC 的特点，可编程、高效率、低能耗。目前神经网络芯片主要有两种思路，一种是以智能算法为根本，适当借鉴生物行为，如寒武纪是这一类；另一种是以仿生为根本，适当借鉴智能算法，IBM 的 TrueNorth 神经网络芯片是这一类。这就好像是爬珠穆朗玛峰，有南坡有北坡。

10.4.3　TPU

　　TPU（Tensor Processing Unit，张量处理单元）是 Google 为机器学习应用 TensorFlow 打造的一种定制 ASIC 芯片，能在相同时间内处理更复杂、更强大的机器学习模型并将其更快地投入使用。Google 数据中心已经开始使用 TPU，曾打败李世石的 AlphaGo 就采用了 TPU 做运算加速。它代表了谷歌为其人工智能服务设计专用硬件迈出的第一步，为特定人工智能任务制造更多的专用处理器很可能成为未来的趋势。

　　TPU 架构如图 10-12 所示。主要模块包括片上内存、256×256 个矩阵乘法单元、非线性神经元计算单元（activation），以及用于归一化和池化的计算单元。

　　TPU 没有取命令的动作，而是根据主处理器提供给它当前的指令做相应操作。其主旨是提高计算效率；主要创新点在于大规模片上内存、脉动式内存访问及 8 位低精度运算。TPU 在芯片上使用了大容量局部内存、累加器内存及用于与主控处理器进行对接的内存，提高了片外内存访问能效比。在矩阵乘法和卷积运算中，许多数据是可以复用的，同一个数据需要和许多不同的权重相乘并累加以获得最后结果。因此，在不同的时刻，数据输入中往往只有一两个新数据需要从外面取，其他的数据只是上一个时刻数据的移位。在这种情况下，把片上内存的数据全部 Flush 再去取新的数据无疑是非常低效的。根据这个计算特性，TPU 加入了脉动式数据流的支持，每个时钟周期数据移位，并取回一个新数据。这样做可以最大化数据复用，并减小内存访问次数，在降低内存带宽压力的同时也减小了内存访问的能量消耗。使用低精度而非 32 位全精度浮点数做计算已经成为深度学习界的共识。研究结果表明，低精度运算带来的算法准确率损失很小，但是在硬件实现上却可以带来巨大的便利，包括功耗更低、速度更快、占芯片面积更小的运算单元，更小的内存带宽需求等。

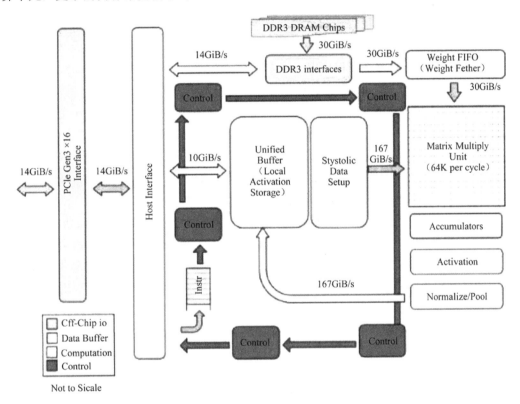

图 10-12　TPU 架构

　　TPU 是专门为机器学习应用而设计的专用芯片。通过降低芯片的计算精度，减少实现每个计算操作所需的晶体管数量，从而能让芯片每秒运行的操作个数更高，这样经过精细调优的机器学习模型就能在芯片上运行得更快，进而更快地让用户得到更智能的结果。Google 将 TPU 加速器芯片嵌入电路板中，利用已有的硬盘 PCI-E 接口接入数据中心服务器中，显示出非常强的深度学习加速能力。其平均性能可以达到 CPU（E5-2699）和 GPU（NVIDIA K80）的 15～30 倍，能效比则有 30～80 倍的提升。

10.4.4　寒武纪

　　"寒武纪"是中国科学院计算技术研究所发布的能够"深度学习"的"神经网络"

处理器芯片。该系列包含三种原型处理器结构：

寒武纪 1 号（英文名 DianNao，面向神经网络的原型处理器结构）；

寒武纪 2 号（英文名 DaDianNao，面向大规模神经网络）；

寒武纪 3 号（英文名 PuDianNao，面向多种机器学习算法）。

DianNao 包含一个处理器核，主频为 0.98GHz，峰值性能达每秒 4520 亿次神经网络基本运算，65nm 工艺下功耗为 0.485W，面积为 3.02mm^2。其核心问题是如何让有限的内存带宽喂饱运算功能部件，使得运算和访存平衡，从而达到高效能比。其难点在于选取运算功能部件的数量、组织策略及片上 RAM 的结构参数。通过对神经网络进行分块处理，将不同类型的数据块存放在不同的片上 RAM 中，并建立理论模型来刻画 RAM 与 RAM、RAM 与运算部件、RAM 与内存之间的搬运次数，进而优化神经网络运算所需的数据搬运次数。相对于 CPU/GPU 上基于 cache 层次的数据搬运，DianNao 在运算和访存间取得了平衡，显著提升了执行神经网络算法时的效能。

DaDianNao 在 DianNao 的基础上进一步扩大了处理器的规模，包含 16 个处理器核和更大的片上存储，并支持多处理器芯片间直接高速互连，避免了高昂的内存访问开销。在 28nm 工艺下，DaDianNao 的主频为 606MHz，面积为 67.7mm^2，功耗约 16W。单芯片性能超过了主流 GPU 的 21 倍，而能耗仅为主流 GPU 的 1/330。64 芯片组成的高效能计算系统较主流 GPU 的性能提升甚至可达 450 倍，但总能耗仅为 1/150。

多用途机器学习处理器 PuDianNao 应运而生，当前已可支持 k-最近邻、k-均值、朴素贝叶斯、线性回归、支持向量机、决策树、神经网络等近十种代表性机器学习算法。PuDianNao 的主频为 1GHz，峰值性能达每秒 10560 亿次基本操作，面积为 3.51mm^2，功耗为 0.596W（65nm 工艺下）。PuDianNao 运行上述机器学习算法时的平均性能与主流 GPGPU 相当，但面积和功耗仅为主流 GPGPU 的百分之一量级。

ShiDianNao 处理器的深度神经网络架构如图 10-13 所示。其中 NBin 是输入神经元的缓存，NBout 是输出神经元的缓存，SB 是突触的缓存。核心部件是 NFU（Neural Functional Unit），它负责实现一个神经元的功能。ALU 是数值运算单元，IB 是指令译码器。

深度神经网络加速芯片的最大特点就是单指令可以完成多个神经元的计算。因此神经元计算单元的实现，就是加速芯片的核心。每个 NFU 为一个阵列，包含一簇 PE 单元。每个 NFU 实现了 16bit×16bit 的定点整数乘法，相比于浮点乘法，这会损失一部分运算精度，但是这种损失可以忽略不计。每个 PE 包含一个乘法器和一个加法器及比较器。可以单次完成乘累加运算或者累加运算，或者一次比较运算。

模拟实验表明，采用 DianNaoYu 指令集的寒武纪深度学习处理器相对于 x86 指令集的 CPU 有两个数量级的性能提升。

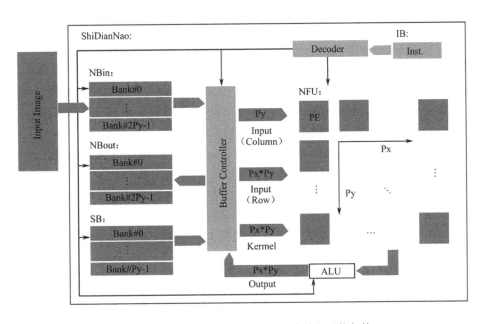

图 10-13　ShiDianNao 处理器的深度神经网络架构

10.4.5　TrueNorth

IBM TrueNorth 芯片从一个神经形态内核着手，将许多神经树突（输入）和轴突（输出）连在一起。每个神经元都可以向另一个神经元发出（称之为"尖峰"的）信号，信号可为 1 或 0（电压脉冲或"尖峰"）。芯片上的神经元可以发信号给同一芯片上的其他神经元，或是接收来自同一芯片其他神经元的信号。这种信号方式的优越性是稀疏的本地通信及与人脑内的通信方式类似。其独特之处是可以形成"神经冲动"，与大脑中的电脉冲相似。神经冲动能够表示某人讲话中声调的改变，或图像中色彩的改变，可以把它当作神经元之间互相传递的小信息。为了使神经元构成任意至任意的连接结构，TrueNorth 芯片上有一个庞大的交叉开关，用于将几十亿晶体管的神经元连在一起，堪称"世界上最大的之一"；通过采用异步逻辑，整个芯片的功耗在神经元未打开前为零，而神经元只是在与其他神经元通信时才会打开。该处理器功耗仅为 70mW，每秒可执行 46kM 突触运算；平台处理能力相当于 1600 万个神经元和 40 亿个神经键，消耗的能量只需 2.5W。其目标是更低的时钟速度和更低的功耗，最终低到人类大脑的 10Hz、20W 的指标，将低能耗的类脑处理器应用于深度学习无疑是未来大数据处理的创新方法。

由于借鉴了人脑中神经元细胞的脉冲模型，IBM TrueNorth 与冯·诺依曼架构的计算机截然不同：如果把冯·诺依曼架构计算机比作人的左脑，是快速处理抽象数据的计算器；那么相比之下 TrueNorth 更像右脑，是通过慢速感知进行模式识别的机器。希望利用神经突触可塑性，增强 TrueNorth 规模，创造现场适应性强并且能够在线学习的新一代类脑计算机。IBM 科学家希望将左右脑功能融合在一起，创建出全面的智能计算，用于深度学习的类脑超级计算平台。

TrueNorth 芯片主要依赖于对卷积神经网络的层、节数据的过滤和计算以完成深度学习。它不仅能够实现卷积网络的功能，而且还能够支持多样的连接形式（反馈、横向反馈和正向反馈），并能同时执行各种不同的其他算法。普适性是它的优势之一，其他很多深度学习硬件都只能在卷积神经网络上运行，但 TrueNorth 可以接受多种类型的人工智能网络。在测试中能做到每秒处理 1200～1600 视频帧信息（每个相机使用 1024 个 32×32 彩色像素及 24 帧频的标准电视数据流信息），这意味着单独一个 TrueNorth 芯片可以同时对多达 100 个相机拍摄的视频实时进行模式识别。这种芯片可以模仿人脑进行分析判断，在最好的情况下准确率可达到 65%～97%。目前，该技术已授权给微软、Facebook、亚马逊等公司进行在线服务测试。

TrueNorth 虽然与人脑某些结构和机理较为接近，但智能算法的精度或效果有待进一步提高，离大规模商业应用还有一段距离；现在我们仍然主要使用冯·诺依曼架构的计算机，用人工神经网络的方法实现深度学习模型，并在大数据等专用领域加以应用，同时研究类脑计算机才是切实可行的。

习题

1. 增强学习包括哪些内容？
2. 迁移学习的定义是什么？
3. LSTM 的原理是什么？
4. 增强学习与其他学习范式有哪些异同之处？
5. 增强学习的应用领域有哪些？
6. 增强学习的过程是什么？
7. 迁移学习分为哪几个类别？
8. 迁移学习的应用领域有哪些？
9. 记忆网络与循环神经网络有哪些区别？
10. 记忆网络有哪些变种？
11. FPGA 与 GPU 有什么区别？
12. TPU 的主要组成是什么？

参考文献

[1] David S.UCL Course on Reinforcement Learning[EB10L]. http://www0.cs.ucl.ac.uk/staff/ D.Silver/web/Teaching.html.

[2] Pan S J, Yang Q. A survey on transfer learning[J]. IEEE Transactions on Knowledge and Data Engineering2010, 22(10), 1345-1359.

[3] Sebastian R. Transfer Learning-Machine Learning's Next Frontier[EB/OL]. http:// sebastianruder.com/transfer-learning/.

[4]　Sebastian R. A Survey of cross-lingual embedding models[EB/OL]. http://sebastianruder. com/cross-lingual-embeddings/index.html.

[5]　Kyunghyun C, Merrienboer C G, Dzmitry B, et al. Learning Phrase Representations using RNN Encoder－Decoder for Statistical Machine Translation[J]. Arxiv. 1406.1078v3, 2014.

[6]　Christopher O. Understanding LSTM Networks[EB/OL]. http://colah.github.io/posts/ 2015-08-Understanding-LSTMs/.

[7]　余奇. 基于 FPGA 的深度学习加速器设计与实现[D]. 中国科学技术大学, 2016.

[8]　杨旭瑜, 张铮, 张为华. 深度学习加速技术研究[J]. 计算机系统应用, 2016, 25(9):1-9.

[9]　http://www.chinaz.com/news/2017/0124/649803.shtml. 腾讯云 FPGA 的深度学习算法.

[10]　http://aiera.baijia.baidu.com/article/415992. IBM 发布首个深度学习类脑超级计算平台 IBM TrueNorth.

[11]　http://server.zhiding.cn/server/2016/0408/3075430.shtml. IBM 公布神经计算机芯片 Truenorth 详细资料.

[12]　http://www.eefocus.com/mcu-dsp/380847. 突破深度学习硬件瓶颈, 谷歌 TPU 创新性在哪?

[13]　http://www.leiphone.com/news/201605/93lRxoUpxCLaT5Zd.html. 深入解读"寒武纪"后, 我们对 Google TPU 有了这些认识.

[14]　http://www.leiphone.com/news/201603/D3j7QeK6dLB4JRX9.html. 深度学习进入芯片领域, 揭秘寒武纪神经网络处理器.

附录 A 人工智能和大数据实验环境

目前，人工智能和大数据技术的进步和应用呈现突飞猛进的态势，但人才储备出现了全球性短缺，人才的争夺处于"白热化"状态。相关课程教学与实验研究受条件所限，仍然面临未建立起实验教学体系、无法让学生并行开展实验、缺乏支撑实验的大数据、缺乏能够指导学生开展实验的师资力量等问题，制约了人工智能和大数据教学科研的开展。如今这些问题已经得到了较好地解决：AIRack 人工智能实验平台支持众多师生同时在线进行人工智能实验；DeepRack 深度学习一体机能够给高校和科研机构构建一个开箱即用的人工智能科研环境；dServer 人工智能服务器可直接用于小规模 AI 研究，或搭建 AI 科研集群；大数据实验平台 1.0 用于个人自学大数据远程实验；大数据实验一体机更是受到各大高校青睐，用于构建各个大学自己的大数据实验教学平台，使得大量学生可同时进行大数据实验。

1. AIRack 人工智能实验平台

人工智能人才紧缺，供需比仅为 1:10，但面向众多学生的人工智能实验却难以展开。对此，AIRack 人工智能实验平台提供了基于 Docker 容器集群技术开发的多人在线实验环境。该平台基于深度学习计算集群，支持了主流深度学习框架，方便快速部署实验环境，同时支持多人在线实验，并配套实验手册，同步解决人工智能实验配置难度大、实验入门难、缺乏实验数据等难题，可用于深度学习模型训练等教学、实践应用。其界面如图 A-1 所示。

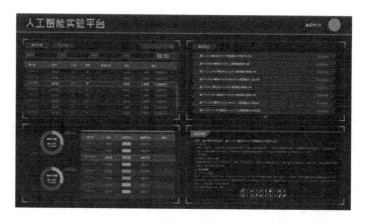

图 A-1　AIRack 人工智能实验平台界面

1）实验体系

AIRack 人工智能实验平台从实验环境、教材 PPT、实验手册、实验数据、技术支持等多方面为人工智能课程提供一站式服务，大幅度降低了人工智能课程学习门槛，满足课程设计、课程上机实验、实习实训、科研训练等多方面需求。其实验体系架构如图 A-2 所示。

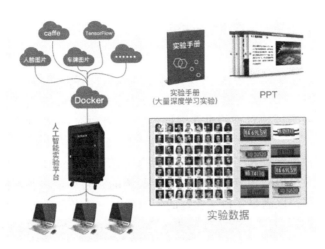

图 A-2　AIRack 人工智能实验平台实验体系架构

配套的实验手册包括 20 个人工智能相关实验，实验基于 VGGNet、FCN、ResNet 等图像分类模型，应用 Faster R-CNN、YOLO 等优秀检测框架，实现分类、识别、检测、语义分割、序列预测等人工智能任务。具体的实验手册大纲如表 A-1 所示。

表 A-1　实验手册大纲

序号	课程名称	课程内容说明	课时	培训对象
1	基于 LeNet 模型和 MNIST 数据集的手写数字识别	理论+上机训练	1.5	教师、学生
2	基于 AlexNet 模型和 CIFAR-10 数据集的图像分类	理论+上机训练	1.5	教师、学生
3	基于 GoogleNet 模型和 ImageNet 数据集的图像分类	理论+上机训练	1.5	教师、学生
4	基于 VGGNet 模型和 CASIA WebFace 数据集的人脸识别	理论+上机训练	1.5	教师、学生
5	基于 ResNet 模型和 ImageNet 数据集的图像分类	理论+上机训练	1.5	教师、学生
6	基于 MobileNet 模型和 ImageNet 数据集的图像分类	理论+上机训练	1.5	教师、学生
7	基于 DeepID 模型和 CASIA WebFace 数据集的人脸验证	理论+上机训练	1.5	教师、学生
8	基于 Faster R-CNN 模型和 Pascal VOC 数据集的目标检测	理论+上机训练	1.5	教师、学生
9	基于 FCN 模型和 Sift Flow 数据集的图像语义分割	理论+上机训练	1.5	教师、学生
10	基于 R-FCN 模型的行人检测	理论+上机训练	1.5	教师、学生
11	基于 YOLO 模型和 COCO 数据集的目标检测	理论+上机训练	1.5	教师、学生
12	基于 SSD 模型和 ImageNet 数据集的目标检测	理论+上机训练	1.5	教师、学生
13	基于 YOLO2 模型和 Pascal VOC 数据集的目标检测	理论+上机训练	1.5	教师、学生
14	基于 linear regression 的房价预测	理论+上机训练	1.5	教师、学生
15	基于 CNN 模型的鸢尾花品种识别	理论+上机训练	1.5	教师、学生
16	基于 RNN 模型的时序预测	理论+上机训练	1.5	教师、学生
17	基于 LSTM 模型的文字生成	理论+上机训练	1.5	教师、学生
18	基于 LSTM 模型的英法翻译	理论+上机训练	1.5	教师、学生
19	基于 CNN Neural Style 模型的绘画风格迁移	理论+上机训练	1.5	教师、学生
20	基于 CNN 模型的灰色图片着色	理论+上机训练	1.5	教师、学生

同时，该平台同步提供实验代码及 MNIST、CIFAR-10、ImageNet、CASIA WebFace、Pascal VOC、Sift Flow、COCO 等训练数据集，实验数据做打包处理，以便

开展便捷、可靠的人工智能和深度学习应用。

2）平台架构

AIRack 人工智能实验平台整体设计基于 Docker 容器集群技术，在硬件上采用 GPU+CPU 混合架构，可一键创建实验环境。该平台采用 Google 开源的容器集群管理系统 Kubernetes，能够方便地管理跨机器运行容器化的应用，提供应用部署、维护、扩展机制等功能。

实验时，系统预先针对人工智能实验内容构建好基于 CentOS7 的特定容器镜像，通过 Docker 在集群主机内构建容器，开辟完全隔离的实验环境，实现使用几台机器即可虚拟出大量实验集群，以满足学校实验室的使用需求。其平台架构如图 A-3 所示。

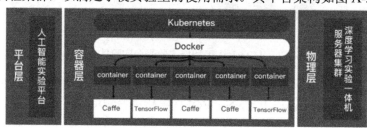

图 A-3　AIRack 人工智能实验平台架构

3）规格参数

AIRack 人工智能实验平台硬件配置如表 A-2 所示。

表 A-2　AIRack 人工智能实验平台硬件配置

名称	详细配置	单位	数量
CPU	E5-2650V4	颗	2
内存	32GB DDR4 RECC	根	8
SSD	480GB SSD	块	1
硬盘	4TB SATA	块	4
GPU	1080P（型号可选）	块	8

AIRack 人工智能实验平台集群配置如表 A-3 所示。

表 A-3　AIRack 人工智能实验平台集群配置

对比项	极简型	经济型	标准型	增强型
上机人数	8 人	24 人	48 人	72 人
服务器	1 台	3 台	6 台	9 台
交换机	无	S5720-30C-SI	S5720-30C-SI	S5720-30C-SI
CPU	E5-2650V4	E5-2650V4	E5-2650V4	E5-2650V4
GPU	1080P（型号可选）	1080P（型号可选）	1080P（型号可选）	1080P（型号可选）
内存	8×32GB DDR4 RECC	24×32GB DDR4 RECC	48×32GB DDR4 RECC	72×32GB DDR4 RECC
SSD	1×480GB SSD	3×480GB SSD	6×480GB SSD	9×480GB SSD
硬盘	4×4TB SATA	12×4TB SATA	24×4TB SATA	36×4TB SATA

2. DeepRack 深度学习一体机

近年来，深度学习在语音识别、计算机视觉、图像分类和自然语言处理等方面成绩斐然，越来越多的人开始关注深度学习，全国各大高校也相继开启深度学习相关课程，但是深度学习实验环境的搭建较为复杂，训练所需要的硬件环境也不是普通的台式机和服务器可以满足的。因此，云创大数据推出了 DeepRack 深度学习一体机，解决了深度学习研究环境搭建耗时、硬件条件要求高的问题。

凭借过硬的硬件配置，深度学习一体机能够提供最大每秒 144 万亿次的单精度计算能力，满配时相当于 160 台服务器的计算能力。考虑到实际使用中长时间大规模的运算需要，一体机内部采用了专业的散热、能耗设计，解决了用户对于机器负荷方面的忧虑。

一体机中部署有 TensorFlow、Caffe 等主流的深度学习开源框架，并提供了大量免费图片数据，可帮助学生学习诸如图像识别、语音识别和语言翻译等任务。利用一体机中的基础训练数据，包括 MNIST、CIFAR-10、ImageNet 等图像数据集，也可以满足实验与模型塑造过程中的训练数据需求。

1）硬件配置

DeepRack 深度学习一体机包含 24U 半高机柜，最多可配置 4 台 4U 高性能计算节点；每台节点 CPU 选用最新的英特尔 E5-2600 系列至强处理器；每台节点最多可插入 4 块英伟达 GPU 卡，可选配 Titan X、Tesla P100 等 GPU 卡。深度学习一体机外观如图 A-4 所示，服务器内部如图 A-5 所示。

图 A-4　深度学习一体机外观　　　　图 A-5　深度学习一体机服务器内部

根据表 A-4 所示的服务器配置参数，可以根据需要灵活配置深度学习一体机的各个部件。

表 A-4　服务器配置参数

名称	经济型	标准型	增强型
CPU	Dual E5-2620 V4	Dual E5-2650 V4	Dual E5-2697 V4
GPU	Nvidia Titan×4	Nvidia Tesla P100×4	Nvidia Tesla P100×4
硬盘	240GB SSD+4T 企业盘	480GB SSD+4T 企业盘	800GB SSD+4T×7 企业盘

名称	经济型	标准型	增强型
内存	64GB	128GB	256GB
计算节点数	2	3	4
单精度浮点计算性能	88 万亿次/秒	108 万亿次/秒	144 万亿次/秒
系统软件	Caffe、TensorFlow 深度学习软件、样例程序，大量免费的图片数据		
是否支持分布式深度学习系统	是		

2）软件配置

DeepRack 深度学习一体机软件配置包括操作系统及 GPU 驱动及开发包。

操作系统：CentoOS 7.1。

GPU 驱动及开发包：包括 NVIDIA GPU 驱动、CUDA 7.5 Toolkit、cuDNN v4 等，配套的使用手册中详细介绍了各个驱动的安装过程，以及环境变量的配置方法。

深度学习框架：深度学习实验一体机中部署了主流的深度学习开源工具软件，解决了因缺乏经验造成实验环境部署难的问题；除此之外，深度学习实验一体机还提供大量免费的图片数据，让学生不需要为收集大量实验数据而苦恼。利用现成的框架和数据，学生可根据使用手册快速搭建属于自己的深度学习应用。

深度学习一体机中安装了 Caffe 框架。Caffe 是一个清晰、高效的深度学习计算 CNN 相关算法的框架，学生可以利用一体机中提供的数据进行实验，使用手册上也详细地介绍了 Caffe 的两个使用案例——MNIST 和 CIFAR-10，初识深度学习的学生可以按照步骤，熟悉 Caffe 下训练模型的流程。

深度学习一体机中搭建了 TensorFlow 的环境，TensorFlow 可被用于语音识别或图像识别等多项机器深度学习领域，学生可通过使用手册了解具体的安装过程及单机单卡、单机多卡的使用案例。

3．dServer 人工智能服务器

人工智能研究方兴未艾，但构建高性价比的硬件平台是一大难题，亟需高性能、点菜式的解决方案。dServer 人工智能服务器针对个性化的 AI 应用需求，采用英特尔 CPU+英伟达 GPU 的混合架构，提供多类型的软硬件备选方案，方便自由选配及定制安全可靠的个性化应用，可广泛用于图像识别、语音识别和语言翻译等 AI 领域。dServer 人工智能服务器如图 A-6 所示。

1）主流软件和丰富的数据

dSever 人工智能服务器预装 CentOS 操作系统，集成两套行业主流开源工具软件——TensorFlow 和 Caffe，同时提供丰富的应用数据。

TensorFlow 支持 CNN、RNN 和 LSTM 算法，这是目前在 Image、Speech 和 NLP 流行的深度神经网络模型，灵活的架构使其可以在多种平台上展开计算。

Caffe 是纯粹的 C++/CUDA 架构，支持命令行、Python 和 MATLAB 接口，可以在 CPU 和 GPU64 之间直接无缝切换。

图 A-6 dServer 人工智能服务器

同时，dSever 人工智能服务器配套提供了 MNIST、CIFAR-10 等训练测试数据集，包括大量的人脸数据、车牌数据等。

2）服务器配置

dServer 人工智能服务器配置参数如表 A-5 所示。

表 A-5 dServer 人工智能服务器配置参数

GPU（NVIDIA）	Tesla P100，Tesla P4，Tesla P40，Tesla K80，Tesla M40，Tesla M10，Tesla M60，TITAN X，GeForce GTX 1080
CPU	Dual E5-2620 V4，Dual E5-2650 V4，Dual E5-2697 V4
内存	64GB/128GB/256GB
系统盘	120GB SSD/180GB SSD /240GB SSD
数据盘	2TB/3TB/4TB
准系统	7048GR-TR
软件	TensorFlow，Caffe
数据（张）	车牌图片（100 万/200 万/500 万），ImageNet（100 万），人脸图片数据（50 万），环保数据

3）成功案例

目前，dServer 人工智能服务器已经在清华大学车联网数据云平台、西安科技大学大数据深度学习平台、湖北文理学院大数据处理与分析平台等项目中成功应用，之后将陆续部署使用。其中，清华大学车联网数据云平台项目配置如图 A-7 所示。

		清华大学 Tsinghua University	
名称	深度学习服务器		
生产厂家	南京云创大数据科技股份有限公司		
主要规格	cServer C1408G		
配置说明	CPU: 2*E5-2630v4	GPU: 4*NVIDIA TITAN X	内存: 4*16G (64G) DDR4,2133MHz，RECC
	硬盘: 5* 2.5"300GB 10K SAS（企业级）		网口: 4个10/100/1000Mb自适应以太网口
	电源: 2000W 1+1冗余电源		计算性能: 单个节点单精度浮点计算能为44万亿次/秒
	预装Caffe、TensorFlow深度学习软件、样例程序，提供MNIST、CIFAR-10等训练测试数据，提供交通卡口图片数据不少于400万张，环境在线数据不少于6亿条		

图 A-7 清华大学车联网数据云平台项目配置

245

4．大数据实验平台 1.0

大数据实验平台（bd.cstor.cn）可为用户提供在线实验服务。在大数据实验平台上，用户可以根据学习基础及时间条件，灵活安排 3～90 天的学习计划，进行自主学习。大数据实验平台 1.0 界面如图 A-8 所示。

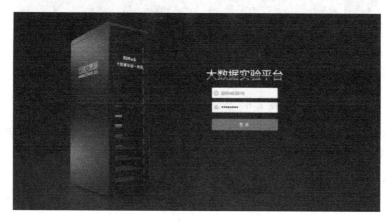

图 A-8　大数据实验平台 1.0 界面

作为一站式的大数据综合实训平台，大数据实验平台同步提供实验环境、实验课程、教学视频等，方便轻松开展大数据教学与实验。

1）实验体系

大数据实验平台涵盖 Hadoop 生态、大数据实战原理验证、综合应用、自主设计及创新的多层次实验内容等，每个实验呈现详细的实验目的、实验内容、实验原理和实验流程指导。实验课程包括 36 个 Hadoop 生态大数据实验和 6 个真实大数据实战项目。

2）实验环境

（1）基于 Docker 容器技术，用户可以瞬间创建随时运行的实验环境。

（2）平台能够虚拟出大量实验集群，方便上百用户同时使用。

（3）采用 Kubernates 容器编排架构管理集群，用户实验集群隔离、互不干扰。

（4）用户可按需自己配置包含 Hadoop、HBase、Hive、Spark、Storm 等组件的集群，或利用平台提供的一键搭建集群功能快速搭建。

（5）平台内置数据挖掘等教学实验数据，也可导入高校各学科数据进行教学、科研，校外培训机构同样适用。

3）成功案例

2016 年年末至今，在南京多次举办的大数据师资培训班上，《大数据》《大数据实验手册》及云创大数据提供的大数据实验平台，帮助到场老师们完成了 Hadoop、Spark 等多个大数据实验，使他们跨过了"从理论到实践，从知道到用过"的门槛。大数据师资培训班现场如图 A-9 所示。

图 A-9 大数据师资培训班现场

目前，大数据实验平台 1.0 版本（https://bd.cstor.cn）已经在郑州大学、成都理工大学、金陵科技学院、天津农学院、郑州升达经贸管理学院、信阳师范学院、西京学院、镇江高等职业技术学校、新疆电信、软通动力等典型用户单位落地实施，助其完成了大数据教学科研实验室的建设工作。

5．大数据实验一体机

继 35 所院校获批 "数据科学与大数据技术"专业之后，2017 年申请该专业的院校高达 263 所。各大高校竞相打造大数据人才高地，但实用型大数据人才培养却面临实验集群不足、实验内容不成体系、课程教材缺失、考试系统不客观、缺少实训项目及专业师资不足等问题。针对以上问题，BDRack 大数据实验一体机能够帮助高校建设私有的实验环境。其部署规划如图 A-10 所示。

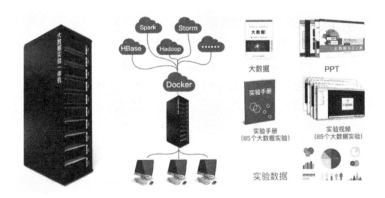

图 A-10 BDRack 大数据实验一体机部署规划

在搭建好实验环境后，可一方面通过大数据教材、讲义 PPT、视频课程等理论学习，帮助学生建立从大数据监测与收集、存储与处理、分析与挖掘直至大数据创新的完整知识体系；另一方面搭配教学组件安装包及实验数据、实验手册、专业网站等一系列资源，大幅度降低高校大数据课程的学习门槛。

1）最新的 2.0 版本实验体系

在大数据实验一体机 1.0 版本的基础上 2017 年 12 月推出了 2.0 版本，进一步丰富了实验内容，实验数量新增到 85 个，同时实验平台优化了创建环境—实验操作—提交报告—教师打分的实验流程，新增了具有海量题库、试卷生成、在线考试、辅助评分等应用的考试系统，集成了上传数据—指定列表—选择算法—数据展示的数据挖掘及可视化工具。

平台集实验机器、实验手册、实验数据及实验培训于一体，解决了怎么开设大数据实验课程、需要做什么实验、怎么完成实验等一系列根本问题，提供了完整的大数据实验体系及配套资源，包含大数据教材、教学 PPT、实验手册、课程视频、实验环境、师资培训等内容，涵盖面较为广泛。

● 实验手册

针对各项实验所需，大数据实验一体机配套了一系列包括实验目的、实验内容、实验步骤的实验手册及配套高清视频课程，内容涵盖大数据集群环境与大数据核心组件等技术前沿，详尽细致的实验操作流程可帮助用户解决大数据实验门槛所限。实验课程包括 36 个 Hadoop 生态大数据实验、6 个真实大数据实战项目、21 个基于 Python 的大数据实验、18 个基于 R 语言的大数据实验、4 个 Linux 基本操作辅助实验。

● 实验数据

基于大数据实验需求，大数据实验一体机配套提供了各种实验数据，其中不仅包含共用的公有数据，每一套大数据组件也有自己的实验数据，种类丰富，应用性强。实验数据将做打包处理，不同的实验将搭配不同的数据与实验工具，解决实验数据短缺的困扰，在实验环境与实验手册的基础上，做到有设备就能实验，有数据就会实验。

● 配套资料与培训服务

作为一套完整的大数据实验平台，BDRack 大数据实验一体机还将提供以下材料与配套培训，构建高效的一站式教学服务体系。

（1）配套的专业书籍：《大数据》及其配套 PPT。

（2）网站资源：中国大数据（thebigdata.cn）、中国云计算（chinacloud.cn）、中国存储（chinastor.org）、中国物联网（netofthings.cn）、中国智慧城市（smartcitychina.cn）等提供全线支持。

（3）BDRack 大数据实验一体机使用培训和现场服务。

2）实验环境

● 系统架构

BDRack 大数据实验一体机主要采用容器集群技术搭建实验平台，并针对大数据实验的需求提供了完善的使用环境。图 A-11 为 BDRack 大数据实验一体机系统架构。

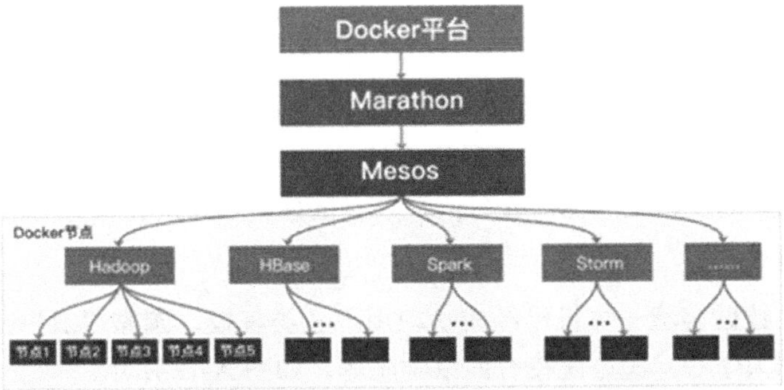

图 A-11　BDRack 大数据实验一体机系统架构

BDRack 大数据实验一体机基于容器 Docker 技术，采用 Mesos+ZooKeeper+Mrathon 架构管理 Docker 集群。其中，Mesos 是 Apache 下的开源分布式资源管理框架，它被称为分布式系统的内核；ZooKeeper 用来做主节点的容错和数据同步；Marathon 则是一个 Mesos 框架，为部署提供 REST API 服务，实现服务发现等功能。

实验时，系统预先针对大数据实验内容构建好一系列基于 CentOS7 的特定容器镜像，通过 Docker 在集群主机内构建容器，充分利用容器资源高效的特点，为每个使用平台的用户开辟属于自己完全隔离的实验环境。容器内部，用户完全可以像使用 Linux 操作系统一样地使用容器，并且不会对其他用户的集群造成任何影响，只需几台机器，就可能虚拟出能够支持上百个用户同时使用的隔离集群环境。

● 规格参数

BDRack 大数据实验一体机具有经济型、标准型与增强型三种规格，通过发挥实验设备、理论教材、实验手册等资源的合力，可满足数据存储、挖掘、管理、计算等多样化的教学科研需求。具体的规格参数如表 A-6 所示。

表 A-6　规格参数

配套/型号	经济型	标准型	增强型
管理节点	1 台	3 台	3 台
处理节点	6 台	8 台	15 台
上机人数	30 人	60 人	150 人
理论教材	《大数据》50 本	《大数据》80 本	《大数据》180 本
实验教材	《实战手册》PDF 版	《实战手册》PDF 版	《实战手册》PDF 版
配套 PPT	有	有	有
配套视频	有	有	有
免费培训	提供现场实施及 3 天技术培训服务	提供现场实施及 5 天技术培训服务	提供现场实施及 7 天技术培训服务

● 软件方面

搭载 Docker 容器云可实现 Hadoop、HBase、Ambari、HDFS、YARN、MapReduce、ZooKeeper、Spark、Storm、Hive、Pig、Oozie、Mahout、Python、R 语言等绝大部分大

数据实验应用。

● 硬件方面

采用 cServer 机架式服务器，其英特尔®至强®处理器 E5 产品家族的性能比上一代提升 80%，并具备更出色的能源效率。通过英特尔 E5 家族系列 CPU 及英特尔服务器组件，可满足扩展 I/O 灵活度、最大化内存容量、大容量存储和冗余计算等需求。

3）成功案例

BDRack 大数据实验一体机已经成功应用于各类院校，国家"211 工程"重点建设高校代表有郑州大学等，民办院校有西京学院等，如图 A-12 所示。

图 A-12　BDRack 大数据实验一体机实际部署

同时，整套大数据教材的全部实验都可在大数据实验平台（https://bd.cstor.cn）上远程开展，也可在高校部署的 BDRack 大数据实验一体机上本地开展。

反侵权盗版声明

　　电子工业出版社依法对本作品享有专有出版权。任何未经权利人书面许可，复制、销售或通过信息网络传播本作品的行为；歪曲、篡改、剽窃本作品的行为，均违反《中华人民共和国著作权法》，其行为人应承担相应的民事责任和行政责任，构成犯罪的，将被依法追究刑事责任。

　　为了维护市场秩序，保护权利人的合法权益，我社将依法查处和打击侵权盗版的单位和个人。欢迎社会各界人士积极举报侵权盗版行为，本社将奖励举报有功人员，并保证举报人的信息不被泄露。

举报电话：（010）88254396；（010）88258888

传　　真：（010）88254397

E-mail：　dbqq@phei.com.cn

通信地址：北京市万寿路 173 信箱
　　　　　电子工业出版社总编办公室

邮　　编：100036